ものと人間の文化史 165

タブノキ

山形健介

法政大学出版局

はじめに

人と人の出会いが様々であるように、人と木の出会いもまた多様である。

何よりも、樹木そのものを見て木と出会うということがあり、花や果実、工芸品や材から木を知ることもある。小説や俳句、和歌などの中、また、地名や姓名から木の名を知るのも出会いの一つである。

多くの木の中で、一般的には、タブ（タブノキ）は出会う機会が少ない木である。タブが多い南九州の出身者などに尋ねても、「タブですか……」「いや、知りませんが……」と首をかしげられることが多い。タブは漢字では「椨」と書くが、これを読める人となるとさらに少ない。

自分自身も偉そうなことは言えない。タブという木のあることや、その漢字を初めて知ったのは三〇年近く前。『木偏百樹』という小冊子による。

大阪・堺市に材木業の老舗、中川木材産業がある。すでに亡くなったが、ここの経営者だった中川藤一さんは木材産業の振興に尽くすと同時に、木材や木の啓蒙活動にも熱心だった。一九八六年に自費でこの『木偏百樹』という冊子を出版した。

書名の通り、漢字で木偏のつく百種の樹木それぞれについて簡潔に解説しながら、木を詠んだ俳句などを添えている。木にまつわる話題が豊富で、木への愛情があふれた読みやすい冊子である。ここに「たぶ

＝栴」についての一項があり、初めてタブという木と、「栴」という漢字を知ることになった。

タブの項にはこんな一文がある。

「先年釈迢空先生を慕う千葉、東京の方々を含めて多数紀州御坊の私の家に、南方熊楠先生と親交のあった母に逢いたいと病床に訪ねて下さった。その時一行が南紀旅行中にこの『タブ』の木を見つけて皆大喜びだったと話し合っていた」

釈迢空は、民俗学者・折口信夫の歌人としての名前である。この短い一文に、折口信夫、南方熊楠という民俗学の巨人の名があり、その「折口信夫を慕う人たちがタブの木を見つけて大喜びをした」というのである。

皆が「大喜び」したタブの木とはどんな木なのか、なぜそんなに「大喜び」したのか。また、タブと折口信夫は関係がありそうだが、それは何なのか。こんな疑問と共にタブの名が記憶に残った。

それから十年余りを経て、初めて実際にタブに出会った。気づかなかったことだが、時折、犬の散歩などで訪れる自宅近くの古社にタブがあった。

境内の一角に、一本だけポツンと立っていながら、正月にはしめ縄が張られるこの社の神木である。主幹が途中で折れ、高さは七、八メートル。幹周りが約一メートル、隆起した根周りは三メートル以上あるだろうか。巨木ではないが、いつも青々と葉が生い繁っている。

この木が気になりながら、ずっと名前がわからない。ある日、出会った宮司氏に尋ねると、少しうれしそうに「タブです。タブですよ」と教えてくれた。

折口のお弟子さんたちではないが、「これが、あのタブか」と喜び、実際にタブと出会うことで、改めてタブへの関心がわいてきた。

静かに立つタブだが、調べ始めると実に多彩な側面を持ち、その一つひとつに魅力と謎があった。それらを追っていると、不思議な縁や偶然に出会うこととなった。

タブの多面性、その豊かさをきちんと語るには、植物学や民俗学、考古学等々の知識が必要である。私はそのすべてにおいて専門外の素人だが、ただタブの魅力にひかれ、タブにゆかりのある人、場所を訪ね、タブにかかわる話を聞き、集めた。

本書に記した内容には理解の至らぬ点、誤解も多々あるかと思う。ご寛恕いただき、またご指摘をいただきたい。

目次

第五章　祈り、祀る木、黒潮の木　159

第一章　日本の自然植生の中心をなすタブノキ

一　「青々勇壮」――照葉樹の代表として

タブノキ（タブ）は「クスノキ科タブノキ属」の木。クスノキ（樟）のグループに入る。日本ではこの属にタブとホソバタブがある。

私が初めてタブを知った冊子『木偏百樹』は、タブを簡潔にこんな風に紹介している。

「常緑高木。日本の暖帯林の主要樹種である。本州、四国、九州、沖縄、小笠原、台湾、朝鮮、中国南部に生育する。高さ二〇メートル、直径二メートルにもなり、いつも青々勇壮な大木でまさに常緑濶葉樹の代表である。地下に海水の侵入する潮入地にも適するので海岸に多く潮風にも強く防風防砂に良く病害虫にも強い」

ほかの事典などから補足すると、クスノキと共に南方系の樹木で、タブの仲間は熱帯アジア中心に約六〇種ある。中国の人々は古代からこの木をよく知っており、「南の木」という意味でタブの仲間を「楠」の字で表した。中国ではクスノキは「樟」の字で表わす。

写真１　溝咋神社のタブ（茨木市）

写真２　倒卵形のタブの葉

タブの学名は「Machilus thunbergii Sieb et Zuc」。「マキルス・チュンベルギー」と読むのだろうか。やはり南方の木であることを示している。Machilus が木の名称で、「Machilus はインドネシアのアンボイナ（アンボン）での土名 Makilan をラテン語化したもの」（『有用樹木図説』）とある。アンボン島はインドネシア・モルッカ諸島にある。ちなみに、「thunbergii」は Thunbergii でスウェーデンの植物学者、カール・ペーテル・チュンベルギー（ツンベルグ、ツェンベリー）（一七四三〜一八二八）のこと。江戸時代に日本にやって来て、『日本植物誌』などを著した。

大きなタブは、バランスよく枝を広げているものもあれば、枝をくねらせた異形のものもある。いずれも「青々勇壮」とある通り、四方八方に伸ばした枝に濃緑色の葉を豊かに繁らせている。古びたタブは根元にコブ状の隆起があって、根はしっかり地面をつかむように四方に伸びている（写真1）。

葉は表面にツヤがある革質状、やや厚みがある。形は卵を逆さにした倒卵形で、先が少し尖っている（写真2）。樹勢のある木にはこの葉がたっぷりと繁っている。

濃緑色の葉に覆われ幹が黒っぽいタブは、初めて見るとやや重い印象があるかもしれない。「北海道の樹を見慣れていた目には、なんとべたっとしたような濃い緑の樹だろうと思われた」（『日本の樹木』）と記す人もある。

しかし、春から夏にかけて芽を出し、葉を繁らせる時期のタブは力強く勢いがあり、「勇壮」の表現がふさわしい。そして、冬でも緑豊かにどっしり構える姿には落ち着きがある。日本の植生をくまなく調査し、全国のタブを見てきた宮脇昭横浜国立大学名誉教授は、「堂々たる木です。風格がある。一年を通して見あきない」とほめる。

日本の自然植生の中心

ある地域を覆っている植物全体の成育状況を「植生」と言う。いま実際に生育している状態が「現存植生」であり、人工的な伐採、植樹・植林など人間活動の影響を受けず、本来、その地に生育していた原生林などのままの状態が「自然植生」（原植生）である。

現存植生の中には自然植生もあるが、多くは人間活動によって影響を受け、置き換えられた「代償植生」という状態にある。人間活動が止まれば、潜在的な植生が顕在化し、代償植生も本来の自然な植生に戻る。

地域の森や林全体が人の手などを加えられることなく変化していき、その最終段階で見られる平衡状態を極相林というが、この極相林に人の手が加わっていないような森林が原生林である。放置しておけば、このまったく自然な植生、原生林のようになるであろう植生を「潜在自然植生」と呼ぶ。

日本列島は一万二〇〇〇年ほど前から、約二〇〇〇年をかけて現在の気候環境と似た状況になった。この時期に温暖化が進み、また列島全体の降水量が増え、列島の植生はそれまでの針葉樹主体から落葉広葉樹主体に変わっていく。さらにこの後、数千年をかけて太平洋岸では黒潮が北上し、常緑広葉樹である照葉樹林が段階的に広がっていった。

現在、潜在的な自然植生からすると、照葉樹林は日本列島の五三％ほどを覆い、「日本で最も広い領域を持つ植生帯である」（『〔図説〕日本の植生』）。例えば、これから数百年、日本列島から人がいなくなり、自然のままに放置しておけば、やがて列島の半分以上は再び照葉樹林で覆われるようになる。

日本全国の植生を調査し、『日本植生誌』を編んだ宮脇昭は、日本の潜在自然植生を高山、亜高山帯の「コケモモ・トウヒクラス」、夏緑広葉樹林帯の「ブナクラス」、そして常緑広葉樹林帯の「ヤブツバキクラス」の大きく三つに分けている（『日本植生便覧』『鎮守の森』など）（図1）。

日本の照葉樹林を構成する常緑広葉樹の代表的なものがシイ、カシ、タブ類や、アオキ、ユズリハ、クロモジ、イスノキなど。これらはヤブツバキと一緒に生育していることが多く、共に構成する樹林域が「ヤブツバキクラス」である。この「照葉樹林帯」とも「常緑広葉樹林帯」とも言えるヤブツバキクラスの樹林帯が、西日本を中心に列島を覆っている（写真3）。

その中でもタブは降水量の多い土壌の肥沃な地を好み、暖地の沿海地域に多い。日本のタブ林の「九〇％は、海岸線から一〇キロ以内の範囲で分布している」（『日本樹木誌・一』）とされる。こうした地域でタブは、ヤブツバキのほかにシイ、イスノキ、カシなどと一緒に生育していることが多い。

ただ、シイやクスノキに比べてタブの方が耐寒性があり、タブは青森県南部を北限として東北や北陸の

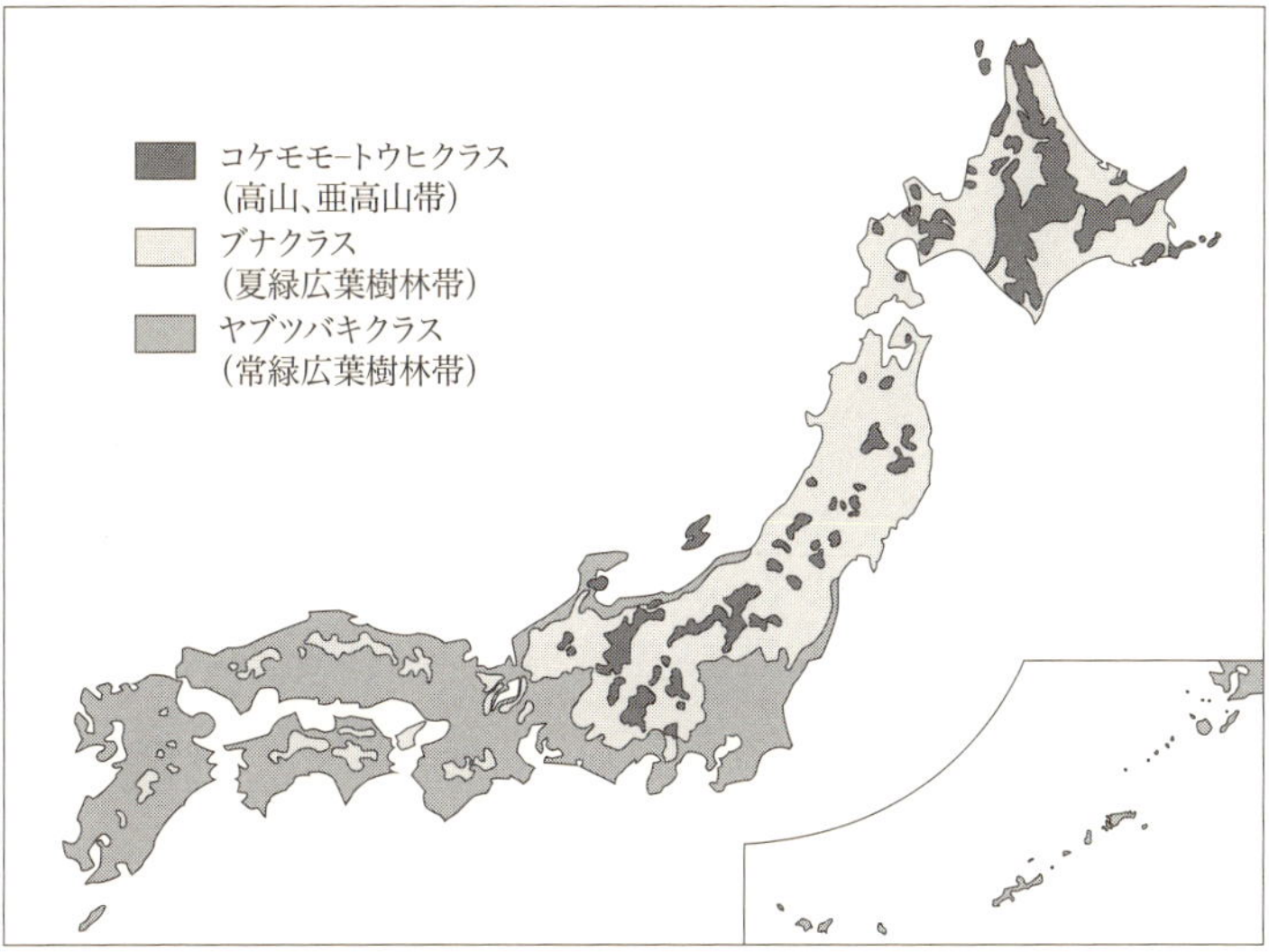

図1　大きく三つに分けられる日本の植生(『日本植生便覧』『鎮守の森』から)

写真3　奄美大島を覆う照葉樹林

半島、島嶼部の海岸地帯にも生育している。二〇一一年の東日本大震災で大被害を受けた東北の三陸沿岸一帯も、タブとヤブツバキが多い地域である。

ヤブツバキクラスと類似した森林は、中国南東部からヒマラヤ山脈中腹にかけて、また東南アジア各地の山地にも広がっている。

ただし、いわゆる「原生林」と呼ばれるような、自然植生のままのタブの姿というのは、現在の日本ではなかなか見ることができない。自然に近い照葉樹林が見られるのは、南西諸島などの島嶼部や無人島、また南九州の一部に残る程度だし、その代表樹種の一つであるタブの自然な姿は、こうした地域でも少なくなっている。

ポツン、ポツンと立つ

日本の照葉樹を代表する木でありながら、一般的にタブは、ツバキはもちろん、シイやカシなどと比べてもなじみは薄い。多少、見知って似通った木を言えば、クスノキ、マテバシイ、ヤマモモなどになるだろうか。

クスノキ科であるタブの大きな木は、遠くから見ると、その枝ぶりや、冬でも青々と葉を繁らせている姿はクスノキと似ているかもしれない。ただ、幹や葉を見ればタブとクスノキの違いはすぐにわかる。クスノキは幹が縦に割れているのが特徴だし、葉はタブが厚く平滑なのに対し、クスノキの葉の方が薄く、少し波打ち、光も通し明るい（写真4）。ただ、同じ香油成分を含むクスノキ科の特徴で、どちらも葉を揉むとよい香りがする。

マテバシイやヤマモモに似ているのは、葉が枝先に集まり表面を空に向け、整って繁る姿である。しかし、実や葉の形を見ればやはり違いはわかる。大きくない時期のタブは、同じくらいのヤブニッケイ、ユズリハ、トウネズミモチなどと似ているが、芽の出方や成長して大きくなった葉形ははっきり違う。見慣れてくれば、タブは遠目にも見当がつくようになる。

宮崎県綾《あや》町の西北、綾南川に沿って広がる「綾の照葉樹林」は、高木のカシ、シイ、タブとヤブツバキ、ヤマモモ、ユズリハ、モッコク、サカキ、ヤブニッケイなどで構成する典型的な照葉樹の森である。川に架かる高さ一四〇メートルの大吊橋からこの森を見ると、どの木の葉も光を照り返し、「照葉」の名にふさわしいことがよくわかる。この中でひときわ緑の色が濃く、雲が盛り上がるように繁っている木があれば、それが恐らくタブである。

『日本植生誌』には、全国各地の様々なタイプのタブ林の写真が載っていて、それぞれ、「タブ―スダジイ林」「タブ―ツバキ林」を構成している。綾町の照葉樹の森もそうだが、一般的にタブは一種だけで全山を覆うような純林を形成するのではなく、他の樹木と混ざった形で生育しているようである。

戦前戦後、南九州の山々で仕事をしていた人たちは、タブが生えていた様子をこんな風に語る。

「タブは鬱蒼としたタブ林のようなものがあるわけでなく、小さい谷間の沢に沿って、ほかの広葉樹の中にまぎれるように点々と立っている。あまり山の高い所にはない。大隅半島ではタブとユス（イスノキ＝柞）の組み合わせが多かった。沢沿いにタブ、尾根にはユスやアカガシ（赤樫）があるという組み合わせだ。若葉の頃には、タブの芽や葉はピンク色だから、

写真4　波うつクスノキの葉

遠くからでもわかった」

「タブは林のように固まっているわけではなく、山の中に、『あそこに一本、ここに一本』といった具合に立っていた」

とりわけ大きなタブは、「ポツン、ポツンと立っていた」ようである。

熊本県南部から鹿児島県を横断し、宮崎県の太平洋岸近くまで、タブ粉づくりのためタブの枝葉を求めてトラックで走り回った人も、「目立つようなタブは、山の中に点在していた」と話す。

街中でも見られる

いま私たちが見る日本の山々、森林のほとんどは、数千年にわたって人の手が加わっている。いわゆる「自然植生」からはほど遠い姿である。現在、日本の山は圧倒的にスギ、ヒノキに覆われているが、これは近世以降、また戦後、木材資源を確保するために、成長の早いスギ、ヒノキを営々と植林してきた結果である。

照葉樹林を形成した多くの常緑広葉樹は「雑木」と呼ばれ、戦後の植林の時期には、多くが伐採された。潜在的な自然植生としては国土の半分強を占めるものの、いまでは自然に近い照葉樹林は、島嶼部や南九州の一部などにわずかが残るだけである。

都市部、またその周辺などで照葉樹林の面影を残すのは、神社の鎮守の森など実にごくわずかの場所のみとなった。その鎮守の森さえ急速に消えつつある。宮脇昭は「神奈川県では、戦前に十五万以上あった鎮守の森が、一九七〇年代に三千足らずに、いまは五十足らずしかない」と嘆く。

全国が似たような状況にあって、鎮守の森は姿を消し、新たに整備される都会の公園、街路樹などに植えられるのは、見栄えのよい木、彩りのよい木ばかりである。当然、タブは姿を消し、日々の生活の周囲でタブを見る機会は急速に減り、タブという木へのなじみはすっかり薄れてしまっている。

しかし、タブが珍種、奇種の類、もしくは絶滅危惧品種に入るような木かと言えばそうではない。環境省の調査（「巨樹・巨木林フォローアップ調査報告書／二〇〇一」）によれば、タブは大きな木が残っている樹種の六番目になっている。北海道を除き、日本各地の海岸地帯などで少し意識をすれば、恐らく各地でタブは見ることができる。

東北・三陸沿岸の島々、岐阜・揖斐川町のドガ（ドンガ）の森、石川・七尾市の唐島の社叢林、京都・京丹後市・夕日が浦一帯の山々などには、いまもタブが林立し、かつてのタブの自然植生の面影を残している（写真5）。

そして、大都市の街中にもタブはある。

写真5　揖斐川町・樫原のドガの森のタブ（岐阜県）

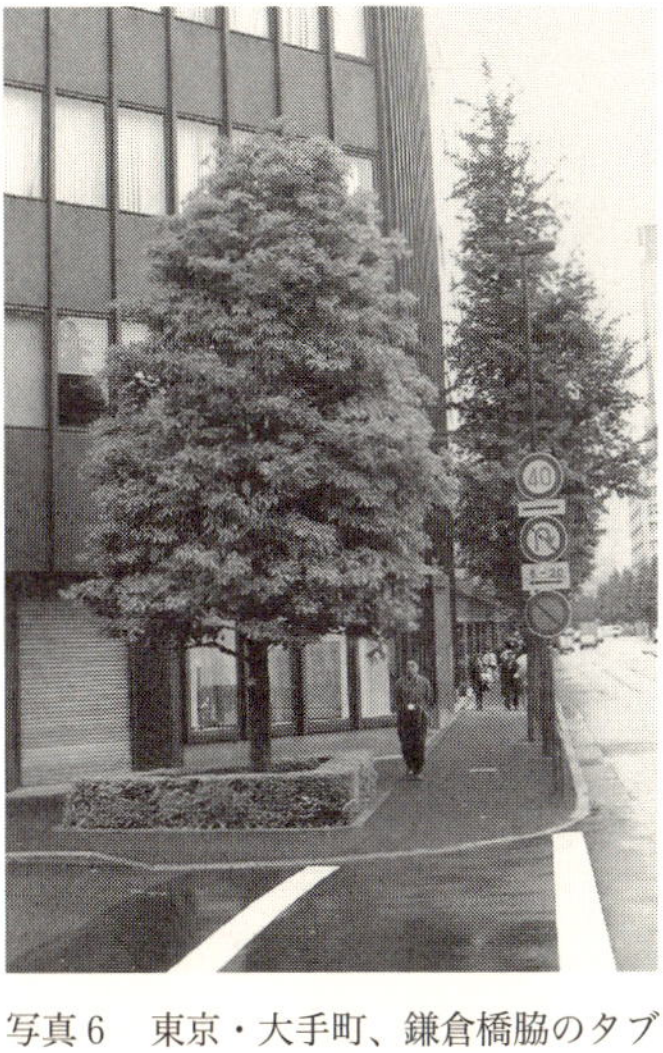

写真6　東京・大手町、鎌倉橋脇のタブ

東京駅から神田方面に向かうと、大手町と神田の境を日本橋川が流れ、上に高速道路が通る。ここに鎌倉橋が架かり、橋の南東、大手町側に立っている木がタブで、標識もある（写真6）。横浜・山下公園の開港記念館にあって「玉楠（タマグス）」と呼ばれている樹もタブである。

新幹線の新神戸駅の裏手、布引山に登るロープウェー駅の西側には、見事なタブが一本、誇らしげに立っている。名古屋の繁華街・栄の西にある御園座の道路の向かい側にある大きなタブは、神木として扱われてきた「御園のタブノキ」である。

二　タブノキの一年

タブはいつも青々とした葉を繁らせ、黙然と静まりかえっているように見える。それだけに目立たないのだが、タブにも変化はある。一年でタブが目につきやすいのは、四月から五月の新芽を出す時期である。

桜と同様、三月の中下旬からタブの芽も急速に成長し始める。タブの芽は、タブの枝先に輪のように生える葉の真ん中から一つだけ出る。長さが五〜一〇ミリ、直径三〜七ミリほどの卵形。成長に伴い、芽の鱗片部分に赤味と鮮やかな黄緑色が増してくる（写真7）。

その年にもよるが、桜が散った頃には、芽は長さが一五〜二五ミリ、直径が一〇ミリ前後になる。大きいものは外皮が割れ、中から若葉が顔をのぞかせている。

この頃から二〜三週間の成長が早く、変化が著しい。大きな芽は丈がグングン伸びて、長さが七〇〜八〇ミリ、直径一五ミリくらいになる。芽を覆う鱗片の赤味（ピンク色）の濃さを増しながら、天に向かって直立するように伸びていく（写真8）。四月下旬から五月上旬になると、濃い緑の古い葉が水平に広がる中に、赤味がかった黄緑の新芽が無数に直立する。

タブの外観で言えば、この若芽が赤味を帯び、大きくなって直立し、そこから小さな花を咲かせ、若葉が繁っていく期間が、最も華やぐ時期である。（写真9）。

タブに「紅タブ」「赤タブ」の呼称があり、中国語名で「紅楠」というのは、タブの材の赤味や、この新芽の赤い色の印象が強いからである。

台湾ではタブを「猪脚楠」「猪脚木」とも言う。「猪脚」はブタの足である。大きくなって幼葉が出る前のタブの芽は、枝の側の下部は太く、先が細い。まさにブタの足が天に突き出したような形で、「猪脚楠」とは、この時期のタブの芽の姿をとらえた名称である。

芽の長さが三〇ミリくらいになると、先端が割れて幼葉が出ると同時に、二ミリくらいの黄緑色、米粒大の花芽が七、八粒出てくる。すぐに花芽が割れ、薄い黄緑色のタブの花が咲く。開花と幼葉が出て開き始めるのはほぼ同時期だが、黄色い小さな花より、この時期の新芽の方がずっと大きく目立つ。赤みの強い新芽は花と見間違うように鮮やかである。

タブの花は地味で目立たないが、花粉の媒介には、ハチ、チョウ類からアブ、ハエ、甲虫類など、「非常に多くの昆虫が媒介する」（『日本樹木誌・一』）。タブという木の持つ多彩さ、豊かさの一面である。

気温が上がり五月初中旬になると、若葉はすぐに長さ三センチほどになり、色も新緑色に変わる。花が落ち、木全体が次第に落ち着きを取り戻す。葉は互生で、枝先に集まる（写真10）。

やがて枝の先端、葉の中心部から緑色の小さな粒が姿を見せる。タブの実である。一か月もたつと緑色の濃さを増す。球状の液果でミカンのようにやや扁平気味（写真11）。噛むとわずかに苦みはあるが、クスノキほどではなく柑橘系の味がする。六月になると、実は直径一センチほどになり、七月になると紫黒

写真８　直立する成長した芽

写真７　枝先、葉の真ん中から出るタブの芽

写真10　葉は互生、枝先に集まる

写真９　花が咲き、赤味を帯びた若芽と若葉が伸び始める

写真12　海岸近くの実生のタブ

写真11　濃い緑色のタブの実

色に熟してくる。

タブの実のつけ方は数年おきに変動する。よく成る年と不作の年があって、四年に一度とも言われる豊作の年にはたくさんの実をつけ、翌年には、大きな木を見上げても数えるほどしか見ることができない。地域差はあるが、実は七月ころになると熟して紫黒色に色づく。鳥獣の大切な食糧であり、ほんのり甘みがあって人間も食べられる。中下旬には落ち始め、台風などが来ると一気に落ちてしまう。落ちた実や鳥などに散布された実は、ほとんどがその年に発芽（実生）し、中には翌年夏に芽を出すものもあるという（写真12）。ただ、「（タブの）実生は乾燥に弱い。夏に乾燥することが多い瀬戸内海沿岸ではタブ林が空白となる」（『日本樹木誌・一』）という。

実を落とした後のタブは、暑い夏をひと息入れるかのように休んでいるが、もうこの時期に、次の準備を進めている。九月の下旬になると、枝先の葉の真ん中から小さな米粒ほどの堅い芽、頂芽が出ている。この時期から翌年三月くらいまでの半年以上、青々と繁った様は変わらず、タブは実に静かである。紅葉も落葉もない。一、二ミリの芽を半年かけて、ゆっくりゆっくり一〇ミリほどに膨らませていく。

タブノキを育てる

タブの実から苗を育てるについては、『いのちを守るドングリの森』などに詳しい。タブやシイ、カシ類の種子採集から播種、育苗までを丁寧に説明している。

また、埼玉県坂戸市にあるボランタリーグループ「地球の緑を育てる会」では、宮脇昭博士の「タブやシイこそ日本の土地本来の木」という考えに共鳴し、二〇〇一年からタブなどの実を採集して育苗し、各地の植樹などに供給している。現在、圃場ではタブなど数万鉢を育て、会のホームページでは、タブ、カシなどの育苗法や植樹の活動を報告している。

七月中下旬にタブの実《み》を拾い集める。ただ、タブの実の成り具合は年によって違うから、不成りの年には実の採集量は限られる。地面に落ちた実は、どれも同じ状態ではない。紫黒色に熟しているものもあれば、濃緑色のままの実もある。また雨に打たれて熟した表皮や果肉がとれ、薄い黄茶色で表面に縞模様が入った球形の大豆のような種が落ちていることもある。

採集した実を一日、塩水に漬け、果肉をとってから苗床に播く。手順に従えば、発芽まではさほど難しくはない。「地球の緑を育てる会」の代表を務める石村章子さんは、「タブは本当に素直で、手間がかからず、すくすくと育つ」と言う。

色鮮やかな芽と茎

ある夏、近くの神社のタブの実がよく成ったので実《み》を採り、育苗を試みた。実は「濃緑色のまま」「熟して紫黒色になったもの」「表皮・果肉がとれた種だけ」の三種である。これらを一昼夜、水につけて虫を殺し、底に沈んだ実を選んだ。

タブの実は、緑・紫黒色の表皮と果肉を除くと大豆のような種があり、この種がまた薄い皮で覆われている。八月上旬に播いたのは、三種類の実の薄皮まで除いたもの（三タイプ）と、「濃緑色」「紫黒色」の果肉だけを除いたもの（二タイプ）、合わせて五タイプの種である。深さ二〇センチほどの柔らかな土が入ったプランターに植えた。深さは土中一センチくらいか、表面が隠れる程度である。

この年の夏は記録的な猛暑で、毎夕、水をやったが、何度か強い雨もあった。

「二、三週間で発芽する」と言われる通り、最も早いものは一七日で発芽。一センチほどの新芽の茎部分は鮮やかな濃いピンク色で、先に米粒大の芽が付いている。

タブの成木の新芽は鮮やかな濃いピンク色をしているが、発芽したばかりの芽もまったく同じ色で、「タブの子」であることがよくわかる。

米粒大のつぼみからすぐに双葉が顔を出す。この時、もう根は七、八センチで真っすぐに伸びていて、既に「深根性」「直根性」というタブの性質が表れている。一週間もすると最も生育の早いものは四、五センチにまで伸び、四、五枚の葉が出ている（写真13）。

三回ほどに分け約四〇粒を播種したうち、約二〇本が一七、八日から三〇日で発芽した。

発芽状況をみると、発芽の確率が最も高かったのが、すでに果肉がとれて地上に落ちていた大豆状の実、紫黒色になったものから果肉、中の薄皮も取り除いた実。「濃緑色」の実で果肉や薄皮を取り除いたものの一部も、一か月ほどかかったが発芽した。一方、緑色の実をそのまま播いたものは発芽しなかった。

水に浸けた後、薄皮まで取り除いて播くと、タブは高い確率で発芽するようである。発芽してからは、たまに水をやる程度ですくすく成長する。

播種から六〇日近く経った九月末に、また一本が発芽した。これがどんな状態で播種したものなのかは不明だが、いずれにしても、タブの生命力は強く、果肉を除いて柔らかな土に蒔いてやれば、かなりの確率で芽を出すようである。

播種から一か月半、最も成長した苗は高さが一〇センチ近く、大きい葉の長さは五センチくらいになっている（写真14）。やがて葉の色も濃くなった幼苗を小さなビニールポット鉢に移植する（写真15）。

秋にこの程度の大きさになったタブは、それからは眠っているかのように成長を止める。地中で根を伸ばしているのかもしれないが、静かなまま冬を迎え、年を越す。種から初めて発芽して冬の寒さに耐える

写真13　発芽したばかりのタブの新芽

写真14　発芽後数枚の葉が出たタブの新芽

写真15　ポット鉢に移植した苗
(「地球の緑を育てる会」提供)

写真16　この程度に育った苗を植樹する
(「地球の緑を育てる会」提供)

小さなタブは、やはり黙って冬を越す大きなタブとよく似ている。

植栽上の注意

翌年も二回目の採集、播種を行った。一回目が予想以上に順調だったため、安心して実を植えたが、二回目の発芽率は非常に悪く、二四粒を初回同様に植えて、発芽したのはわずか二つ。四〇日、七〇日かかって発芽した。

この夏は雨が極端に少なく、苗床には毎日のように水をやったが、水不足だった可能性がある。また、この時は肥料を入れなかったのが原因かもしれない。ただし、前年の播種では遅いもので約五五日後、この年では七〇日後に発芽したように、タブの生命力は強いことがわかる。

しかし、育苗した苗をきちんと地面に移植し、活着させるのは簡単ではないようである。「タブの造林技術は確立していない」と記した専門書もあるし、鹿児島や宮城で山から実生の幼木を採って移植したが、何度やってもうまくいかなかったという人もいる。私が自分で行った移し替えも失敗した。

タブの芽が意外に簡単に出て、順調に育ったこともあって、移し替えるにあたっては、多少、安易な気持があった。前年秋に芽を出した苗を五、六本、一年半ほどして近くの神社や人気のない公園の片隅、あまり直射日光の当たらない場所に植えた。しかし、これらはすべて数か月後、夏過ぎには枯れてしまった。翌年にも試みたが同じ結果である。

「育てる会」などの育苗、植栽法によると、ポット苗を植え替え、根付かせるには、やはり適した時期があり、準備が必要なのである。まず、植え替えるのは芽を出してから二、三年を経てからであり（写真16）、植栽の時の手入れも欠かせない。植栽場所の土を少し盛り上げてマウンドを作り、植えたら乾燥しないよう、また地温を保つため、ワラやコモをかけて根回りを覆うマルチングと呼ばれる保護も必要である。こうした用意もなく、我流で行ったための失敗である。

ただ、多少、肥料も入れ、自宅の庭の片隅や、大きな鉢に植えたタブは、樹高はさほど伸びないものの元気で育っている。

第二章　タブノキとクスノキ――混乱、混同の歴史

一　『魏志倭人伝』に登場するタブノキ――文献に現れる最初の木

タブは日本の草木について書かれたあらゆる記述の中で、最も古い樹木の一つである。さらに言えば、最古の記述の中で真っ先に挙げられているのがタブである。

三世紀に中国・西晋の陳寿が撰んだ『魏志倭人伝』は、邪馬台国などの記述で有名である。ここには二、三世紀に「倭」と呼ばれていた北九州の小国家群の状況や、人々の生活、風俗、習慣、動植物の様子などを簡潔に記している。この中に三〇字余り、二行ほど植物についての記述がある。この冒頭に、タブであろうと思われる木を「枏」の字で記している。

文献に記述された最も古い木

原文は「……其木有枏杼豫樟楺櫪投橿烏号楓香其竹……」とある。登場する植物は竹も含め一六種ほどになるが、このうち樹木名を表すのが「枏杼豫樟楺櫪投橿烏号楓香」の一二文字である。

これらの文字が表す樹木名は七から九種になる。七〜九種というのは、研究者によって解釈が分かれるからである。

例えば『魏志倭人伝の世界』の中で、山田宗睦は自身のものも含め五つの解釈を紹介している。一二字を七種の樹木とする見解は、以下の通りである。

「柟（だん／ぜん）」「杼（ちょ）」「豫樟（よしょう）」「楺櫪（ぼうれき）」「投橿（とうきょう）」「烏号（うごう）」「楓香（ふうこう）」

九種とする見方は、以下のようになる。

「柟」「杼」「豫樟」「楺（じゅう／ぼう）」「櫪（れき）」「投（とう）」「橿（きょう）」「烏号」「楓香」

最初にある「柟（だん／ぜん）」の字は、本来「枏」と表し、「楠」と同じ。「豫」は「予」である。

各説が比定する現在の樹種も様々で、合わせると一八種になる。基本的にはどれも照葉樹林帯、暖帯林に属する木々で、この中にクス、クヌギ、カシが含まれるということでは、ほぼ一致している。

この一二文字で表された木が現在の何に該当するかは、古くから議論され、植物学からだけでなく歴史学や考古学からの関心も高かった。その樹種と植生によって邪馬台国が九州にあったのか、近畿なのかを決める有力な手がかりになりそうだからである。

しかし、多くの「倭人伝」研究はこの解釈に悩み、とりわけ最初の「柟」と三番目の「豫樟（予樟）」の区別には苦労したようである。

○「木には枏（ダン＝くす）・杼（チョ＝とち）・予樟（くすのき）・楺（ボウ＝ぼけ）・櫪（レキ＝くりぎ）・投（被?すぎ・かや）・橿（キョウ＝かし）・烏号（やまぐわ）・楓香（おかつら）がある」（石原道博編訳『新訂　魏志倭人伝』）

○「木材として枏（くす）・杼（とち）・予樟（くすのき）・楺櫪（ぼうれき）・投橿（とうきょう）・烏号（やまぐわ）・楓香（おかつら）などを産し……」（今鷹真・小南一郎訳『正史三国志4』）
○「『枏』（だん）は『柟』とも表記する。クスノキ科の常緑喬木、楠（くす）の木のこと。……『豫樟』は、くすの木の一種。……『樟』は、『章』とも書き、くすの木」（佐伯有清『魏志倭人伝を読む』）
○「〈枏〉くすのき。『説解文字』には『梅なり』とある。……〈豫樟〉くすのき……」（鳥越憲三郎『中国正史　倭人・倭国伝全釈』）
○「その木には、枏（ぜん＝おそらくは、たぶのき）……豫樟（くすのき）……」（安本美典『最新・邪馬台国への道』）

わずか一二字で表した樹木名の解釈で、「クス（ノキ）」が重複するような説明や、あいまいな表現になっている部分がある。異なる漢字で表した「枏」と「豫樟」は別々の木だと考えるのが自然だが、同じクスを示すような訳がある。とにかく最初の「枏」を何の木と見るかに頭を悩ませたことがわかる。

しかし、「倭人伝」が「枏」と表記した木はタブであろう。

直接、「倭人伝」の解釈に言及してはいないが、漢字などの専門家は、現代中国の植物研究の成果なども踏まえながら、かつて「枏」「柟」で表され、やがてその俗字である「楠」の字で表した木は、一つの樹種ではなく、「タブノキを含む一群を『楠』と称していたと見るのが妥当である」（『花と木の漢字学』）と判断している。

中国で「楠」は、「豫樟（予樟）＝クスノキ」に似ているが別の木であって、「楠」には「桂楠」「紫楠」「山楠」「大葉楠」「紅楠」など様々な種類がある。どれも「つややかな革質の葉を持ち、大木になるという共通点があるから、古くはこうした類を含めて、広く『楠』と呼んだものに違いない」（同書）と言う。
現在の中国では、この中の「紅楠」の学名が「Machilus thunbergii」であり、タブである。
多くの研究者が解釈に苦労している「柟」と「豫樟」は、前者はタブもしくはその仲間であり、後者がクスノキを指すことになる。倭（日本）における「柟」はタブであると言っておかしくない。

植生的にも柟＝タブが自然

植生から見て「柟」はタブであるする植物学者・苅住昇の丁寧かつ説得力ある解釈もある。「邪馬台国植生考」（『林業技術』一九七〇年一月号）がそれで、著者は一二字を以下の九種の樹木だとしている。

柟＝枏・楠と同じ。タブ
杼＝柞。コナラ
予樟＝クスノキ
楺＝クサボケ（バラ科ボケ属）
櫪＝櫟。クヌギ類
投＝柀→榧。カヤノキ
橿＝カシ類
烏号＝柘。カカツガユ（クワ科ハリグワ属）
楓香＝カエデ類

冒頭の「柟」は多くの中国の辞書、事典類が示す通り「枏」「楠」の字と同じで、タブだとしている。

「予樟」はクスノキだという。

ここで著者は、「倭人伝」の内容を伝えた中国（魏）の人間は、植物の専門家ではない一般人で、彼らが訪れたのは倭国の人々の住む平坦な地であり、観察したのはその一帯の同一環境内の樹木であることを解釈の前提としている。

つまり、中国の一応の知識人が倭を訪れ、倭のある地域で目にした一般的な植物風景を自国（中国）の当時の樹木名で表記した。特に印象に残った樹木を抜き出したのではないということである。

こんな観点から、「倭人伝」の一二文字が表す森林植生を、著者が解釈した「邪馬台国のまぼろしの植生であるかもしれない」としながら、「上木はうっそうとしたタブ・クス・カシ類などの照葉樹に、部分的にはカヤなどの針葉樹におおわれ、疎開地にはコナラ・クヌギ・カエデ類があり、低木としてはカカツガユ・クサボケ・サンショウ・ササ類が繁茂し、草本にはショウガ科の植物が生育し、またタチバナ、シュロなどが点在するような」風景であったという。

そして、植生から見てもこの構成は自然で、「このような植生が出現するのは暖帯照葉樹林の下部で、……最もあてはまるのは九州地方である」と結論づけている。

福岡市の北に広がる博多湾は、西は糸島半島、東から北は長く延びる砂州の「海の中道」に囲まれた穏やかな湾である。「海の中道」の西に「漢委奴国王」の金印が発見されたことで有名な志賀島がある。この湾が古代より、大陸や朝鮮半島との往来の拠点となった地であることを示している。島の南東には、『魏志倭人伝』の時代からこの島に鎮座し、「海神の総本社」という志賀海神社がある。小高い丘をなす社叢は、スダジイ、マテバシイ、ツバキが多く、本殿前の楼門脇には大きなタブがある。

長崎県対馬の浅茅湾は入江が複雑に入り組み、湾内の島や浦々の小山は、人家も少なく昔の姿をとどめ

写真17　様々な照葉樹で覆われる対馬の島々、浦々

ている。点在する島々や浦々の古社の社叢などは様々な照葉樹を主体とした広葉樹で覆われている（写真17）。恐らく千数百年前、北九州の島々、沿岸部から山々にかけては、志賀島や対馬のような風景で、いまよりずっと大規模な照葉樹林に覆われていたに違いない。

とりわけ海に近い所では濃緑色のタブ林や大きなタブがあったのだろう。舟でやってきた古代中国の人々は沿岸を航行しつつ、時に湾や入江に停泊した。そこで湧き上がるような森と、青々としたタブに強い印象を受けたから、倭の樹木の様子を報告する冒頭にタブを挙げた。タブは自分たちの国で見ていた「柟・枏」と呼ばれる木と同じように見えたから、この漢字で表記したのである。

二　「楠」「クスノキ」とのまぎらわしさ――「楠」はタブ

「倭人伝」の研究者たちは、「柟（楠）」の解釈や、また「柟」と「予樟」の区別に苦心し、多くが「柟（楠）」も「樟」も、「くす」と読んだ。このことが示すように、タブは古くから同じクスノキ科に属するクスノキとの間にまぎらわしさが生じていた。これがタブという木をわかりにくくしてきた。

また後述するが、タブには地方によって実にたくさんの呼び名がある。このためタブを、現在の植物学的な標準名である「タブノキ」という名前では認識していない地域、人々も多い。その用途が多岐に渡り、一つの木としてまとまったイメージが乏しかったことも、わかりにくさの一因である。

クスノキも古来、有用な木として知られてきた。タブよりも成長が早く、時には樟脳生産のために植林もされてきた。現在、街中でもその大木、老木を見ることができるように、人々の目に触れるという意味では、タブよりずっと存在感がある。同じ科に属し、遠くから見ると樹形も似ているタブとクスノキを比べると、木そのものに華やかさもあって目立つのはクスノキである。そのため、タブはクスノキの亜種のように見られてきたところがある。

そして、いつの頃からか、本来、タブを指していたはずの「楠（柟、枏）」という漢字が「くす、くすのき」と読まれ、呼ばれるようになり、タブの存在はますます曖昧になっていったようである。

『万葉集』に記された「ツママ」

『魏志倭人伝』の中で、「柟（＝楠）」の字で表記される木がタブであり、多少、大仰に言えば、これが記述に初めて登場する「日本のタブ」である。この時代から五百年ほどして、『万葉集』の中にタブが出てくる。

磯の上の　都万麻を見れば　根を延へて　年深からし　神さびにけり（巻十九・四一五九）

これは八世紀の半ば、現在の富山県高岡市に越中国守として赴いた大伴家持が在任中に詠んだ歌である。歌の注記には、「樹名都万麻」とある。この「都万麻（ツママ）」と表記された木がタブであろうとされている。

家持が当時の税制の一種である出挙《すいこ》の状況を視察するために出かけ、海岸沿いの渋渓《しぶたに》の崎を通った折に、磯の上にあった大きなツママの木を詠んだという。渋渓は能登半島の付け根のような位置にあって、現在の高岡市伏木の少し西、富山湾に面した雨晴海岸《あまはらし》一帯の地である。

歌は「海岸の磯の上に生えているツママの木を見ると、延ばした根を張り、歳月を経て神々しい」といった意である。

『万葉集』の中には約一六〇種の植物が含まれていて、その半分近くが樹木だとされるが、ツママという木を詠んだ歌はこの一首だけである。これが何の木なのかは、昔から謎だったようである。江戸時代にこの木を疑問に思った飛騨の国学者が越中を訪れ、「ツママの木とは」と訪ね歩いたが、だれもそんな木は知らなかったという話もある（『万葉植物事典　万葉植物を読む』）。

ツママをマツ、イヌツゲなどに当てる説があるが、現在では多くの解釈がタブ説を採っている。

万葉学者の犬養孝は、「家持にとって、大和で見られない珍しい名の樹に、風土的な感懐をともなって、その神秘にうたれているものであろう。……（いまも）国庁跡といわれる勝興寺の門の傍には、根をせりあげた（タブの）巨木が見られるし、氷見市の下田子の藤波神社の裏には、亭々たる『つまま』の巨木を見あげることができる。……感受性の強い家持は、珍しい植物の生命力からうける大自然の啓示に、深い感動をうけたものにちがいない」（『万葉の里』）として、歌の意にはタブがふさわしいという。

舳倉島《へくらじま》にあったツママは、やはりタブ

富山県や石川県の海岸地帯は今もタブが多く、とりわけ能登半島はタブの巨樹が多い。当時の半島には今よりも鬱蒼とタブが繁っていたに違いなく、強い印象を受けた家持がタブを歌に詠んだと考えられる。

そして、家持が「ツママ」とした木が、やはりタブであることを証明する記述がある。『樹木三十六話』

の「万葉にあるツママノキ」(本田正次)と題する一文である。
「湖沼学の故田中阿歌麿博士がまだ子爵の肩書が物をいっていた頃の話である。ある年の夏、石川県能登の沖合はるかにある舳倉島に旅行されたことがあるが、東京に帰られてから、私に手紙を下さった。その中の一節に『舳倉島に喬木とては、これしか自生していなかった。島ではツママノキという名で呼んでいたが、本当の名は何というものだろうか』と、こういう意味の文句があって、それに一枚の木の葉が巻き込んであった。私がよく見ると、それは紛れもないタブノキの葉である」

これは戦前もしくは戦後間もない頃の話と思われる。輪島から五〇キロ北の沖合にある舳倉島に生えている大きな木はタブばかりであり、それを人々は「ツママノキ」と言っていたという。隔絶された孤島に、奈良時代に家持が聞いた樹木名・ツママが残っており、それはちゃんとタブを指していたということである。後の舳倉島を調査した記述にも、島の神社境内には大きなタブがあるという。

また歌人の梶井重雄は、第四高等学校在学時(昭和八年)に、『万葉集』の講義で、ツママが「『普通名いぬくす、地方名たものきと称するものである」とする説明を聞いたことを記している(『万葉植物抄』)。「いぬくす」「たものき」はタブの別名である。

『万葉集』に「ツママ」とあるからと言って、古代のタブの標準語がツママであったとは言えない。大歌人である大伴家持はこの木を詠んだが、その後、「ツママ」という木の名は物語や歌集では見られない。恐らく、家持はこの地で初めてタブを見たのだろう。植物が好きだった彼は、その姿に感動したが、木の名前は知らなかった。尋ねてこの地では「ツママ」と呼ぶことを教えられ、そのまま歌に詠んだのである。自分と同じく、この歌を読んでくれる都(奈良)の人たちもツママを知らないだろうから、樹木名であることを伝えるために、わざわざ「都万麻は樹名」と書き加えたのである。

記紀の「石楠船」と「予樟船」

「倭人伝」や『万葉集』の時代、日本列島の広大な地域は照葉樹林に覆われ、たくさんのタブが林立していた。「倭人伝」、『万葉集』に記された「柟」や「ツママ」がタブであることは、まず確かである。

しかし、この頃から長い期間、現在の私たちが「たぶ」と呼ぶ木を、「確かにタブである」とわかるように明確に示した記述は、見つけることができなくなる。文書文献類の中でタブは行方不明になり、混迷の世界に入ってしまうのである。

その大きな理由は、『魏志倭人伝』の解釈で生じている、漢字で表記された「楠」の意味のとり方にある。「倭人伝」を訳すにあたって、現代の研究者は「楠（＝柟＝枏）」と「樟（＝豫樟＝豫章＝予樟）」の区別、解釈に困り、結局、多くの研究者はどちらとも「クスノキ」とした。

同様の混乱が、八世紀に著された『古事記』『日本書紀』『風土記』の解釈でも起きている。記紀、風土記には、様々な樹木名が登場する。もちろんその中に「楠」「樟」も出てくるのだが、その現代語訳や解釈は、やはりどちらも「クスノキ」である。

これは現在の私たち日本人が、「楠」の字も「樟」の字も、「くす」もしくは「くすのき」と読み、樹木としてはクスノキを表すとしか認識できないことが原因である。中国では、別の樹木を表す二つの漢字を、私たちはいつの頃からか、同じクスノキと認識し、呼ぶようになった。

ところが、この「楠」と「樟」の混乱、混同は、すでに記紀の時代から起きているらしいのである。理由はわからないが、このことのためにタブは記述の世界から、忽然と姿を消してしまうことになる。

記紀には、その源は同じであろうと思われる神話に、楠と樟（＝予樟、橡樟）が出てくる。最初のイザナギ、イザナミ神による「国生み・神生み神話」の場面である。

二神が矛で海をかき回し、一四の島と三十五柱の神を次々に生むのだが、『古事記』『日本書紀』では話が少し異なる。

『古事記』は、この三十五神の最後の方に生まれた子を「次に、生みし神の名は鳥之石楠船神《とりのいはくすふねのかみ》」（『新編日本古典文学全集1古事記』）と記している。

一方、『日本書紀』では、イザナギ・イザナミは三十五神の前に蛭児という子を生む。しかし、三年を経ても足が立たなかったので、「天磐予樟船《あめのいはくすふね》」に乗せ、風に任せて棄てたとある。（『新編日本古典文学全集2日本書紀①』）

「石楠船」「予樟船」は、それぞれ「楠で造った船」「予樟で造った船」の意味で、現代語訳はどちらも「クスノキの船」である。

『日本書紀』にはスサノオの記述の中に、もう一か所「予樟」が出てくる。

スサノオは、この国（日本）に船がなくてはいけないと言って、あご髭からスギ（杉）、胸毛からヒノキ（檜）、尻の毛からマキ（柀）を作り、「眉の毛は予樟になった（眉毛是成予樟）」とし、「杉と予樟、この二つの木は船にするがよい（杉及予樟、此両樹者可以為浮宝）」と言ったという。「浮宝」は船のことである。

『古事記』に「楠」の字が出てくるのは「鳥之石楠船神」の箇所、『日本書紀』に「予樟」が記されているのは、「天磐予樟船」「杉及予樟」である。

どれも船に関する記述であり、「楠船」と「予樟船」の話の源が同じであるとすれば、記紀における楠と樟（予樟）は同じ木を指しているということになる。

風土記の楠と樟

風土記は各地の風土を記すのが目的だから、記述の中にたくさんの樹木名が登場する。「楠」も「樟」も出てくる。ここでも、現代語訳はどちらも「クスノキ」である（『日本古典文学大系・風土記』）。ただし、現在残されている各地の風土記の「楠」と「樟」の記述には特徴がある。一地域の風土記に登場するのは楠、樟のどちらかで、二つが一緒に出てくることはない。

○「出雲国風土記」＝幾つもの郡の記述の中に「楠」が出てくるが、「樟」はない。郡によって楠の記述がある郡とない郡がある。

○「豊後国風土記」＝玖珠郡の説明に、「洪《おお》きな樟樹有り」として出てくる。この「樟」は「クス」と読み、これが球珠《くす》郡の名の由来としている。「楠」は出てこない。

○「肥前国風土記」＝やはり「樟樹」として記述がある。枝葉のよく繁った樟の大樹があって、この大木の栄える様から「栄えの国」、さらに「佐嘉」（現在の「佐賀」）の呼び名になったとしている。ここにも「楠」は出てこない。

このほか「風土記逸文」と言われ、風土記そのものは残っていないが、引用されて残る風土記の文章があり、その中に「楠」が出てくる。播磨、伊豆、上総・下総の「風土記逸文」にあるのは、以下のような内容の記述である（『日本古典文学大系・風土記』）。

○「播磨国逸文」＝明石の駅家の駒手の井戸のほとりに楠の大木があって、朝にはその影は淡路島を覆い、夕には大倭嶋根（大和国）を覆った。この楠を伐って舟を造った。その速いことは飛ぶがごとしで、「速鳥」と名付けた。

○「伊豆国逸文」＝応神天皇五年、伊豆の国造に船を造ることを課し、軽くて速い舟が出来た。この船の舟木は日金山の麓、奥野の楠である。

○「上総・下総国逸文」＝下総・上総の国について、「下総・上総は、総とは木の枝をいふ。昔、この国に大なる楠が生ず」とあって、その木について占ったところ、「大凶」ということで、この木を伐り棄てることにした。木は南に倒れ、上の枝の倒れた方を上総、下の枝の方を下総と呼ぶようになった。

話を整理すると、風土記全体では「楠」も「樟」も登場する。しかし、一つの国の風土記の中に出てくるのは、「楠」か「樟」のどちらかであり、「樟」が出てくるのは豊後と肥前。「楠」が出てくるのは、「出雲国風土記」と播磨、伊豆、上総・下総の逸文である。

「豊後国風土記」には「樟樹」の「樟」が球珠《くす》郡の呼び名になったと記しているのだから、「樟・予樟」は当時から「くす」と呼ばれたのである。「樟・予樟」は現在、私たちが言うクスノキで間違いない。

播磨国、伊豆国の逸文には、「楠で船を造った」とある。「楠」の木は当時から船材として知られていたのであろう。また、『古事記』に「鳥之石楠船」との記述があるのだから、楠製のこうした名称の船か、そのように形容される船があったことを示している。

これらを踏まえると、風土記における「樟」と「楠」について、考えられる解釈は二つである。まず一つは、「樟」と「楠」が同じだとの解釈である。そうであれば、クスノキは各地で目立つ木として知られ、すでにこの時代、「くす」と呼ばれ、表記する漢字として「樟」「楠」の二文字が併用されていたのである。そして、船について言えば、「天磐予樟船」と「鳥之石楠船神」も材は同じ、クスノキだったということになる。

一方、「樟」と「楠」が、それぞれ「クスノキ」と「クスとは別の木」を表わすのであれば、九州の豊後や肥前では目立つ木としてクスノキはあったが、出雲にクスノキは見られなかった。出雲や伊豆、播磨などには、クスノキとは別の「楠」と表記される木があって、これは船材などに使われた木として知られていた。そして、「天磐予樟船」と「鳥之石楠船神」の材は別であったということになる。

タブはどこへ

スギを表すのに「杉」「椙」の字があるように、この時代にクスノキを表記するのに、既に「樟」「楠」という二種の文字を用いていたという可能性はある。

しかし、困るのは、「楠」も「樟」もクスノキだとすると、「倭人伝」が冒頭で「楠（＝枏＝柟）」と記していたタブの行方が、記紀や風土記の中ではわからなくなってしまうことである。

例えば風土記には、漢字のままに表記すると、樟、楠のほかに、杉、松、椎、桐、楊、槻といったたくさんの樹木名が出てくる。中でも「出雲国風土記」には、五〇種以上の薬草を含め九〇種ほどの植物名があって、これらの分類は中国・唐時代に編纂された『唐本草』に依っていると言われる。既にこの時代の人々が数多くの木々を見分け、漢字表記もしていたことがわかる。

この風土記が残っている出雲、播磨、豊後、肥前、伊豆、常陸といった地域は、海岸部を中心にいずれもタブがよく生育する地である。ところが、「楠」「樟」が共にクスノキを指すとなると、風土記の時代にタブは見当たらなかったか、各地の記述者たちの誰もがタブを知らなかったということになる。

記紀も風土記も、これらは国家の意図で編纂した書である。常識的に考えれば、編纂にあたったのは当時の高いレベルの知識人たちで、その数はさほど多くなかったと思われる。用いていた漢字や植物の知識は、同程度のものを共有していただろう。

使っている「楠」の字が、「倭人伝」にある「柟」と同じ字であり、倭人伝には「楠（柟）」と「樟」が別の木として記されていたことも知っていたと考えておかしくない。

風土記の「楠」「樟」の記述について言えば、「倭人伝」が記したように、楠（タブ）と樟（クス）を併記していれば、植生上からも自然である。それなのに、ある国の風土記には「楠」の記述だけ、一方には「樟」の記述のみでは、後代の人間は戸惑うばかりである。

丸木舟の項でも後述するが、「天磐予樟船」「鳥之石楠船」の船材の問題もある。

現在の記紀の解釈では、「予樟船」も「石楠船」も「クスノキの船」である。しかし、古代からつい数十年前まで、タブはクスノキに劣らぬ有用な船材として用いられてきた。

ツママ（＝タブ）を詠んだ大伴家持は、能登を一周した折、「鳥総立て　船木伐るといふ　能登の島山今日見れば　木立繁しも　幾代神びそ」（巻十七・四〇二六）という歌を詠んだ。この「島山」は七尾湾にある能登島、「船木」は船材のことである。船材の産地だった能登島は、当時の大和政権の造船の拠点であり、この「船木」は、今も能登に多いタブの可能性が高いのである。

そして、中国で「楠（＝柟＝枏）」は代表的な船材であり、「樟」以上に知られていたようである。「石楠船」の「楠」がタブだとする解釈も、十分成立しそうである。

戦前の台湾のタブに触れた記述に、タブの一種として「堅重な石楠がある」（『台湾全誌』）とある。『日本樹木名方言集』も、台湾にはタブに似た木として「石楠（チョラム）」があることを記している。また、戦前の韓国の樹木についての記述には、済州島でタブを「トルクッナム」と呼んだとある（『朝鮮森林樹木鑑要』）。「トルクッ」は「石球（玉）のような」「石のような」の意味だろう。「ナム」は「木」もしくは

「楠」である。

古くからタブを、もしくはその一種を「石楠」または「石木」と呼ぶような表現があって、これが「鳥之石楠船」（『古事記』）の「石楠」に通じるということも考えられる。

『古事記』や風土記にある「楠」を、中国で使っていた字義通りタブやその仲間だと解釈しても不自然さはない。


「樟」がタブか？


「楠」という文字がタブを表していたのではないかという話を進めてきた中で、混乱を増すだけかもしれないが、「樟」がタブであるという可能性さえ考えられるのである。記紀の話で言えば、「天磐予樟船」の「予樟」がタブだということである。

というのも、奥能登の珠洲市には、「樟」の字を「たび（のき）」と読む独特の苗字があるからである。能登で「タビ」「タビノキ」はタブのことだから、「樟」を「たぶ」と読むということである。

現在、「樟」を「たぶ」とする呼び方は、全国でこの地域にしかないのだろうが、いつの頃からあるのかはわからない。古くからこの地にあった読み方の痕跡が残っていると考えられる。

ここに住む「樟木《たびのき》」さんという姓の女性（一九二三年生まれ）が、「小さい時も働いていた時も、誰も『たび』とは読んでくれなかった」と言う珍しい姓である。

そして、日本最初の本格的な図入り大百科事典とも言える『和漢三才図会』（一七一二年）でも、「樟」を「たぶ」と読んでいる。『図会』のタブに関する記述は混乱しているが、読み方で言えば、「樟」に「たぶ」と送り仮名をふっている。『図会』でタブなどに関連する項目は「楠」「樟」「釣樟」の三つだが、それぞれの送り仮名は「楠＝くすのき」「樟＝たぶ」「釣樟＝くろたぶ」である。

ただし、その解説は、「楠（＝くすのき）」についての項で「色の赤いものは堅く、白いものは脆い。……茎は微赤である。……」とあって、これは紅タブ、白タブなどタブの特長をよく表している。一方、「樟」については、「気（におい）は大へん芬烈……」などとあって、ここではクスノキの性質らしきものを記している。

漢字、その読み方、内容が、現在の理解からすると一致せず、やや解釈に苦しむ内容となっている。

しかし、これは必ずしも著者の間違い、調査不足とは言えない。著者の寺島良安は大坂の漢方医で、秋田出身とも大阪出身とも言われる。彼がどこまでタブのことを知っていたかはわからないが、江戸時代の初中期に百巻を超える大百科事典を編纂、タブなどについて調べた時、間違いなく「樟」を「たぶ」と読む地域、人々が少なからずあったのである。だからいまも、この読み方が奥能登に厳然として残っている。

タブと船材の関係は後に詳しく述べるが、大伴家持が歌に詠んだ古代の「船木」（船材）が、能登産のタビ（＝タブ）である可能性は高い。そして、いつの時代からかはわからないが、その能登ではタビ（タブ）を表わす漢字は「樟」だったということである。

当時、能登は造船の中心地であり、人々にとって、能登のタビ（タブ）で船を造ることは知られていた。そのタビが、古くからこの地では「樟」の字で表されていたのだとすると、『日本書紀』にある「天磐予樟船」は「予樟＝タブ」で造られていることを表しているとの解釈も成り立ち得る。

恐らく同じ伝承に基づきながら、記紀は船の名を「楠船」「樟船」と異なった表記をしている。風土記でも国によって「楠」「樟」の表記がある。そして「樟」を「くす（のき）」と読むだけでなく、「たぶ」と読んできた地域もある。

「楠」「樟」の漢字で表された樹木の理解には戸惑うばかりである。

『万葉集』で大伴家持は、タブを漢字で表記せず、能登や越中での呼称「ツママ」を万葉仮名で表した。そのため、後世、これが現在の何の木にあたるかを定めるのに苦労した。ただし、漢字で表さなかったことで、文字にとらわれず、様々な客観的な状況から、これをタブであろうと認めることができた。しかし、漢字表記になってしまうと、現代の私たちは、「楠」も「樟」も、同じ「くす（のき）」「クスノキ」という読み方や認識しかできない。

推測、憶測を重ねても仕方がない。「倭人伝」や『万葉集』から言えることは、タブは古代から日本列島にあり、外から来た人々にも、古代万葉人の印象にも残った木だった。しかし、記紀、風土記の記述からすると、タブはクスノキと似ていたために、古い時代から樹木の認識としても、呼称としても、さらにあてはめる漢字（樟、楠）も混同されていったらしいということである。

大和（奈良）に住んでいた大伴家持が越中で初めてタブを知ったように、内陸にいた七、八世紀の知識人たちはタブになじみが乏しかった。多少、知識があったとしてもクスノキの亜種のように見ていたのであろう。

この混乱と混同が進む中で、本来はタブを指したはずの漢字の「枏」「楠」は、やがて「クス（ノキ）」との読み方が広まり、辞典類が編纂され、また漢字が広まる中で「楠」＝「クス（ノキ）」が定着していったのかもしれない。

江戸時代、タブは「楠」

樹木名には「杉」「椙」＝スギのほかにも、「櫟」「櫪」「橡」＝クヌギ、「柏」「槲」＝カシワのように、一つの木に幾つもの漢字表記がある場合がある。わからないのは、それらを昔の人々は実際にどう発音したのか、また、その呼称がどんな変化をたどったかである。漢字に万葉仮名や平仮名を振ってあればわかるが、そうでなくては、いまの私たちは近世、近代の呼び方しかわからない。

例えば「樟」の字は、風土記にこれが「玖珠」の呼び名になったとあるから、「くす」との発音は、古くからあっただろうことがわかる。

また、「楠」の字については、一〇世紀に編纂された『和名抄（和名類聚抄、倭名類聚抄）』に「久須乃木」の読みがあり、「『楠』に『くすのき』の訓を与えたのが定着した」（『植物の漢字語源辞典』）という。これに従えば、平安時代から「楠」も「くす（のき）」と呼び、クスノキという木を指したことになる。

しかし、肝心のタブは、記紀の時代から漢字表記そのものが曖昧だし、どう発音したかもわからない。「倭人伝」の「枏」が「楠」の字であり、タブを指したことは間違いないと思われるものの、記紀の時代に、日本人がその通りに使ったのかどうかは不明である。平安時代以降は「楠」を「くすのき」と呼んだとなると、タブを指す漢字は行方不明になり、この木を何と呼んだのかもわからないのである。

タブという木を、「たぶ」と呼んだことがはっきりわかるのは、一六〇三年に著された『日葡辞書』（勉誠社、一九七八年）の記述である。

ここに「Tabu Tabunoqi」の項があって、「月桂樹のような、ある木」と説明している（『時代別国語大辞典』）。ゲッケイジュもタブと同じくクスノキ科である。

ポルトガル人の種子島渡来が一五四三年。彼らはその数年後、九州で布教を始め、近畿に至る。彼らは各地でタブを目にし、「たぶ」の呼称を知ったのである。一六世紀に、彼らが訪れた西日本各地には、間違いなく「たぶ」「たぶのき」という呼び名があったのである。

この辞書には「Cusu Cusunoqi」（くす）の項もあるから、彼らはタブとクスノキは、はっきり区別している。

三世紀に日本を訪れた中国人が、タブを目にして「倭人伝」の冒頭に記したように、ポルトガル人が一六世紀に初めて日本にやって来た時、やはりタブは目立つ存在の木だった。だからその名を尋ね、辞書に書き留めたのである。ただし、『日葡辞書』に漢字表記はないから、当時、タブをどの漢字で表していたかはわからない。

江戸時代末に対馬藩士が、対馬の様子を著した『楽郊紀聞』には、クスノキを「楠木」、タブを「タブ」と記している。クスノキは「楠」の字で表記して「くす」と読んでいるが、タブに該当する漢字はなかったか、一般には知られてなかったのだろう。呼び方のままカタカナで「タブ」と表している。

しかし、多少の混乱はあるものの、江戸時代の後半、正式にというか、専門家の間では、タブは「たぶ、たふ」であり、表記する漢字は「楠」だという認識が明確にあったようである。

一八世紀半ばに書かれた『物類称呼』は、各地の動植物名などの呼び名を集めた方言集で、約百の植物を取り上げている。ここでタブは「楠」である。

「楠　たふのき　和名たものき」として、「肉桂に似てやぶ肉桂と言う」と記している。「たふ」「とう」のほか、「だも」「たも」「からだも」「くすだも」の呼び方があり、「太布」「葉長」「浜椿」などの表記があるとしている。すぐ後には「樟　くすのき」の項があって、タブとクスノキの漢字も明確に区別している。

やはり一八世紀の初め、貝原益軒が著した『大和本草』には、「樟ト楠ト一類二物也」とあって、一方が香りの強い樟脳を作る「樟」で、他方がイヌグスと呼ぶ「楠」であるとしている。イヌグスはタブのことだから、樟＝クスノキ、楠＝タブとの解釈である。

江戸周辺の農産物や身近な動植物を記した同時代の『武江産物志』には、現在の上野近辺に見られるものとして「楠」をあげ、「いぬくす」と送り仮名している。これも楠はタブだとの認識である（『江戸の自然誌・〈武江産物誌〉を読む』）。

いずれも、「倭人伝」がタブとクスノキを見分け、「楠（＝枏）」と「予樟」の字で表記した認識と同じである。『大和本草』が「一類二物也」と記しているのは、当時においても混同することが多いのをよく知っていたからだろう。

「楠」はクスノキではない、類するのはタブ——明快な牧野説

こんな楠と樟の混乱を、近代の植物学者・牧野富太郎は、「ユズリハを交譲木と書くのは誤り」との一文の中で説明し、明快な結論を出している（『牧野富太郎選集第2巻』）。

「支那に楠（または楠木とも書く）という樹木がある。わがタブノキ一名イヌグスに似たものでともにクスノキ科の常緑喬木である。

日本の昔の学者はこの支那の楠をクスノキにあててその樹だと思ったので、かの『本草和名』だの、『本草類編』だの、『新撰字鏡』だの、『倭名類聚鈔』だの、また『倭漢三才図会』だのにはみなそう書いてある。そしてこうしたことの習慣がなお今日までも人々に浸透していて、現代にできた書物にもなお依然として昔のままにこれをクスノキだと書いてあるものが多い。すなわちかの大槻博士の『大言海』などがそれであって、まことにもっておくれかえったことにぞありける。

ここに痛快なことがある。それはすなわち貝原益軒の意見である。益軒は彼の著『大和本草』において、

当時楠をクスノキだとする滔々たる俗流に染まずしてこの楠をイヌグスすなわちタブノキにあて一家の見識を立てているが、これは無論当たってはいないとしても、その楠の真物とそう遠からざるところまで漕ぎつけているのは当時にあってはまことに珍しい稀有のことで、その卓見にはひたすら感心のいたりに堪えない。そしてクスノキをば『樟ナリ』と書いていてじつに正確にそれを認めているのである」

続いて牧野は、楠をユズリハだとする説、ユズリハを交譲木とする説に触れつつ、これも間違いだと喝破し、「楠」についての結論を述べている。

「上のように楠はクスノキでもないしまたユズリハでもないとすれば、それならそれはどんなもんかというと、この楠はいっさい日本にはなくただ支那ばかりにあって、同国ではナン（楠）またはナンム（楠木）という常緑の大喬木である。つまり支那の特産樹である。そしてその学名はこれを Phoebe Nannu Gamble というのだが、その前にはこれを Machilus Nanmu Hemsl. だのまたは Persea Nanmu Oliv. だのととなえられていた。……。以上は『ない』が三つ続いた。第一、楠はクスノキでない。第二、楠はユズリハではない。第三、交譲木もユズリハではない。そして『ある』が二つある。第一、楠はナンで支那の木である。交譲木はナンの一名である。よって件のごとし、でケリ」

この一文はユズリハのことを書いているのだが、タブ、クスノキ、楠、樟についての明快な説明でもある。はっきりと「楠はクスノキでない」と言い切っている。そして、中国で表わす「楠」は「わがタブノキ一名イヌグスに似たもの……」であるとし、「楠に類したわがタブノキ……」とも表現している。

日本で「楠」の字で表される木は、中国の「楠」に似ている、もしくはその仲間であるという意味で

「タブである」ということができるのであろう。『大和本草』や『物類称呼』などが、「タブ＝楠」としたのは、ほぼ正しい解釈と言ってよい。

ただし平安時代から現代に至るまで、辞書類を作成した学者や知識人の間でも、「楠はクスノキ」との用法がまかり通ってきたということである。

いまに各地に残る方名をみると、「タブ」と呼ぶのは九州一帯が中心で、一方、「イヌグス」「タマグス」の呼称は関東から近畿にかけて広がっている。

いつの頃からかわからないが、近畿や関東では、タブの木がクスノキと似ているため、人々はタブをイヌグス、タマグスと呼んでいた。しかし、タブを表す漢字は「楠」であるとの意識、伝承のようなものは残っていたのだろう。だから、イヌグス、タマグス等を漢字で表す時には、「犬楠」「玉楠」と表記した。横浜の「ペリー提督横浜村上陸図」にあるタブ、京都丹後・籠神社のタブは「玉楠」の表記である。

しかし、人々が「いぬぐす」「たまぐす」と呼んできたため、本来タブを表した「楠」の漢字は「くす」との読み方が広まり、それが定着していったのではないだろうか。

言葉は時代によって変化する。話す人口の増減、権力や権威のあり様によって変わっていく。京・大坂や江戸に権力や経済力があり、そこに権威が集中し、専門家、文化人が集まれば、その地域で使われる言葉が標準語化していく。明治以後、江戸の言葉が標準語となっていくのも同じことである。

江戸時代の専門家たちは、きちんとタブとクスノキの違いを調べ、「『楠』はタブ」と結論づけた。しかし、実際にタブとクスの木を見分け、また漢字も書き分けたような人は、植物学者など一部の専門家に限られていた。それ以外の人々にとって、とりたてて漢字を区別する必要はなく、通説となっていた「楠＝クスノキ」が用いられてきたのである。

各地の「楠」の地名はタブ?

「楠」と「樟」にこだわったのは、現在も日本各地に「楠」を冠した地名が多数あり、どれも「クス」と読んでいるが、その地の植生などからするとタブである方が自然に思えるものが少なくないからである。

神奈川県の三浦半島、横須賀市にある大楠山《おおくすやま》などはその一例である。市の専門家は、植生上からすると「大楠山はタブが育つ地域で、実際、タブは多い」と言い、「神奈川ではクスノキは自然植生の構成要素ではない」(「神奈川県林業試験場研究報告第21号」)とする資料もある。

実際、大楠山にほとんどクスはなく、この辺りではマツが枯れたあとなどには、タブが自然に芽を出すという。いまもこの半島一帯を覆っているのは、タブやシイである。大楠山は文字通り、大きなタブがたくさん繁る山と解釈してよいのであろう。

西日本一帯には「楠」の付く地名が多く、とりわけ九州や四国には、「楠木」「楠原」「楠島」「楠森島」「楠浦」「楠浜」「楠崎」「楠峰」「楠谷」「楠園」「楠川」のような地名がたくさんある。どれも「くす」と読むが、植生的にこれらの地域はタブの生育地帯だし、島や浦、浜、岬(崎)で目立つのはクスノキではなくタブである。これらの地の「楠」は、タブに由来すると考えた方が自然なケースが多い。

もしそうだとするなら、これらの地名は「倭人伝」がタブをこの国の樹木の代表として挙げた通りの風景の名残だと言うことができる。しかしながら、その痕跡である「楠」を冠した地名も、時代を経るに従って「クス」と混同されてしまい、本来の意味はわからなくなったということになる。

三　各地に数多いタブノキの呼び名――タモ、モチなど

どの植物事典類を開いても、タブの表記は「タブノキ」、もしくは「タブ」である。植物学上では「タブノキ」が正式名である。しかし、各地にタブを訪ねると、なかなか「タブ」という呼称ではわからないことが多い。サクラ、クリのように、一つの名で日本中、通じるというわけにはいかない。

福井の若狭地方でタブを訪ね、老婦人に「タブは……」と尋ねたところ、何度かけげんな表情をされ、「タモは……」と言い替えるとわかってもらえた。

東京の奥多摩で訪れた大きなタブは民家の敷地内にあり、家人は「タブ」という樹木名を知っていたが、「私たちはずっとイヌグスと言ってきた」と言う。近くの別のタブを訪ねるのに道を聞いた折も、「タブ」ではわからず「イヌグスとも言うのですが……」と付け加えると、うなずきながら教えてくれた。

専門家は別として、樹木を多少知る人との会話の中で、いま「タブ」の名が違和感なくすぐに通じるのは、鹿児島、宮崎、熊本などを中心とした九州一円と和歌山、島根、そして東北の太平洋岸といった地域だろうか。

一般的に、タブという木へのなじみが薄いのは、タブという木そのものを見慣れないだけでなく、タブには方名という各地各様の呼び名が多いためである。

サクラ、ウメのように、どこにでもあって華やかな花が咲き、古くから和歌や俳句などに詠まれた木は、樹木名の呼び方、「桜」「梅」という漢字表記と実際の樹木は、どの地域でも一致している。葉の形状や紅葉が目立つイチョウ、モミジなども、ほぼ全国共通の呼称があって間違えることはない。

これに対して、タブは常緑樹だから紅葉や落葉もなく、目立つ花が咲き、よく食べる実をつけるわけではない。季節感に乏しく、木の存在そのものが控えめである。

加えて、タブは方名と言われる地域ごとの呼称が実に多い。実際にはタブの木を見知っているにもかかわらず、「タブ」という名では理解していない場合が多く、これがタブをわかりにくくしている。

最も方名が多い樹木

全国の樹木方言を丁寧に集めた倉田悟の『日本主要樹木名方言集』は、タブの方名を百ほど挙げている。このほか『日本植物方言集成』『物類称呼』『樹木和名考』や『鹿児島方言大辞典』『琉球列島植物方言集』などから、主だったタブの方名をあげると以下のような呼称がある。タブは一つの樹木としては、最も多いほどの呼称を持っている。

クソタブ、ゴンタブ、シロタブ、タブギ（ィ）、センコタブ、イヌグス、タマグス、トウグス、ナンバン（南蛮）グス、タモ、タビ、タミ、マダミ、モチノキ、シオダマ、シバノキ、モチシバ、ドガ（ドゥガ）、トモン、ドウネリ、オーキ、ツママ、ジンジンノキ、コガイノキ、アブラヌスビト、ハマツバキ（浜椿）——など。

「～タブ」「～クス」との呼称が多いが、「タブ」「クス」のほかに「タモ」「タマ」「ネリ」「モチ」「シバ」「トー（トウ）」など共通する語がある。これらの語で分類すると幾つかのグループに分けることができる。

タブ系＝クソタブ、ゴンタブ、シロタブ、センコ（ウ）タブ、タブギ（ィ）
クス系＝イヌグス、タマグス、ヤマグス、トウグス、ウラジログス
タマ・タミ・タモ系＝シオダマ、アオダマ、タミ、タモ（ノキ）、アオダモ
ネリ系＝ドーネリ、ハネリ

モチ系＝モチノキ、モチシバ、トーモチ
シバ系＝シバ、タブシバ、シバノキ
アオキ系＝アオキ、オーキ
その他＝ツママ、トモン、ツムギー、ドガ（ドゥガ、ドンガ）、カオキ（コーギー）、ジリジリ

「タブ」の呼称は九州に

全体ではやはり「〜タブ」と呼ぶ方名が多い。これはほとんどが九州の呼び方である。「アオタブ」「アカタブ」「ベニタブ」「シロタブ」「クスタブ」「コガタブ」「ササタブ」「センコタブ」「ホンタブ」「ミツタブ」「ケシンタブ」「ニッケイタブ」など、山口県のほかはすべて九州の方名である。九州では屋久島や奄美大島なども含め、多少、樹木を知る人との会話で、「タブ」と言えば違和感なく通じる。

「アカ（赤）」「シロ（白）」などは材の色を言い、「ケシン」「ケーシン」はニッケイ（肉桂）のことで、タブの葉のにおいや形状がニッケイと似ているからである。

江戸時代の対馬の様子を記した『楽郊紀聞』には、片仮名で「タブ（ノキ）」と記している。奄美大島の方名に「タブゲヰ」とあるのは「タブギ（木）」で、この表記は昔からの発音をよく残しているのであろう。恐らく、タブは古くから九州では身近な木であり、この地域では基本的に「タブ」の名で呼んでいたのである。

一方で、地方によっては、タブに似た別の木に「〜タブ」の名がついている場合もある。例えば、タブに似るヤブニッケイを「イシタブ」「クスタブ」「クロタブ」「ケシンタブ」「ニッケイタブ」と呼び、また、

「イヌグス」「タミ」「ショダマ」など、タブの方名と同じ名で呼ぶ地域もある。

シロダモを「キノミタブ」「ナガタブ」などと呼び、カゴノキを「ナマズタブ」「ホシタブ」、バリバリノキを「クソタブ」「ササタブ」などと呼ぶ地方もある。これらの木はいずれもタブと同じクスノキ科に属し、姿形が似ている部分もある。同じ仲間の木として、呼称が混同してもおかしくない。

実際、南九州の地域によっては、「タブ」と呼ばれる木は一種だけではなかったようである。熊本・球磨地方の様子を記した『球磨の植物民俗誌』は、「詳しく言えば、タブにはタブ、ホソバタブ、シロダモ、ヤブニッケイ、バリバリノキの六種類あって、それぞれに方言をもっています」と言っている。

種子島出身で屋久島で仕事をした山本秀雄さん（一九二四年生まれ、元上屋久町歴史民俗資料館館長）は、「タブは私たちにはなじみのある木、思いの深い木」と言い、「タブには様々なタブがありました。建材・工芸材となるタブのほかに、実を食べるもの、石垣に生える二メートルくらいのもの、繊維を採るタブもあったと思う。五、六種類あったのではないでしょうか」と話す。残念ながら、本来のタブ以外の木が何を指していたのかはわからない。

『鹿児島方言大辞典』によると、鹿児島で「タブ」と言う時、タブだけでなくイヌビワを指す地域がある。『日本主要樹木名方言集』を著した倉田悟も、屋久島を訪れて、「屋久島でタブノキと呼ばれるものにはタブノキ（クスノキ科）とイヌビワ（クワ科）の二つがあることに思いを巡らした」と記している。

中国でタブ類全体を「楠」の名で表しているように、南九州では「タブ」と言う時、植物学で「タブノキ」とする一つの木だけを指すのでなく、それと姿形、用途などが似た木の仲間を総称して「タブ」と呼んでいたようである。昔の人々のおおらかな樹木のとらえ方である。

タブを「〜グス」と呼ぶ地域は広範囲にわたる。「イヌグス」の「イヌ」は「イヌマキ」「イヌガヤ」

「イヌツゲ」のように、本来のマキ、ツゲに似ているが、姿形、材などはそれに劣るという意味でつけられる。「〜クス」の呼び名は、クスに似てそれに類するものとの意である。

「イヌグス」「タマグス」「ヤマグス」の呼称は東京や関東地方に多いが、静岡、近畿、瀬戸内にもある。「タブ」「〜タブ」の呼称が九州に限られているのに対して、この呼び名の方が広い地域で使われている。植物学者などでも、タブの正式名として「イヌグス」と表記している例がある。

「タマ」は実の形状、木目から

「タマ」「タミ」「タモ」の呼称は似ているが、相互の関係はわからない。例えば、「タマ」の呼称が先にあって、これが「タモ」「タミ」に変化したのか、逆なのか。それぞれの呼び方に関連はなく、独自の呼称として生まれ、使われてきたのかどうかはわからない。

「タマ」「タモ」については諸説あって、「魂、魂が宿る」という意味の「タマ」、また「保つ木」の意との説もある。伊豆諸島などで呼ばれる「タミ」の由来についての記述は見当たらない。

しかし、「タマ」はタブの実《み》の形状や、木目模様に由来するとみるのが自然かもしれない。何よりタブの実は丸いし、タブの木目には「玉紋」と呼ばれる模様がある。

例えば、千葉県などの方名である「シオダマ」「ショダマ」について、この地で生まれ育った人がこんな風に書いている。

「タブノキは海岸林に多い。父は、海岸近くで埋もれているタブノキの根を掘り起こし、磨き上げてはよく置物を作っていた。……父に連れられてよく出かけた海岸には、地元で『潮玉』と呼ばれるタブノキの種が打ち上げられていた。表面の網目状の模様が、幼い目には恐竜の卵のように見え、たくさん集めて遊んでいた」（『都会の木の実・草の実図鑑』）

また、『物類称呼』には、「上総にてしほだまといふ　伊豆にてくろだまと云」とある。「しほだま」は「潮玉」、「くろだま」は「黒玉」である。

球状のタブの実は印象的で、これには「玉《たま》」との表現がふさわしい。小さな時から丸く、夏前の深緑色が熟すと紫黒色になり、地上に落ちて雨などに洗われると表皮がなくなって大豆のような薄茶色になる。海岸の砂浜に散らばるタブの実は、「潮玉」「ショダマ」の名がぴったりだし、紫黒色に熟した実を「黒玉」と言うのも素直な見方である。

木工芸品では木目へのこだわりがあり、クスやタブは、その渦を巻いたような紋様が好まれた。「タマグスと呼ばれているものは、老樹の材の木目が巻雲紋を現わしているのを言ったもので、高く評価されている」（『牧野新日本植物図鑑』）とあり、タマはこの玉紋に由来するとも考えられる。

神社などで神木として扱われているタブなどを見ると、「タマ」との呼称が「魂、魂が宿る」に由来するとの説も魅力的だが、具体的な根拠はわからない。少なくとも「タマ」との呼び方は、まず単純にタブの実の形状を表す呼び方が先行していたと考える方が自然である。

「ネリ」はタブの用途から発している。和紙を漉《す》く時、紙の繊維が整い付着しやすいように「ネリ」と呼ばれる粘性物質を混ぜる。ネリに使った植物としてはトロロアオイ、ニレ（楡）などが知られるが、タブの枝葉、樹皮にも粘性がある。地域によってはこれをネリに用いたから「〜ネリ」の呼称がある。

タブの樹皮や葉が含む粘性は、「モチ」系の「モチ」の由来でもある。鳥を捕る時のトリモチの原料となったからである。

この粘性は、線香の香料や薬効成分を一緒に固める粘結材にもなった。「センコタブ」の方名があるのは、その地では線香作りの木として親しまれていたからである。

「シバ」系の「シバ」は「柴」で、他にも「シバ」と表現される木はある。「しば」は一般には山野に自生する雑木やその小枝を言うが、「山道や聖地にかかわるところには、柴神を祀ることが行われた。また南島には柴刺《しばさし》の俗があり、先祖の祭のとき、家の周囲に青い芒の葉を刺して、霊を迎えるという」（『字訓』）とある。山の神や祖霊を祀る時に用いた木や小枝を「シバ」と言い、それにタブを用いた地域の方名に「シバ」の名が残っている。

「トウグス」「ドーネリ」など、「トウ（トー、ドー）」も幾つかの呼び名に共通する。和歌山の民俗学者、南方熊楠はタブを「とうぐす」と呼び、南紀の大塔村（田辺市）ではタブを「唐楠」と表記している。古語には「唐めきて」との表現があって、「唐（韓）風、異国風、ハイカラ」という意味である。大きなタブは枝ぶりが異様な姿をしているものがあり、これが異国風に見えたのかもしれないし、南方の木であることを指したのかもしれない。いずれにしても「トウ」は「唐」の意とみてよさそうである。

「アオキ」「オーキ」は、常に青々としているという意味の「青木」に由来する。主に房総半島や伊豆半島に残る呼び名で、「オーヒ」「オーイ」と呼ばれることもある。

『万葉集』に詠まれている「ツママ」の呼び方が何に由来するのか、わかりやすい解釈はない。「玉桃が転じてツママとなった」（『図説草木辞苑』）との説明があるが、「玉桃」という木も、タブが「玉桃」と表されていたのかどうかも不明である
「カゴノキ」との呼び名は同じクスノキ科のカゴノキとの混同か、これに「火護の木」の字を当てることもあるように、火防ぎの木の意からである。シイ、タブなどは葉が厚く水分を多く含んでいて防火林としての役割も果たすから、その意を込めたものだろう。

沖縄など南西諸島では、この地域だけで実に多くの呼称がある。基本的な呼び名としては、「タブ」のほかに「トモン」「トムン」である。「ツムギー」は「トムン木」である。漢字では「斗文」の字を当てている。これが単なる当て字か、タブの何かを「斗」（ひしゃく）のような形状、模様として見たのか、もしくは北斗星とタブの間に関係があるのかもしれない。

「カオキ」「コーギー」の呼称は「香る木、香木」で、タブの葉の香りに由来していると思われる。

岐阜の揖斐《いび》川上流で言う「ドガ」「ドンガ」いう不思議な呼称は、その意味、漢字、由来など一切わからない。

四　不明な語源・漢字の由来

いま「タブノキ」が正式名称だからと言って、「タブ」が最も古い呼称かどうかはわからない。約百もの方名を見ても、「タブ」から「タモ」や「タミ」が派生しているのか、南西諸島、伊豆諸島での呼び方「トモン」「タミ」が、「タブ」や「タマ」「タモ」へと変化したのかもわからない。『万葉集』にある「ツママ」の呼び名が古いということだって考えられる。

「タブ」の語源、「丸木舟」説
何よりも肝心の「タブ」という名称の語源がよくわからない。この呼び名が何に由来するのかについては明快な説明が見当たらない。
「タブ」の語源として、韓国・慶尚道方言起源説を採っている記述が幾つかある。これらはたどっていくと、最終的には半世紀以上前に著された中田薫の『古代日韓交渉史断片考』に依拠していると思われる。

著者は法制史の大家だが、韓国・朝鮮語にも通じていて、『古代日韓交渉史断片考』は「倭人伝」や記紀、朝鮮半島の資料などを駆使しながら、古代の日本と朝鮮半島の交流を緻密に論じ、古代日韓の航路について記している。

この中で古代の船による往来について、「附言しておく」としながら、注記のような形で当時、使用した刳舟について述べている。この船材が樟（クスノキ）であるか、楠（タブノキ）であるかは、「遺憾ながらこれを解く資料を持たない」としつつ、クスノキ、タブの「源義については自分独特の憶説がないでもない」として、以下のような一つの解釈を披露している。

韓国の慶尚道方言では、丸木舟を「トン・バイ」「トンベ」と言い、朝鮮半島にはクスノキはないからこの丸木舟はタブで造られていたと推測している。丸木舟を表す「トン・バイ」「トンベ」の音が「タブ」へと変化し、本来は舟を表した「トンベ」が、舟の材料だった木の名になったとの解釈である。

いまの韓国語で丸木舟は「トンナムベ（ぺ）」である。「トン」は筒（状）の意、「ナム」は木、「べ（ぺ）」は舟である。

また、クス（ノキ）は、丸木舟の形が馬の飼葉桶「馬槽」に似ており、この「馬槽」を表す朝鮮半島・全羅北道、平安南北道の方言に由来するという。

この説の当否については何も言えないが、「タブ」の語源について中田説のように詳しく論じたものは他に見当たらない。かつて朝鮮半島から人々が舟で渡来したであろう対馬、北九州、隠岐、能登などは、いまもこの木を「タブ」「タビ」の名で呼ぶ地域である。「丸木舟語源説」に説得力を感じる人が少なくない理由であろう。

しかし、前述してきたように、タブが多く繁り、「たぶ」の呼称が圧倒的に多いのは九州や南西諸島である。タブの語源を求めて朝鮮半島に目を向けるのであれば、これら地域におけるタブの呼称の由来などについても、もっと調べる必要がある。また、色濃いタブ文化の痕跡を残す台湾で、人々が古くからタブをどんな風に呼んでいたか、そこにどんな意味を込めていたのか。こうした研究や比較がなくては客観性を欠くことになる。

『物類称呼』では、「たぶ」に「太布」の字を当てている。一般的に太布は植物繊維から作った布をさす。シナノキから作る太布が知られるが、現在、日本に残るのはカジやコウゾを原料とする徳島県那賀《なか》町・木頭の太布《たふ》くらいである。屋久島の民俗学者・山本秀雄さんは、「昔、種子島では繊維を採るタブもあったように思う」と言っているが、繊維にしたタブが、タブそのものなのか、タブに似た木だったのかはわからない。

国語学者の新村出は『語源をさぐる』の「イチョウ」の項で、イチョウの語源の一つとして、生命力があるという意味で、「イタフ」＝タフ＝多生という解釈を述べている。豊かに繁るタブが、「多生＝タフ」に由来するという発想だってあり得る。

タブの語源は謎のままだが、タブを呼ぶ多くの方名のうち、タブを含めタマ、タミ、タモ、ツママ、トモンなどは、いずれも[「t」音＋「b」もしくは「m」音の組み合わせ]という共通点がある。この「t」音＋「b」・「m」音の組み合わせに、タブの語源を解くカギがあるかもしれない。

「椨」の漢字はどう作られたか

いま日本で、タブを表わす漢字は「椨」である。「たぶ（のき）」という項のない国語辞典もあるほどだから、この漢字となるとほとんど知られていない。そして、「椨」の字が、いつごろどんな風に生まれたのかもはっきりしない。

「椨」という漢字は「国字」で、日本で作られた漢字である。「和字」とも言われる国字は奈良時代くらいからあったようである。中国の字にはなく、中国や台湾の人はこの「椨」の字を読めない。国字である「椨」の字についての説明は皆無に近く、「タブのブを『府』で音写し、木偏を添えた国字である」（『植物の漢字語源辞典』）といった説明がある程度である。

「タブ」の呼称が圧倒的に九州に多く、また、「椨」の字を冠した地名のすべては九州にある。この字のつく苗字もそのルーツがほとんど南九州にあることから、推測できるのは、「椨」という漢字も九州で生まれたのではないかということである。

屋久島の北東には「椨川《たぶかわ》」の地名があり、案内書などによると、文字通りタブなどの繁る地である。一九世紀初期に完成した伊能忠敬の『大日本沿海輿地全図』には漢字表記で「楠川村　椨川《たぶかわ》」の文字がある（『伊能図大全』）。ということは、江戸時代には「椨」の漢字はあったことになる。

また地図によっては、屋久島の「椨川」の表記に、木偏に「符」の字を添えた「椨」という漢字を用いている（『最新　県別日本地図帳』：国際地学協会：一九九七年、『最新日本地図』：人文社：一九九九年）。

このほか鹿児島県、宮崎県には「椨木」「椨ノ木」「椨山」などの地名がある。

鹿児島の新聞記事で、偶然「椨」の字のつく苗字を見たことがある。私の勤めていた会社にも「椨」という苗字の人がいた。「あいさつの時、名刺を出しても誰も読めない。しかし、淡路島の線香関係者と会った時には、『たぶ』と読んでくれた。線香づくりにタブ粉を使うから知っていたのだ。苗字に『椨』という漢字がつけば、ほとんどが鹿児島出身と思っていい」という話だった。

名古屋市には「天竺桂」と書いて「たぶ」と読む姓の人がいて、やはりルーツは鹿児島である。

後述するが、タブは九州、とりわけ南九州や南西諸島では、生活のあらゆる場面で活用された木であり、重要な産業資材でもあった。人々にとって多くの有用な原材料を蓄えた木であり、樹木の中の中心的な木として存在していた。

そして、漢字の「府」は「臓腑」の「腑」にもあるように、「中心地」「都」の意であり、大切なものを収める「蔵、倉」の意でもある。「椨」の字が九州で作られたのかどうかはともかく、作成した人はタブの価値をよく知り、大事な原材料を蔵し、提供してくれる中心的な木との意味から、木偏に「府」の字を添えたのかもしれない。

九州には他にも、辞典にはない「タブ」と読む漢字がある。江戸末期から明治初期の鹿児島や宮崎の産品を記した文書では木偏に「廉」(𣘺)の字を書き、これをタブと読ませている(『人づくり風土記・46 ふるさとの人と知恵・鹿児島』の『鹿児島産物誌』)。タブは鹿児島の主要産品の一つとして挙げられている。江戸時代の鹿児島の人が、大事な産品を漢字で表記しようとした時、「清廉な木」との思いを込めてこの漢字を作ったのだろうか。

また、『角川日本地名大辞典』は、木偏に「鹿」の字を添えた漢字を「たぶ」と読む地名を載せている。宮崎県にある「樚時番所」で、ここは宮崎県中部、かつての高鍋藩領の海沿いにあったらしいが、現在の地図では見つからない。

日・中・韓、漢字表記の違い

樹木の漢字表記は、漢字文化圏である日本と中国、台湾、韓国での表記にもかなりの違いがある。漢字は同じでも同じ植物を指していない場合が多々あって、やはり戸惑わされることである。

日本で言えば、中国の書物にある樹木を類推し、似た木にその漢字を当てはめるということも行われてきた。しかし、それがまったく的外れになっている場合も多く、「椿」「栴檀（センダン）」など、中国と日本で指す木はまったく違う。

タブもややこしい木の一つで、各国におけるタブ漢字表記を表すと以下のようになる。

日本＝「椨」

中国・台湾＝「紅楠」

韓国＝「厚朴」

日中韓でみれば、タブを椨、楠、朴という三つの漢字で表しているのだが、「椨」は国字だから日本だけの漢字である。明快なのは中国語表記で、タブ類は「楠」と、はっきりしている。楠の字の古い形が「倭人伝」などにある「柟」「枏」である。

繰り返すが、中国ではタブの仲間を「楠」の字で表す。タブ属は浙江、広東、福建の各省や南方に多く生育繁茂している。「南方の木」との意味で、古くからこのグループの木に「楠」（木＋南）の字をつけた。紅楠、桂楠、高楠、大葉楠、梗楠などがあり、この中の「紅楠」がタブ。台湾でも同じである。

韓国ではタブを「フバック」「フバッ」と呼び、表記する漢字は「厚朴」である。中国の漢方薬に朴の木からとれる「薄朴」があり、タブの樹皮がこれに似ているため「厚朴」と呼び、韓薬の一つとしている。韓国語で「厚朴」と書かれたものを、日本語で「朴に似た木」と訳しているケースもある。

韓国の漢韓辞典には、「楠」を「ナムの木、クスノキに似る。美林」とした記述もある。「楠」で表す木をタブであるとは明記していないが、クスノキに似ているものの、別の木であるとの認識である。

日本での漢字表記は「椨」だが、使われることは少なく、現在、ほとんどの場合、タブを表す時には「タブノキ」「タブ」と片仮名表記をしている。ただ、タブとクスノキのまぎらわしさについて述べたように、かつては、タブを「楠」の字で表わしていた地域や人々もあったはずである。

各地それぞれの営みに語源が

タブはクスノキとの混同がある上、各地方での呼び名が多く、その語源も、また現在使われている漢字「椨」の由来もわからない。実に謎の多い木である。しかし、このことは、タブという木がなおざりにされていたということではない。逆にこの木が持つ多彩さ、豊かさの証なのだと思える。

例えば、方名の多さを考えても、これは各地における、タブと人々との関係、営みの多様さ、多彩さによると見る方が自然である。「タブ」「クス」「タマ」「タモ」「モチ」「ネリ」などの語は、その由来は明らかではないが、それぞれにうなずかせる伝承や解釈がある。これら方名は、一つの語源、言葉から派生したというより、地域それぞれの理由から独特の名称が生まれたと考える方がよいかもしれない。

日本各地に、その地の動植物名を丹念に拾い集めた人たちがいる。その誰もが、動植物の地方名が多いことは、その動植物と住む人々との間に独特のかかわり合い、親しみがあったことを記している。呼称を追っていくと、それら動植物の持つ多様性や、そこにこめられた人々の知恵や工夫、地域の歴史や文化に思い至るからであろう。

「私は方名に接すると、私共の祖先が植物に対して抱いていた限りない愛情を知ることが出来、そのあたたかい祖先の言葉をじかに聞く思がして、何とも云えない親しさや懐かしさに浸ってくる。……方名はその植物と人生との関連に基くもの、即ち用途などから、或いは少年少女の遊びなどから、巧みにその特徴や性質をとらえて名付けられたものが多く、偶々それを聞くと、つい、ほほえましさを禁じ得ないのである」(『鹿児島民俗植物記』)

その通りで、タブの数多くの方名を見ていると、先人たちがこの木をよく知り、その特徴、性質を素直に巧みに表現し、生活の様々な場面で、タブに親しんでいたことがわかる。

第三章　〈材〉としてのタブノキ

一　高い汎用性、「産業のコメ」として

古代から日本列島は、多様な樹種で構成する豊かな森林に恵まれてきた。私たちの祖先は、驚くほどの知恵と工夫と努力で、木それぞれの性質を知り、使い方、用途を究め、生活のあらゆる分野に活用し、その恵みを受けてきた。タブも古くから用いられてきた木の一つである。

古代遺跡から発掘された木製品の樹種特定は難しく、特に広葉樹は分別がつきにくいとされる。『日本の遺跡出土木製品総覧』などによると、出土木製品ではっきりタブと認められているものは多くないが、様々な用途に使われている。

代表的な縄文遺跡である鳥浜遺跡（福井県三方町）は、多くの木製品が出土したことで知られる。ここで木材としては一六樹種がわかっていて、タブはその一つである。弥生遺跡では登呂遺跡（静岡市）から出た火切り臼にタブが使われているほか、鬼虎《きとら》川遺跡（東大阪市）からは柱、杭材としてのタブが確認されている。

枝葉、根まで余すところなく

樹木には用途が特定される木もあれば、用途の広い木もある。例えばクスノキは材として広く用いられただけでなく、樟脳や香料、セルロイドの原料となり、ツバキも木灰、炭、油、染料、薬など用途は広い。クリ、トチ、カキなどは、実《み》も重要な食料であった。

こうした用途の広さ、汎用性の高さから言えば、タブは日本の樹木の中で筆頭にあげることができる。材としては堅く、弾力性があり、油分が多く、耐水性、とりわけ耐塩水性が高い。樹皮、枝葉には粘性成分のほか、様々な薬用成分を含み、実《み》にも油脂分が多い。先人たちはタブの材、樹皮、枝葉、実すべての性質を的確にとらえ、余すことなく衣食住のすべてに渡って活用してきた。

幾つかの資料からタブの幅広い用途を挙げてみる。

○『木材ノ工芸的利用』（農商務省山林局編、一九一二年）

この大冊は、明治時代における日本の木材の工芸的な用途をほぼすべて網羅している。ここではタブを主に「たまぐす」と呼び、以下のような用途をあげている。

［洋家具、陳列棚、置物彫刻、写真暗箱、同脚、刷子木地、洋風建築及指物彫刻、楽器手箱其他美術指物箪笥、木魚、ショベル柄］

○『樹木和名考』（白井光太郎著、一九三三年）

江戸時代に著された『皇方物産志』『豆州諸島産物図説』『伊豆海島草木魚鳥図説』『琉球物産志』などを基に、主として島嶼部におけるタブのユニークな使用例を集め、「油を燈にすべし」「麦粉に交て粮とす」など、以下のような用途を記している。

［灯用油、蝋、線香材料、救荒食、染料］
○『台湾有用樹木誌』（一九一八年）、『台湾樹木誌』（一九三六年）（いずれも金平亮三著）
この中の「オホバタブ」の項に「加工容易、保存期間永く、又通直、長大なるもの多き為、本島（台湾）産濶葉樹中最も重要なるものとす。……その用途極めて広し」とある。戦前の台湾の広葉樹の中では最も有用な木だとして、台湾でのタブの用途を記している。
［建築、車両、橋梁、家具、器具、棺、楽器、彫刻、版木、菓子型など］
車両というのは牛車の車輪であり、建築材としては柱、梁、窓枠、扉などあらゆる部材に用いられた。器具の中では鞍や、クスノキの代替として太鼓、臼にも使われたとある。
○『有用樹木図説』（林弥栄著、一九六九年）
建築・土木用も含め、木材としてのタブの用途を広範囲にわたってまとめている。
［建築材＝土台、板類、内部造作など／器具材＝洋家具、陳列棚、美術的箪笥、木魚、小箱、扇子の木地、シャベル柄など／機械材＝写真暗箱、写真機三脚など／土木用材＝枕木／船舶材＝小船用具／彫刻材＝置物／下駄材＝足駄歯／楽器材／ベニヤ／パルプ／薪炭材］
タブの根、土中根の部分は、独特の美しく面白い木目を持ち、「美欟」と呼ばれ、茶棚、置物棚、美術的器具、盆、指物等に使われた。

これらは主に近世、近代におけるタブの用いられ方である。しかし、この中にある「船舶材」としての用途は、古代丸木舟にまでさかのぼれば数千年の歴史があるし、中国などでは棺材としての歴史も長い。
さらにタブは優れた燃料であり、また、その枝葉や実の成分を生かして、線香や染料、紙料の原材料になり、古くから薬としても用いられてきた。地域は限られていたかもしれないが、鳥モチの原料となり、シイタケのホダ木にもなった。

時代や地域、その規模などは考慮せず、タブの用途すべてを分野別に整理すると、こんな風になる。

- 木材として＝建築、土木、丸木舟・船舶材、トラック部材、枕木、家具、器具、楽器、棺、仏像、工芸品、パイプ、版木、菓子型、臼、下駄歯、飼葉桶、農具柄など
- 原材料として＝線香粘結材、薬、染料、釉薬、紙料、パルプ、整髪料、油脂・蝋(ロウ)、鳥モチなど
- 食料関連として＝ほだ木(シイタケ)、救荒食、集水
- 燃料として＝薪、木炭材、塩木(製塩用)、カツオ節燻乾材
- 治山治水関連として＝防風・防火・防潮など防災林、街路樹

先人たちは、幹はもちろん、枝・葉・実から土中の根に至るまで、多彩な用途を見出し、タブを丸ごと余すことなく利用してきた。現代の産業にあてはめれば、その用途は鉄鋼・金属、エネルギー、建築・土木、造船、自動車、紙・パルプ、化学、薬品、窯業、食品といった広い分野に渡っている。

これらのうち、船材、家具材、線香粘結材(タブ粉)、染料、燻乾材としては、わずかであるがいまもその用途は生き続けている。

鉄を「産業のコメ」と呼ぶことがある。幅広い産業に用いられ、また不可欠の資材であることを指す。タブも古代から近代まで、この国の産業と人々の生活をあらゆる分野で支えてきた。まさに「産業のコメ」だったと言うことができる。

二　丈夫で美しい――安定感ある木

材としてのタブを初めて目にしたのは二〇〇二年である。大隅半島の鹿屋市（鹿児島県）郊外にある製材所の屋外に乾燥のために積んでいる木があって、それがタブだった。少し白っぽくて水気があり、とりたてて強い印象ではなかった。屋外に置くベンチやテーブルなどにすると聞いた。

タブには「紅タブ（赤タブ）」と「白タブ（青タブ）」がある。そのことを知ったのは後のことで、この時に見たのは白タブである。実際に紅タブの材を見たのは、数年してからである。

植物学的にタブは「タブノキ」と表記され、植物学者などがタブについて記述する時、区別はなく一つの樹木を指している。しかし、タブを材として扱う人々の間、とりわけ南九州の木材・建築関連業者たちの間では違う。タブは、はっきりと「紅タブ、赤タブ」と「白タブ、青タブ」に分かれる。

植物学的な種としては同じだが、年輪が詰まり赤身の多いのが紅タブ、赤タブ。材に白い部分である白《しろ》太《た》の多いのが白タブである。「同じ木なのに、生育の仕方、場所でこんなに違ってくる。面白いものだ」と、熊本・人吉で伐採業を経営する泉忠義さん（一九二九生まれ）は言う。

タブの材としての評価は、圧倒的に紅タブが高く、価格も紅タブと白タブでは大きく違う。タブをよく使ってきた南九州などでは、材としてのタブを話題にし、評価する時には、一般的に紅タブを指す。

価値が高い紅タブを育種・育苗しようとの試みはあったようだが、これは難しいのだという。「九州ではタブノキの優良個体の選抜に関する研究が行われているがベニタブの選抜には成功していない」（『日本樹木誌・一』）とある。

色が違うだけではない。例えば木の重さだが、一般にタブの気乾比重（乾燥時）は〇・六五くらいとされ、日本の木としては「やや重め」の木である。しかしこれは平均値で、タブは木によって〇・五〇〜〇・八〇弱までの差がある。目の詰まった紅タブが重い。

日本で最も重い木の一つはイスノキ（ユス）で、この比重は〇・九〇近く。コクタン（黒檀）と同じ程度。世界で最も重い木は主に中南米で産するリグナムバイタで、比重は一・三〇前後、水に沈む。板材はコンクリートの板のようである。

戦後間もなくの時代から鹿児島で多くのタブ材を扱ってきた人たちは、誰もが紅タブの素晴らしさをほめる。

数年前に亡くなったが、鹿児島で二〇〇四年まで製材業を営んでいた故戸床《とどこ》勝雄さん（一九二七年生まれ）は、三〇代初めに事業を始めた時からタブが大好きで、屋久島などの島々も含め、九州各地でタブを見、扱ってきた。

製材所は当時の鹿児島でも数少ない広葉樹専門で、扱ったのはタブが八割、ほかにカシ、シイ、イスノキなどがあった。「オイ（私）が一番タブを挽いた。いい紅タブはほとんどオイが売っただろう」と言う。親しい人から「タブの親分」とも呼ばれた戸床さんは、タブについてこんな風に話す。

「紅タブ、白タブは、土地と育つ環境でこんなに違うものかと思うくらい異なる。違う木のようだ。タブは九州一円、どこにでもある。しかし、日当たりと風当たりがよくて、とりわけ潮風に当たったのがいいタブで、紅タブがこれだ。海岸の潮を浴びないと、よいタブにはならない。山の中にもタブはたくさんあるが、これらは白タブ、青タブと呼ばれ、材としては紅タブに比べると、なんというのか色がボヤっとしている。土、砂が違うのだろう。紅タブは色、ツヤがいいし、油気が多くシロアリにも強い。白タブは大きくても色が悪いし、シロアリにも喰われる。オイは白タブには興味はなかった」

戸床さんと同世代で二〇一三年に亡くなった岩崎歳男さん（一九二五年生まれ）も、戦後すぐに大隅半島の錦江町で、伐採など木材業に携わってきた。長年タブを扱い、工場にはタブの丸太や根を置いてあるし、挽いたタブが積んであった。岩崎さんもやはり、タブの紅の色、材質には海からの潮風が大きく影響していると言う。

「潮風の当たった所で育ったタブは、紅の色がよく出ていた。潮風、塩分とタブの紅の色は何か関係があるのだろう。紅の色で評価され、価格も違ってくるから、大阪方面に出荷する時など、港で海水に浸けて切り口の赤味を増して出荷するような業者もいた。宮崎、熊本にもタブはあったが、青タブが多く、これらの地域では、シイ、カシなどと一からげにされ、薪炭材、パルプ材という認識だったように思う」

そして、二人は口をそろえて、紅タブを自慢する。

「紅タブは素晴らしい木で、鹿児島の広葉樹でも一番と思う。捨てるところがなく、何にでも使えた。材としてはクスノキなど比べものにならない。クスは生長が早いが、タブは時間をかけて育つから、同じ太さでも材の質が違った。いいタブは、当時、広葉樹で一番高かったケヤキよりも高いほどの高級材だった。よいヒノキよりも珍重された」（戸床さん）

「タブはどこにでも使えた。いまでも、この辺りでは、多少お金に余裕のある人は、家を建てる時に、どこかにタブを使おうとする。本当によい木だ」（岩崎さん）

実際に、鹿児島で林業・木材関係者の自宅や会社を訪れると、タブの五寸角の柱が立ち、厚さ五センチ、長さ三メートルもあるような一枚板のタブを応接間のテーブルに使っているのを見ることがある。「父が好きだった」「タブは、昔、たくさん扱っていた。その名残です」といった話を聞く。

紅タブの中でも、とりわけ屋久島や大隅半島の紅タブの質が高かったようである。

「昔、一番よいタブが採れたのは屋久島だった。屋久島の紅タブは特に色がよく、クセもなく、光がよい。そして大隅半島のタブ。それも内之浦、辺家《へつか》など東海岸のタブがいい」（戸床さん）

「戦後、いいタブが残っていたのは大隅半島だけだろう。中でも鹿屋《かのや》の南から根占《ねじめ》、内之浦、佐多、田代といった半島南部。内之浦のタブは潮風に当たってよい紅タブだった。私には『タブは大隅の木』という思いがある。屋久島の紅タブは紅の色が濃く、少し黒味がかったようなものもあった」（岩崎さん）

乾燥し、潮水に浸かって変化、堅く弾力性あり

長年、タブを扱った人たちが、「よい木」「いい材」とほめる理由は、ひと言で言えば、実用性において実に「丈夫な木」だということである。丈夫さの一つは「堅さ」である。

江戸時代末期の奄美大島の様子を記した『南島雑話』は、材としてのタブは堅く、普通の釘は立ちにくく、立っても抜けやすいため、「舟釘のような特殊な釘を使っていた」（『南島雑話の世界』）と記している。舟釘は和釘の一つで、断面が四角で、抜けにくく丈夫なのである。

「堅木（硬木）」と呼ばれる広葉樹をたくさん挽いてきた戸床さんは、「紅タブは、ナマの時はやわいけど、枯れたり乾燥すると実に堅くなる。広葉樹は針葉樹と違って、厚いノコ（鋸）の刃を使い、これでゆっくり挽く。モーターも普通のスギ材は三〇馬力でよかったが、広葉樹は六〇馬力。そして回転数も半分

くらいにしなくてはノコが進まなかった。とりわけ乾燥したタブはなかなか刃が立たなかった。だからノコの目立て代も高かった」と話す。

岩崎さんも、タブは「山に立っている時はサラサラと伐れるが、乾燥すると堅くなる」と言い、上屋久町歴史民俗資料館・館長も務めた民俗学者の山本秀雄さん（一九二四年生まれ）は、南西諸島で多くのタブを見てきて「タブは枯れると目が締まる」と言う。

乾燥して堅くなるタブを、戸床さんは何度も「タブは変化するんだ」と言った。そして、後述するが、丸木舟づくりなどに携わった人たちは、タブは潮水、海水に浸かっているうちにさらに丈夫になると言う。ただ堅いだけではない。タブには「粘り」「弾力性」があった。これもタブという材を際立たせている大きな特徴で、トラックや枕木などに用いられた理由である。

タブは水分が多く、丈夫な材にするためにゆっくり乾燥させる。その時に暴れて、厚い材にはヒビが入るようなことがある。しかし、「暴れるタブには、粘りや弾力があって、多少のヒビが入っても、それで割れるということがなかった」（岩崎さん）。人吉の泉さんは、タブは大きくなる木だが「大きいタブは風に強い。これはネバリがあるのだ」と言う。

「油分が多い」と言われるのも、タブの丈夫さの理由の一つのようである。「油分」は、タブに含まれる様々な精油成分を言うのだが、水、潮水に強く、シロアリにも喰われなかったし、敷居にすると滑りがよかった。

こうした年月を経てよく目の詰まったタブを、山本さんは「実に安定感のある木だった」と言い、中でも五百年を経たような紅タブを、戸床さんは「木がやさしい」と表現した。

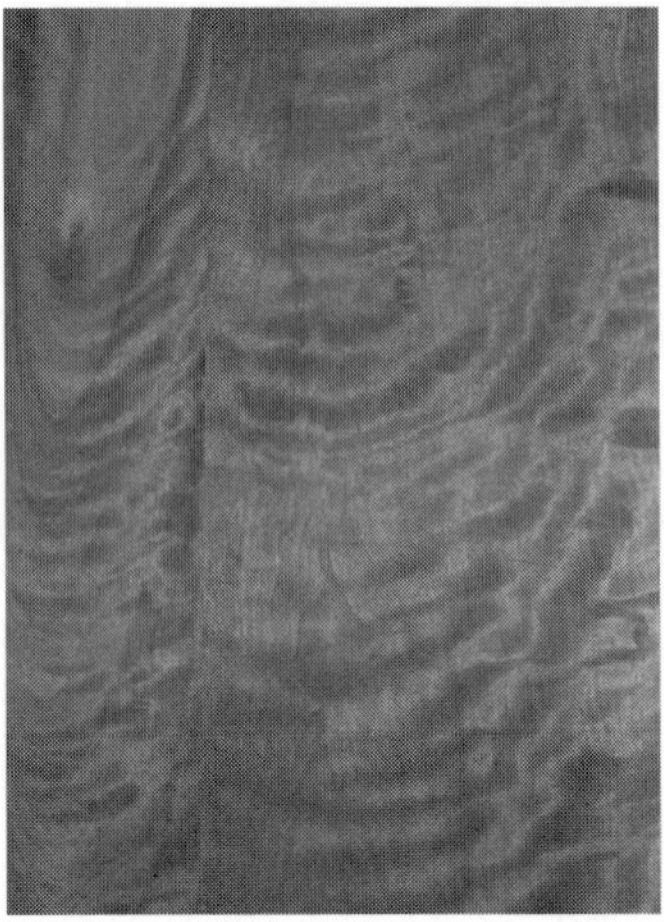

写真18　「タブ杢」とも呼ばれる独特の木目

美しい木目

実用的な「丈夫さ」に加えて、タブには「美しさ」もあった。どの木にも木目はあるが、木目の中で、模様として、また装飾的に優れているものを「杢《もく》」と呼ぶ。ケヤキなどに見られる有名な玉杢や、黒柿の縞杢、トチの縮み杢などがある。

タブは日本の木では珍しく木理が交錯していて、キラキラした虎杢が出やすい。渦を巻いたような独特の木目は美しく、巻雲紋、タブ杢などと呼ばれる（写真18）。木材関係者などは、タブの原木を見ながら「これはいい杢が出そうだ」などと言う。タブの瘤《こぶ》のように隆起した根の部分、また土中根には、幹以上に装飾的な木目が表れ、「ぶどう杢」「舞ぶどう杢」などと呼ばれて珍重される。

関東・関西などでは一般的に、材としてのタブはこの杢の美しさの方で名が知られ、主に家具、木工、装飾材として使われてきたのかもしれない。

しかし、この複雑な木目と乾燥後の堅さのため、タブの加工には苦労するようである。

奄美大島で様々な南方の木を扱ってきた木工房川元の川元正稔さんは、「タブは堅いから、加工が大変。鉋《かんな》をかけるにも、逆目などがあって木目が複雑だし、ひっかかる。土の中の何かの成分を吸い上げるのだろうか。すぐに刃が鈍るから手鉋では難しい。電動カンナをかけ、ペーパーで仕上げる」と言う。

丹波市（京都府）の木工家・柏木雅彦さんは、初めてタブをさわり、加工した時の感想を、「木目は素晴らしいが、渦を巻いているし、目の詰まり方が違う。板を平らにするのに大変苦労した」と話す。渦を巻いた紋があるため、鉋をかける方向を何度も変えなくてはいけない。木目に合わせて木に当たる刃を浅くするなど調整し、「仕上げるまでに何度もカンナの刃を研ぎ直した」と話す。

三　建築材・資材として——住宅・社寺からトラック材にも

『南島雑話』は、当時の奄美の家づくりの材についても触れていて、そこには「高温多湿の風土だけに一つ葉（イヌマキ）、イジュウ、マツ、シイ、赤桃、タブなど堅木が多かった」とある（写真19）。やはり奄美に関する本はタブを「たブゲキ（タブ木）」と表記し、これは染料にもなるが、「奄美の人は染料としてよりも、この木を建築材として名をなしているのが却って、知られていることだろう」（『わが奄美』）と記している。

写真19　アカモモ、タブ、ヒトツバなどで作られた奄美大島の高倉

明治時代に書かれた『南嶋探験』は、沖縄・国頭《くにがみ》地域の有用樹の一つとしてタブを挙げ、「トモンギ＝……樹幹端直、……外皮厚ク香気アリ。家屋建築材及ビ指物ニ用ユ」と記している。トモンギ（斗文木）はタブの沖縄方名である。

南西諸島や鹿児島では、古い時代からタブは身近な建築材として重宝されていたことがわかる。

古くから家づくりに

鹿児島・薩摩半島でタブの老木を探している時に、道を尋ねた初老の人とタブの話になった。彼はタブが身近な材であり、家づくりにも使ったと言うのだが、その様子は『南島雑話』に記されているのとまったく同じだった。

「この辺りは山に分け入らなくても、庭や裏山、祖先供養のモイドンなどにタブ、シイ、ヒトツバ（イヌマキ）は多い。昔は、家を建てたり修理をする時、玄関周りなどには自分の家のタブやヒトツバを使った。私の家にも一抱えほどのタブがあって、今の家を建てる時に伐って、床の間の床、敷居などにした。柱には、やはり家にあったヒトツバを使った」

この人が家を建てたのは一九七〇年ごろのことだが、百年以上前と同じように、身近にあったタブやヒトツバを利用して家を建てていた。ヒトツバは鹿児島や沖縄の方名で、イヌマキのことである。「最高の材木」との記述もあるほどで、この地方では建築・工芸用の高級材として評価されてきた。

タブが多かった屋久島でも、タブを建築材によく使った。七〇年代初めに屋久島に赴任した民俗学者の山本秀雄さんは、島ではあらゆるところにタブを使っているのに驚き、中でも家の各所にタブを用いていたと話す。

「私は種子島の出身で、屋久島には昭和四七年（一九七二年）に来た。種子島にもタブはあったが、屋久島には本当にタブが多かった。大きな木もあり、至るところでタブを利用していた。これは驚きであり新鮮でもあった。とりわけ、家の縁側、敷居、根太などにはタブをよく使ってきた。いまも残る古い家は、タブをよく用いている。幕末のころに建てた家を解体すると、根太にタブを使っていることが多い。精油成分が虫などに強いということかもしれない」

これら島々ではシロアリは大敵で、「白蟻が食べない木」ということから、アカモモ、タブ、イヌマキ（ヒトツバ）などは建材として重宝され、大いに利用された（『奄美生活誌』）。アカモモはハモモとも言い、モッコクのことである。

高級材として、社寺にも

タブは身近な材ではあったが、価格としては決して安くはなかった。前述の戸床さんや岩崎さんらの話にもあるように、戦後、彼らが木材にかかわる事業を始めた頃から紅タブは高級材として評価されていた。戸床さんは、タブの出荷先の一つが京都の社寺向けだったたと言う。

「タブを使ったのはお金のある家だったし、神社、寺院などだった。昭和三〇～四〇年代は、京都の社寺などでよく使われ、大阪、京都にたくさんのタブを送るのに忙しかった。昔、鹿児島などでは家を建てる時、『柱、敷居はタブでないといかん』という施主や大工がいた。柱や玄関の上がり口、床の間の地板、敷居などに使った。ぜいたくな場合は、縁の板に使ったが、あまり梁《はり》や桁《けた》には使わなかった。高い木だから、なるべく目につく所に使って見せようとしたのだろう。ヒノキの敷居は三〇年も経つとミゾがなくなるが、タブだと自然に油分がにじみ出てくるから三〇年してもミゾがすり減らない。わが家の敷居もタブを使っている」

木の好みは地域それぞれで異なる。もちろん、その地に多く生育する木が風土に合っているから、これを使い、好むようになる。鹿児島など南九州では、タブがその一つである。

とりわけ大隅半島では、タブへの愛着が強かったようで、岩崎さんは、「この辺りの人は家を建てる時、誰もどこかにタブを使いたがった」と言う。

「いい家は梁に一尺とか桁に一尺二、三寸角のタブの角材を使った。式台など玄関周りや廊下、敷居にもタブが使われた。タブは丈夫だし、古くなれば磨きがかかって風合いが出るからだ。玄関の上がりかまち、廊下などにタブを使った家は多いし、いまでも、玄関の式台に一間半くらいの一枚板のタブを使いたいとこだわる人がいる」

岩崎さんの自宅もタブが豊富にあった時代に建てたから、各所にタブを使っている（写真20〜23）。外から見える部分だと、軒下の桁に、幅三〇センチ×厚み一二センチで長さが四メートルほどのタブを二本使っていて、これが家を囲んでいる。破風作りの玄関の差し鴨居も同じようなタブである。屋内では、玄関の式台がやはり厚みが一二センチで幅が約六〇センチ、長さが一間半（約三メートル）ほどの一枚板のタブである。タブを多く使っているのは、長押《なげし》と柱である。長押は厚みが一〇センチくらいあるのだろうか。幅が三〇センチほどで長さは三メートル以上ある。柱には四寸（一二センチ）角と、五寸（一五センチ）角のタブを何本も使っている。

岩崎家から少し南、根占《ねじめ》で農園などを営む肥後隆志さんの自宅もタブをふんだんに使った家である。肥後家は戦前から根占周辺に山林を所有して、伐採業を営み、祖父の代にはタブを鉄道の枕木用材として出し、戦後間もないころには船舶用に大量のタブを出荷した。

戦後のそんな時期に建てた家だから、自分の山のタブを惜しげもなく使った。四、五寸角のタブの柱が何本もあるし、鴨居の上の長押はどれも黒光りするタブで、厚みが一〇センチ、幅四〇センチほど、長さが二、三メートルある（写真24）。床下にある根太と床束の間の大引きや、これを水平に支える横架材にもタブを使っているという。肥後さんは「うちを見た大工さんが、『これだけのタブの量なら、立派な家の二軒分は十分ある』と言っていた」と話す。

熊本市の工務店には、明治末期に玉名市（熊本県）で新築した邸宅の建築費控えが残っている。主要材として紅タブを用いたようで、「その材が巨大で追加の駄賃が必要になった」といった記述がある。

昭和三〇年代には鹿児島などで、タブの木目の美しさを生かした床材への利用や、タブの合板製造が盛んになりかけた時期もあった。フローリング材の材料として「県産広葉樹ではイスノキ、タブノキ、コジイ、イタジイ、イジュ、サクラ……などが使用された」（『鹿児島の木材産業』）。岩崎さんもこの時期、タブの丸太を大阪方面に出荷したが、これはロータリーでむいて合板にしたのだという。しかしどれも試みの段階にとどまり、事業としては成立しなかったようである。

タブを建築材として用いる文化は、南九州だけでなく、もう少し広がりを持っていた。

島根県の日本海側にある松村木材（出雲市）は、この地方では珍しく広葉樹主体の製材所で、時にタブも扱う。経営者の松村泰寿さん（一九六〇年生まれ）はタブを「素直な木で、ケヤキよりよい木かもしれない」と話す。出雲地方では「かつてはタブを縁板や床板としてよく使った。ぜいたくな場合は、幅の広い一枚板にしてこれを縁に敷いたようだ」と言う。

出雲市で戦後から工務店をやってきた持田常吉さん（一九三二年生まれ）は、「タブは日が当たり、雨にぬれるような厳しい条件でも『へらない（減らない）』」と言う。木がやせない、へこまないということである。そして、材として色つやがあって美しく、柿渋などを塗ると重厚になるとほめる。縁板としてよく使われたのも、目がやせず、表面がへこまないからで、「玄関の上がりかまちや式台などにも使った」と

写真21　玄関の差し鴨居のタブ
(鹿児島・錦江町・岩崎家)

写真20　軒下の軒桁に使われているタブ
(鹿児島・錦江町・岩崎家)

写真23　廊下の桁や柱に使われている
(鹿児島・錦江町・岩崎家)

写真22　玄関の敷板など目立つところに
(鹿児島・錦江町・岩崎家)

写真24　肥後家の黒光りするタブの長押
(鹿児島・南大隅町)

写真25　島根半島で伐り出された
紅タブの巨木

話す。

最近（二〇一〇年）、松村さんは島根半島の日本海側の民家にあった樹齢五百年といわれる紅タブを伐り出した。直径が一～一・四メートル、元の長さ四メートルほどの丸太は重さが約六トンもあったという（写真25）。

しかし、現在、紅タブは昔以上に高級材となっていて、「よほどの豪邸でもなければ、紅タブを縁板に使うような需要はない。大工さんもほとんど知らないし、いま建材として紅タブが使われることはまずない」と話す。松村さんは、これをテーブルなどの板材にする予定である。

写真26　丹後・伊根の舟屋（京都・伊根町）
（伊根町観光協会提供）

京都府の北、丹後地方に「舟屋」で有名な伊根町がある。舟屋は舟小屋とも言い、丹後のほか、能登にもある。漁船の格納庫で、家に併設し、海に面して建っている（写真26）。この舟屋にもタブが使われた。スギなども使ったようだが、タブを使ったのはやはり潮水に強い特性を活かしたものである。この地で樹木に詳しい人は、「いまではこの材がタブだということを知る人も少なくなっている」と言う。

戦後間もないころまで、もしくは三〇年くらい前まで、出雲や丹後地方では、南九州と同じようにタブを建築材に使っていた。また、鹿児島の材木業者たちが、かつて京都などにタブを出荷したという社寺では、タブを優れた建築材として扱っていた。恐らく、各地の古い社寺などを丹念に調べれば、タブを建材などに使った例や、その形跡が幾つも見つかるのだろう。タブを評価してきた建築文化を各地で見出せるだろうし、建築材としての夕ブ圏も広がるはずである。

トラックの根太材、枕木などに

鹿児島の戸床さんの話の中で、何度か、タブが「ニッサンなどによく売れた」という話が出てきた。この「ニッサン」とは何かと思ったが、「トラックのボデーに売れた」と言うので、「日産」のことだとわかった。それでも、タブとトラックは結びつかなかったのだが、戸床さんによると、タブは一時期、トラックの荷台を支える重要部材だった。

家と同じで、トラックにも荷台部分を支える根太がある。トラックの後部のシャーシと一体になって荷物の重量を支え、車輪から伝わってくる路面からの振動と衝撃に耐える。

現在のトラックの根太部分は、ほとんどが金属や樹脂で出来ているが、戦前から一九六〇年代ごろまで、根太部分は木製が主流だった。一〇センチ角くらいの木製の「縦根太」「横根太」を格子状に組み、この上に荷を積む床板を敷いた（図2）。

タブはこの根太や床板に使われた。現在のトラック関連の資料などにはナラ、ミズナラ、ケヤキなどが使われたとあって、タブは記されていない。いまもトラック用ボディー材を扱う会社の年配の人は、「九州ではヒノキをボディー材に使うようなことも聞くが、タブを使うという話は知らない」と話す。

しかし、戸床さんは、ボディー材にはカシも使ったが、「ボディー材は堅いだけではいけない。折れる。木に弾力性がなくては。タブがぴったりだった」と話す。「日産やトヨタにはよく売れた」と懐かしがる。

岩崎さんも、「トラックのシャーシの上の枠、土台部分、床材にタブがたくさん出た」と言う。今もトラックボディー用の根太材、床材、煽板《あおりいた》として木材は使われる。しかし国産材は少なく、インドネシアからのアピトンなど、輸入材が用いられている。

タブが鉄道の枕木に用いられたのも同じような理由だろう。枕木の最適材としてはクリ、ヒノキ、ヒバなどが知られるが、それらに次ぐものとしてタブもあった。

かつて鹿児島県十島《としま》村の中之島では、タブを伐って枕木用として出荷し、「中之島のタブは、タールを塗らずにそのまま使えたほど品質がよかったそうだ」（十島村歴史民俗資料館）と言う。精油分を多く含んでいるため、雨やシロアリに強く、防腐の必要がないほどだったのだろう。木が豊富だった中之島では、一時期、コメ作りよりも林業が盛んになり、「木を伐って出せば左団扇だった時があった」と言う。同じような話は奄美大島にもある。島で最も高い湯湾《ゆわん》岳一帯は広葉樹林に覆われる山だが、この一帯でもかつて枕木材、またパルプ材として、常緑広葉樹の大きな木をたくさん伐った。地元の人は「枕木の最盛期には、役場で働くよりずっと収入がよく、人手を集めて枕木材を伐り、出荷する業者がたくさんいたそうだ」と言い、「だから山には、いわゆる大木、巨木と言われる広葉樹はあまり残ってない」と話す。

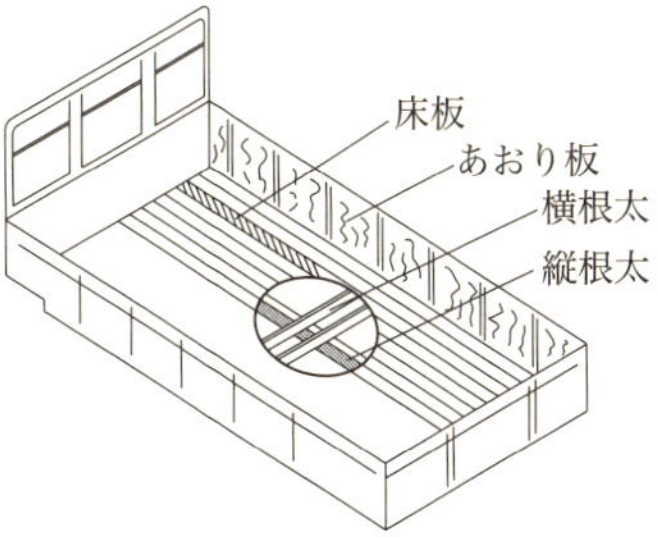

図2　タブはトラックの根太や床板などに使われた（『トラック・バスの車体構造』〔山海堂〕を参考に作図）

戦後の復興期以降、鉄道の復旧、新設は大変な勢いで進んだ。一九五〇年代半ばから十数年間は、当時の国鉄だけでも毎年二〇〇キロ以上の線路を敷設している。この時期には膨大な枕木の需要があり、南九州や沖縄・南西諸島各地からも、枕木に適した大きな木を出荷した。これらの地域に、本来であれば残っていておかしくないカシ、シイ、タブ、イスノキなどの大木がない理由の一つである。

四　工芸・器具材として――正倉院宝物に、家具、経板に

樹木は葉の形で広葉樹と針葉樹に分かれる。この二つには水を吸い上げる導管の有無という違いもあり、導管があるのが広葉樹である。広葉樹は幹部分を水平に切った（輪切り）時、木の切り口に見える導管の形状によって環状材、放射状材、散孔材に分かれる。切り口に導管が不規則ながらほぼ均等に散在しているのが散孔材で、広葉樹の中ではタブを含めたクス類、そしてサクラ、カツラ、ブナ、ホオ、ツゲなどが散孔材である。材が均質で、彫刻材などに向いている。

私たちが生活のあらゆる分野で木を主要資材として使っていたのは、戦前までのことだろうか。そして木の加工技術と産業・文化を発展させた最盛期とも言えるのが江戸から明治初期くらいの時期だろう。残念ながら、いまの私たちの生活はすっかり木から離れてしまった。日常の中で実際に木材、木工品に触れ、使うことはごくわずかになってしまった。

木の用途にしても、かろうじてスギやヒノキが建材として、また種々の木工品にケヤキやクリ、トチなどが使われることを知る程度である。箪笥や琴にキリ（桐）、櫛にツゲ（黄楊）、下駄にホオ（朴）が用いられることなど、知識としてはあっても、どれも日常生活の中では縁遠い品、材となってしまっている。建物の各部材、農工具や船具、楽器など諸器具の部品一つひとつに、様々な木を細かく使い分けたこと、櫓や櫂や舵を製作するのに、水の滑りなどを考えてそれぞれにふさわしい木を選んだことなど、もう知らないし、感心するだけである。

明治末期に編まれた『木材ノ工芸的利用』は、約一五〇の造形用国産有用樹種を取り上げ、土木・建築

から各種木工品・部材に至るあらゆる木材の用途を細かく記載している。しかし、明治末期には産業・生活資材として金属製品が普及し始め、船材・船具、武具、水道樋、版木など、これらに用いられていた多くの木製品が姿を消していく。ここに記録されている各木材の利用法は、日本人が木材利用を究め、木材を最大限に活用していた時代の様子を伝えるものである。

この書でタブは「たまぐすハ即たぶのきニシテ」とあって、タブを「たまぐす」もしくは「たぶ」と記載している。

「材堅重ニシテ木理色沢ヲ利用ス、……紋理ヲ利用ス、……音響ヲ利用ス、……弾力性ヲ利用ス」とあり、タブの「堅重」「木理、紋理」「色沢」「音響」「弾力性」を、その特性としている。

これらを生かしたタブの用途としては、洋家具、陳列棚、置物・指物彫刻、写真暗箱、同脚、刷子木地、洋風建築、楽器、手箱其他美術指物、シャトル（織物に使う杼《ひ》）、簞笥、木魚、ショベル柄、花台などをあげている。

他の資料の記述や、中国、台湾なども含めたタブの木工、工芸、器具的用途を集めると、ほかにも臼、下駄歯、棺、版木、枕、額、菓子型、扇子木地などがある。どれも、タブの堅さや弾力性、美しい木目を利用したと考えられる。

正倉院宝物のタブの箱

奈良・正倉院の宝物に「椑楠箱」と呼ばれる木箱がある（写真27）。これがタブもしくはその仲間の木で作られた木工・工芸品として、国内に残っている最古のものだろう。ただし、国内で作成されたのではなく、大陸もしくは朝鮮半島からの渡来品と見られる。

写真27　正倉院宝物「梗楠箱」（『正倉院の宝物5　中倉Ⅱ』正倉院事務所編、毎日新聞社、1995年より）

「ハコ」は箱、函、筥、匣といった字で表され、正倉院宝物には幾つかのハコ類が残っている。実用的なハコ類は形状もシンプルで、国産のスギ、ヒノキ材を用いたものが多い。これに対し渡来したらしきものは、紫檀や黒檀など貴重な材を用い、漆などを塗装して、当時としては最高級の工芸品に仕上げてあるという。

　梗楠箱もその一つのようである。「梗楠箱」との記載だが、恐らく正倉院に収められた時からこの名が伝わっていて、「梗楠という木で作った箱」という意味である。

　箱は縦二六・七センチ、横三〇・〇センチ、高さ一一・四センチ。やや正方形に近い。写真で見る限りのことだが、四つの角の丸みを大きく取っていて円形に近くも見える。色は全体に黄土色と茶色の中間色。まだらにこげ茶色の木目の紋様がはっきりと出ている。箱・ふたの部分とも、四隅と四つの側板、合わせて八つの部材を接合して出来ている。

　千数百年の古さなどまったく感じさせないデザインで、正倉院宝物の中でもひときわユニークな一品のようである。「その作域からみて、正倉院のうちにあって異色の作」（『正倉院の木工』）とされ、玉杢《たまもく》を生かした箱の作りは堅牢で、「現代の箱組と比べて、何等遜色は認められない」（『正倉院宝物にみる家具・調度』）と評価されている。

　この「梗楠」が何の木に該当するのかということであるが、幾つもの正倉院宝物の調査・研究によると、意見は報告書、また調査担当者によって違う。一つの見方は、クスノキだとの判断である。

例えば、『正倉院宝物にみる家具・調度』などでは、榧楠箱を「くすのきのはこ」と呼んでいる。「榧楠とはクスノキ材のことをいい、その木目文様が複雑な玉杢の珍材を用いた印籠蓋造りの箱」と解説し、榧楠はクスノキだとしている。

正倉院事務所が編集、宝物をすべて網羅した『正倉院宝物5 中倉Ⅱ』では、榧楠箱を、音読みで「べんなんのはこ」と記している。そして「榧楠とはクスノキの大木の根元、あるいは土中根から得た素材の呼び名」とあって、「榧楠はクスノキの瘤塊か土中根」で、素材はやはりクスノキだとの見方である。クスノキも根などに複雑な木目が出る。上記の二書は、クスノキの木目、紋様を生かして造ったのがこの箱だという。

これに対して、クスノキではなく、「クスノキ系の木」ではないかとする見解がある。

『正倉院の木工』では、調査参加者により微妙にニュアンスは異なって、榧楠を「木目の緻密な楠材の一種」「楠の系類を指す」「クスノキおよびタブノキの土中根」といった記述をしている。クスノキの仲間か、タブもしくはクスノキの土中根という解釈である。

正倉院宝物に使われている木材のサンプルである「材鑑」を作成した研究者は、この榧楠のサンプル材として、台湾産の「榧楠」と国内近畿産の「玉楠」(タブ)を用い、この玉楠には「楠(たぶのき)右類材」と注記をつけ、榧楠に最も近いと思われる材としてタブを挙げている。榧楠はクスノキとは違うだろうとの見方である。

専門家たちの意見は分かれているが、箱の材である榧楠はクスノキではなく、タブの仲間とするのが正しいのではないだろうか。というのも、中国にはタブの仲間で「榧楠」と呼ばれる木があるからである。

中国で出版されている『植物古漢名図考』(高明乾主編、二〇〇六年)には「榧楠」が載っている。これによると、学名は「Phoebe zhennan S. Lee et F. N.Wei」とあって、枏（ダン、ゼン）のこと、つまり「楠」もしくは「楠の仲間の木」だとしている。繰り返すことになるが、中国で「楠」はクスノキではなくタブの仲間、その総称であり、字としては「枏」「柟」と同じである。

『中国樹木志』（一九八三年）で、この『植物古漢名図考』にある学名（「Phoebe zhennan ……」）と一致するのは「楨楠」もしくは「雅楠」と呼ばれる木。高さが三〇メートル余になり、四川、湖北西部、貴州西北に産するとある。

少し古い『中国樹木分類学』（一九三三年ころ）には、この「楨楠」の記載があり、学名は「Machilus bournei」としている。「Machilus」ということは、タブ属だとの解釈である

『大漢和辞典』（諸橋轍次著）にも「楩」の字がある。「楠に似た喬木」（クスノキに似た高木）とし、「楩、楩木、似豫樟」「陰林巨樹、楩枏豫樟」といった古い文章を引用している。前者は「楩もしくは楩木と呼ばれる木があって、豫樟（クスノキ）に似ている」との意。後者の「楩枏」を一つの木と見れば、枏＝楠だから「楩楠」ということである。古くからクスノキ（豫樟）とは別の木として存在し、「木陰を成す巨樹である楩楠や豫樟」という意味である。「楩椁《べんかく》」という言葉も載っていて、これは「楩の木で作った棺」という意味であろう。

楩の字に「根元、瘤」といった意味はなさそうだから、楩楠をクスノキの土中根、瘤塊とするのも無理がある。いずれにせよ、楩楠はクスノキとは別の樹木である。

唐代の詩人・杜甫の詩にも楩楠は登場する。「枯楠」と題した詩があり、いつ枯れたかもわからぬ自宅前の大きな木が楩楠であると記している。

日本で「楩」の漢字が使われることはほとんどない。楩もしくは楩楠そのものは日本には存在せず、中

国では古くから知られたタブの仲間の木なのだろう。
正倉院の「梗楠箱」は、中国産のタブの仲間である梗楠、もしくは梗楠の特色ある木目を生かして作った木箱のこと。中国から日本にもたらされた時に「梗楠箱」と名づけられていて、その名がずっと伝わってきたのだと思われる。

様々な代用材として、織機部材、箪笥、臼など

『木材ノ工芸的利用』は、タブ材の特性として「木理、紋理」「色沢」「堅重」「弾力性」「音響」などをあげているが、タブの木目は古くから知られ、評価された。とりわけ大きなタブになると、根回りに大きな瘤《こぶ》を生じ、ここに現れる紋様は珍重された。中国の文書にある「楠榴」という言葉は、タブやその仲間のこの部分を指すのだろうか。

日本では指物彫刻の材になり、これでパイプを作り、花瓶を置く花台、飾り物などにも使われた。タブが多い伊豆諸島からは、かつてタブの根元部分をパイプ用や家具材として出荷したようである。

同じ伊豆諸島の利島からは、伐り出したタブ材が「熱海へ行って箱根細工の原料になる」(『植物と民俗』)という時代があった。箱根寄木細工は、五〇種以上の樹種を用い、その木肌や色合いを生かして日本の伝統模様をつくる独特の木工芸品である(写真28)。ヤマハンノキ、カツラ、ミズキなどと共にタブも主要材の一つで、赤味がかった色合いのタブは茶系統の色合いを出すのに用いられた。使われたのは主に戦前までだが、いまも材料の一つに数えられている。

『木材ノ工芸的利用』によると、織機で横糸を通すのに用いる「シャットル」(杼=ひ)は、堅く重みがあって衝動に耐える木が適し、最上とするのはツゲ。次ぐのがツバキ、カキ、カシで、タブも用いられる

写真28　箱根寄木細工には様々な樹種の材を使った（『全国名産大事典』日本図書センターより）

が少し「軽い」としている。

しかし、杼《ひ》以外にも織機部材にタブは使われたようである。鹿児島・奄美大島の県立大島高校（奄美市）郷土研究部が一九六七年に出したガリ版刷りの会報「奄美民俗・第八号」には、文化祭の展示品一覧があり、ここにはタブで作った、機織に使う「まきちや」と呼ぶ長さ五、六〇センチの部材が載っている。織機に横に渡して糸を巻き取ったもののようである。

この「まきちや」には家紋が入っていて、説明には「地機《じばた》の材料は極めて上質な木材を用いていた」とある。現在、大島紬を織る織機は地元産のリュウキュウマツで作るが、かつてはその部材にタブなども用いられたのである。

タブは木工・工芸材として幅広く使われたが、乾燥が難しいのが欠点だった。樹液を多く含み、「たぶモ亦乾燥困難ナルモノニシテ」（『木材ノ工芸的利用』）とあり、乾燥後も「たまぐすハ置物彫刻トシテ乾裂ヲ生ズル」と言われた。乾燥が不十分だと歪み、ねじれ、割れなどを生じることがあって、使い勝手がよくないといわれる。

こんなタブの性質もあったからだろうか。タブが使われた各用途にはそれぞれ最適の木があり、タブはその代用材のようにして用いられる場合が多かった。

タブの用途に、木魚、木琴などがあるのは、「木材は繊維の方向に音響を伝導する。年輪が整い、枝葉がなく、屈曲していないもの、とりわけよく乾燥したものは伝導がよい」という性質のためのようで、「イチョウ、ホオノキ、カツラ、トチ、タマグス、ヤナギ、センダンなどを代用にした」（『木材の工芸的利用』）とある。「タマグス」がタブである。

古くから木魚の材としてはクスノキが最もよいと言われ、現在も木魚製作者は木魚の素材としてはクスノキを挙げる。木琴の音を発する板には、サクラ、カツラ、タブ、クワを用いた。やはりタブは代用材の一つだった。

明治時代、写真の暗箱にはマホガニーを最上としたが、タブは木目がマホガニーより密だし、これに塗装するとマホガニーに酷似しているのでもてはやされた。家具類や高級ブラシの柄に使われたのも、木目を生かしてのことだろう。

木工芸・器具材としてタブの用途は、家具類から写真の暗箱・三脚、楽器類など多岐に渡っている。ただ、現在の写真器材、木魚、木琴などの専業者に尋ねても、素材としてタブは使っていないし、「かつて用いていた」という話を聞くこともできない。

しかし、タブを木工や器具材として使い、家具などを作ったことは間違いなく、そんな話がかすかに残っている。

鹿児島市の東にある蒲生町には古い武家屋敷が残り、八幡神社には樹齢千五百年、日本一大きな「蒲生の大クス」がある。

街中の建具店で黙々と鉋をかけている初老の職人に、「タブを使うことは……」と声をかけると、すぐに応えてくれた。この人はかつて大工だったようである。

「昔はタブで箪笥なども作った。タブ、ユス、カシの家具は堅くて傷がつきにくいから人気があった。

しかし、作るのには苦労した。タブは堅くて鋸を挽くのも、ノミで彫るのも手間がかかった。昔は電動工具などなかったから大変だった。敷居などにもよく使い、この辺りの古い家には、玄関口や敷居にタブをたくさん使った家がある。しかし、今はこうした材は地元の木材屋にもまずないし、たまに出ても虫が喰ったりしている。タブやユス木は懐かしい木だ」

鹿児島一帯では、三〇年前くらいまでは、傷がつきにくく丈夫だからと、タブで箪笥を作るということがあったのである。

鹿児島などで、タブを知る人たちが共通して挙げた用途の一つが火鉢である。これは二種あったようである。一つは角型の火鉢を囲むための板材として、もう一つはタブの根元に近い部分などを輪切りにし、中央部分に丸い穴を開け、ここに火炉を置いた。どちらも、タブの緻密な材質と独特の木目を生かしたものである。鹿児島の古い家などには残っているはずである。

タブでは臼も作った。『鹿児島民俗植物記』によると、主に戦前の話であろうが、県全域でタブで臼を作っており、牛の飼料用の舟も作っていた。

石川県の奥能登には、「樟木」と書いて「タビノキ」と読む珍しい苗字がある。「タビ」はタブのことである。その一人、樟木《たびのき》ふじさん（一九二三年生まれ）が子供の頃に聞いた言い伝えだと、苗字の由来は、「昔、家に大きなタビノキ（タブ）があったから」と言う。タブはケヤキのように大きくなり丈夫な木、役に立つ木とされていた。「これを輪切りにして臼などを作ったそうだ。昔、家にあった臼も、タビで作ったと聞いている」と言う。

昭和三〇年代前半の鹿児島県三島村の黒島を舞台にした、有吉佐和子の『私は忘れない』という小説がある。この中に、地元の小学校の運動会の光景が描かれている。競技の賞品には、父兄が「タブの木を削った手作りのシャモジ、下駄、箸の束、重箱。竹で編んだ網代の籠、ザル……」を持ち込んだという。タブが豊かに繁る島では、何でもタブで作ったのである。

かつて南九州、南西諸島を中心に、タブは工芸・器具材として多彩な用途に使われてきた。しかし、用具、器具の材料は急速に金属やプラスチックなどに代替されていく。材は伐られて減り、外材に取って代わられた。木工芸、器具としての用途は一気になくなり、タブを使ったという歴史も忘れ去られてしまった。

世界遺産、韓国の「八万大蔵経版木」にも

「たまぐすハほんぐすヨリ堅キモ彫刻シ易シ」（『木材の工芸的利用』）とあるように、タブは彫刻材としても用いられた。長年、広葉樹をたくさん扱ってきた松村木材（出雲市）の松村泰寿さんは、「タブは削りやすいでしょう」と言う。

木版画や経版などの版木としては、ヤマザクラ（山桜）が代表的な素材で、今も使われている。京都で木版刷りによる仏典・仏画を出版し続けている古い出版社（貝葉書院）でも、「版木はヤマザクラ、それも奈良・吉野のサクラがよいと聞いてきた」と言う。

タブが日本で版木として使われたかどうかは、現代の木版画家に尋ねてもわからない。しかし、韓国ではタブは版木に用いられていた。世界遺産にもなっている「高麗八万大蔵経（版木・経板）」（写真29）として今に遺されている。

韓国・釜山から北西に一五〇キロほど入った伽耶山中に海印寺があり、ここに「八万大蔵経」を刷った版木がそのまま遺っている。大蔵経は法華経、般若心経など経・律・論の三蔵すべてを集大成した経典で

ある。この大蔵経の経板は、一三世紀半ばに高麗がモンゴルに侵入された時、その国難を救おうとの願いを込めて製作された。一五年をかけて彫った経板が八万枚余りあるので「八万大蔵経」と呼ばれる。

一九二〇年代に朝鮮半島の森林・樹木の様子を著した『朝鮮森林樹木鑑要』は、タブを説明しながら「伽耶山ノ大蔵経ノ版木ハ主トシテ本樹ノ材ナリ」と記している。「伽耶山ノ大蔵経」が「八万大蔵経」のことである。

写真29（上）「高麗八万大蔵経」の経板
（『図説　韓国の国宝』河出書房新社より）

写真30（下）「高麗八万大蔵経」経板を収納する蔵経板殿（同上）

百年近く前のこの一文以外に、この版木の材が何なのかを日本語で知ることのできる確かな資料は乏しい。断片的に、この版木の材をヤマザクラ、ホウノキ（朴）、シラカバ（白樺）などとする記述がある程度である。

ホウノキとあるのは、韓国におけるタブの漢字表記「厚朴」の解釈が不十分なために起こった誤りである。恐らく、韓国の元の文章には、大蔵経版木の材の一つとして「厚朴」との記述があるのである。韓国語で「厚朴」はタブのことだが、そのことがわからず、日本語にする時に「ホオノキ」と訳したのである。韓国

「八万大蔵経」の経板が何の木で製作されたかということは、韓国でも大きなテーマで、長い間論議さ

れてきたようである。古い材質の特定は難しい上、国宝であり世界遺産となっている大蔵経の経板一枚を詳細に調べることは、なかなか困難なのであろう。

韓国で比較的新しく出版された『木に刻まれた八万大蔵経の秘密』（二〇〇七年）は、木質研究者らが経板の木片二〇〇点余りを顕微鏡などで分析し、サンプル数が「決して十分ではない」としながら、材はオオヤマザクラが中心であるとの結論を出している。

調査では六割余りがオオヤマザクラであり、これに次ぐのがヤマナシ。そして、ミズキやイタヤカエデ、タブも使われているという結論である。

この本のサブタイトルには「シラカバ製作説の真実と嘘」とある。韓国には長年、シラカバ説があったようだが、それを退けている。

この時の分析では、タブの比率は二％ほどと少ない。しかし、韓国でタブが多く生育する南海島など半島南部地域は、大蔵経を保存している海印寺にも近く、タブは版木の主要材の一つだったと考えられる。

別の韓国の大蔵経研究者はこの経板を彫った場所を、「板刻の場所は南海に間違いない」（仏教大学宗教ミュージアム『東アジアと高麗版大蔵経』）と言い切っている。理由の一つに、南海地方には版木材料が豊富にあったことをあげ、それがタブ（厚朴）であったことを示唆している。

出典は不明だが、やはり韓国の資料から引用・翻訳したと思われるものに、「版木の資材は慶尚南道にある巨済島と南海島の厚朴（フバク＝タブ）」と、材料はタブであり産地を特定した記述もある。巨済島も韓国で、タブの育つ地域である。

経版一枚の大きさは、縦二四センチ、横七〇～八〇センチ、厚みは三センチほど。一枚の重さは約三・五キロ。経板は両面で、片面に約三二〇字、両面に六五〇字ほどを彫っている。これだけの版木をとるためには、直径四〇センチ以上の大木が必要だったという。

潮水に浸け、乾燥させた知恵

「八万大蔵経」の、原木伐採から文字を彫って版木にするまでの工程は、記述によって異なる。しかし、木を伐ってこれを潮水に浸けた後、陰干しにしてから使った、という工程はほぼ一致している。しかし、山に放置、乾燥させた後、粗い板材に製材し、これを数年間「海水に漬ける」か、海岸の「干潟地に埋め」て、なおそれを潮水で「蒸す」もしくは「煮る」などの処理をした。さらに長期間陰干しをして、鉋《かんな》をかけ、版木として完成させた。

経板は墨の水分を含むと膨張し、乾燥すると収縮、長年使っているとひび割れなどを生じる。大量に刷ると摩耗もするから、版木は狂いが少なく、丈夫であることが求められる。潮水に浸け、陰干しをするというのは大変な手間だが、これは木の強度を増し、狂いを少なくする実に見事な知恵である。海水に浸け、または潮水で煮た（蒸した）というのは、木の樹脂分を除くためのようである。

これは、恐らく「水中乾燥」と呼ばれる技術のことで、こうした工夫は、日本でも行われていた。沖縄・八重山諸島ではイヌマキ（ヒトツバ）などの建築構造材の強度を増すため、伐った後、五、六か月間、「波打ち際の砂浜に埋めて乾燥させてから使用した」（『南島の自然誌』）。これを「スーカン（潮乾）」と呼んでいたという。

大蔵経の版木用材を干潟に埋めるのと、建材を砂浜に埋めるのは、まったく同じ発想である。塩分を含ませながら乾燥するというのも同じである。実際、タブで作った丸木舟も、海水に浸かっていると丈夫になると言われてきた。

奄美の船大工の坪山豊さん（一九三〇年生まれ）は、「タブなどよい木はねじれる性質があって、直接日に当てて乾燥してはいけない。木を伐った後、草むらなどの中でゆっくり乾燥させた。タブの丸木舟は時折、潮水をかけてやれば長持ちがした」と言う。恐らく、海水に浸けて陰干しすると、タブやヤマザクラ、イヌマキなどは、さらに強度を増すのである。

『木にならう　種子・屋久・奄美のくらし』が、奄美群島・与路島の話として紹介しているのもこれと似た知恵である。

奄美の老人が大事に持っていた木製歯車の話であるが、サトウキビ搾り機の部材で、老人はこれを島の泥の中から拾った。「泥の中」というのは、搾る機械を使い終わって部品を保存するため、「泥の中に埋めたんだね」と言うのである。金属のない時代に作った木製歯車を、不使用時には泥中に埋めて何十年も強度を保ってきた。「……作っとる木はなんだかわからんね。こういう生活の知恵、昔の人のまねをしきらない」と語っている。

大蔵経を製作した時にも、木の性質をよく知り、その強度を増し、保存にも適した加工のノウハウがあった。こうした知恵を生かしながら、時間をかけて丁寧に経板を作成したことが想像される。

海印寺の境内にこの大蔵経板を収めて保存する「蔵経板殿」がある。建物は南向き、床は土間のまま。密閉せず、窓などから外気をよく通すようにしている。外気に触れさせた方が保存によいのだという。長い建物の中央に設けた棚に、経板を横にして収めてある。ここには入れないが、昔のままに版木を並べているのを見ることができる（写真30）。

中国、台湾でタブが菓子型に使われたのは、やはり丈夫な上に彫刻しやすかったからだろうし、寺院や店に掛ける額（扁額）に用いられたのは、風雨にもよく耐えたからであろう。

写真31　鈴熊寺の薬師如来坐像
(福岡県吉富町提供)

仏像の材料として、日本では飛鳥時代ころまではクスノキ、平安時代以降はヒノキが主流で、カヤ、カツラ、サクラ、ケヤキ、イチイなども多用された。

そんな中で、福岡県吉富町の鈴熊寺（れいゆうじ、すずくまじ）に、タブで作られたという珍しい仏像がある。本尊の薬師如来坐像（写真31）で、像の高さは八六センチ。『福岡県の歴史散歩』（旧版＝一九八九年）に「タブの一木造」とあり、国指定の重要文化財になっている。行基作との伝承があるが、平安時代後期の作とされる。

住職氏は「昔から『クスノキで作っている』と聞いてきました。しかし、博物館の学芸員、研究者などが調べ、『これはタブノキだろう』と言われる。多分、それが正しいのだと思います」と話す。拝観できるのは月に一回、訪れた時には見ることができなかった。

五　丸木舟・船舶関連材として――古代から現在まで

材としての歴史が長く、またその用途に最適の材として、タブが長く使われ続けてきたのは、船材・船舶関連材としてである。その歴史は数千年、もしくは一万年以上になる。さらに、近代の鋼鉄船の時代になってもタブは利用されてきたし、現代においても、細々とではあるが船舶関連資材として使われている。

船材として数千年の歴史

船の最古の形は丸木舟である。日本で出土した最も古い丸木舟（福井・鳥浜遺跡）は五千〜六千年前のものだという。また、鹿児島県の栫《かこい》ノ原遺跡（南さつま市）から発掘された石斧の一つは、縄文時代草創期、約一万二千年前のもので、これは形状から丸木舟を刳り、彫るのに使われたと言われる。となると、日本の丸木舟は一万年以上も前から造られていたことになる。

丸木舟には、丸太を刳り抜いて作った原始的な「単材刳舟《くりふね》」から、船底と舷側面を板材でつぎ合わせた「合わせ舟」まで様々な形がある。舟の大きさや形は地域や用途によって異なるが、一般にはこれらを総称して「丸木舟」と言う。

この中の単材刳舟は、その名の通り一本の丸木を刳ったもので、これが人類の「舟・船」の原型であり、この単材刳舟の歴史は一万数千年前にまで遡るだろう。

舟の構造はシンプルで丈夫だが、ぜいたくな舟でもある。何より太い木が必要だし、それを刳り抜くために労力、時間もかかり、材の無駄も多い。海に近い場所での大木が少なくなり、また奥地からの搬出が難しくなると、丸木舟の形は次第に単材から板材を合わせたスタイルに変わっていく。

丸木舟造りに使った材の種類は様々で、各地で入手しやすく、用途に合わせて最適なものを選んだ。遺跡などの発掘から、日本で使われてきたと言われるのは、主にスギ、クスノキなどである。

しかし、南西諸島や沖縄では、古くからタブが丸木舟の主要船材だった。明確にタブ製とわかる古代丸木舟の出土例などはないものの、「丸木舟の材としてはタブが最上」とも言われてきた。島々ではつい六、七〇年前まで、細々とではあるが、タブで単材刳舟型の丸木舟を造り、漁に使っていた。

船材としてのタブの歴史は五千年、一万年と続いてきたことが想像され、タブの用途としては最も重要なものと言える。

本式の単材丸木舟はタブで

鹿児島や沖縄の島々の丸木舟については、一九六〇年代からこれら諸島を丹念に歩いた民俗学者の川崎晃稔や下野敏見などの研究に明らかである。川崎晃稔の『日本丸木舟の研究』は全国の丸木舟を調査しているが、例えば種子島の丸木舟製作の過程については、材の伐採から舟を海に浮かべるまでを、六〇点余りの写真と共に詳しく記している（写真32〜35）。

これら島々のうち奄美大島では、タブを舟造りに最適の材だとし、島には実際に使われていたタブ製丸木舟が二隻、保存されている。さらにはこれらの舟を造った様子も記され、残っている。

島の郷土史家・恵原義盛が四十年ほど前に著した『奄美生活誌』には、島の丸木舟について、「シブネは一本の大木でできています。材は松もあったが、タブ、ユス、ハモモなどの硬木が本式です」とある。シブネは「素舟」、単材丸木舟のことであり、スブネ、スブニとも言う。ユスはイスノキ、ハモモはモッコクの方名である。この本は、一九三八年に島中部北海岸の大和村・国直で丸木舟を造った時の様子を記していて、この時の「材はタブ」とある。

『日本丸木舟の研究』には、奄美大島では「丸木舟の用材としてタブを良材とした」とあって、丸木舟にはタブがふさわしい木だとみなしていたことがわかる。

『舟と港のある風景　日本の漁村をあるくみるきく』は、奄美では一九七〇年代には、もうスブニは「既に資料館に行かねば見られない」状況になっており、「スブニの用材はタブ、イジュ、椎、松である。椎やイジュが尊ばれ、松は水を吸うと重たくなるので嫌われた。タブにはベンタブとアオタブがあり、船

写真32　①舟の幅を決め、舷側を削る

写真33　②舟の中を刳って掘る（クリボリ）

写真34　③時に測りながら舟の内側を掘る

写真35　④浜で最後の仕上げをする

（32～35＝『日本丸木舟の研究』より）

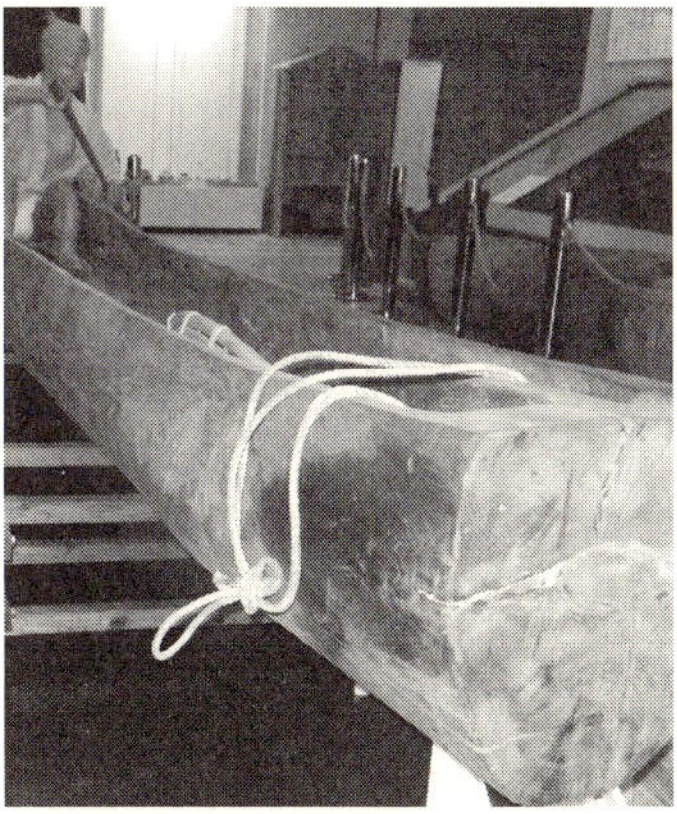

写真36　奄美市立博物館にある復元したタブ製単材丸木舟

写真37　大島高校で保存している1938年製のタブの丸木舟（奄美市）

材にはベンタブが用いられた」とある。ベンタブとは紅タブのことである。

奄美市立博物館では、現在、三隻の丸木舟を展示している。このうち一隻は奄美独特の「アイノコ」と呼ばれる型で、実際に使用されたもの。残る二隻は復元船である。

復元船の一隻が、一九八六年ごろに造ったタブ製の単材丸木舟（写真36）である。博物館では、「私たちも丸木舟の最上のものはタブで造ると聞いていたので、復元する時には『タブで』と思った。そして、この舟造りを船大工に頼み、気楽に引き受けてもらった。ところがその当時、もう島（奄美）ではこれくらいの丸木舟を造るタブが見つからなかった。あわてて、島外でタブを探し、結局は宮崎から持ってきた」と言う。

そして現在、島内には、かつて実際に海へ出ていた二隻のタブの丸木舟が残っている。いずれも典型的な単材刳舟であり、二つとも製作の状況がわかっている。

一つは、『奄美生活誌』が記しているものである。この舟は一九三八年に大和村で造られ、現在、県立大島高校で保管している（写真37）。製作してから七〇年以上経っているので、朽ちている部分もあるが、材を見るとタブらしいことがわかる。

『奄美生活誌』には、「大和村国直における最後のシブネの例をとると、長さ五一八糎、中央の横幅五二糎、……、シブネとしては小さい方であるが、昭和一三年これを山降ししたときは屈強の男が二十五人かかったとのことです」と記している。

大島高校郷土研究部の会報「奄美民俗・第五号」（一九六四年）もこの舟について調べ、当時聞いた話を載せている。

舟は長さ五一〇センチ、幅五〇センチで細身の舟。船材は奄美で最も高い湯湾岳《ゆわんだけ》で伐ったタブで、「すぎの木よりたぶ木がずっと持つ」とある。三人がかりで伐り出し、山で四日目に一定の形にまで仕上げた。これを二二人くらいでかつぎ、一日で山から下ろしたが、その食事のために「女三人で村でごはんを炊き、汁は山で準備をして」食べさせたという。仕上げるには約一年かかり、この間、物差しは使わず、「見掛け、木の『しん』で測った」という。

もう一隻は、同じ大和村の湯湾釜《ゆわんがま》で造られた丸木舟である。現在、これを保存している大和村の説明だと、国直のものより一年早い一九三七年製である。

これについては、下野敏見の「奄美大島のクリ舟」（『奄美郷土研究会報』第一一号、昭和四五年六月）という一文に詳しい。

昭和四四年（一九六九年）に下野氏が島を調査した時、奄美に現存する刳り舟（単材丸木舟）は、タブとシイで造った以下の三隻だった。

＊大和村・湯湾釜　〈タブ〉　一九三七年製作　長さ：五〇〇センチ　幅：四七センチ
＊大和村・名音　〈シイ〉　？　五八〇センチ　五〇センチ
＊住用村・見里　〈タブ〉　一九五〇年製作　五八〇センチ　四八・五センチ

このうち、湯湾釜の丸木舟が現存、大和村の公民館に村の文化財として保存されているものである。この舟の製作を次のように記している。

「山でタブを伐り倒し、その場で二人で三日かかってアラボリする。……木の根の方をオモテにし、オモテとトモから二人で伐り進む。……アラボリした舟を山からおろす時は、十人くらいでひいてくる。……ひいてきたら親戚知人を集めて吸物を出して祝う。……（これを海岸で仕上げる時）舟の内側をマエジチという小さい斧状の手鉋で仕上げ、そのあとスクガナという曲鉋で仕上げる」

「オモテ（艏）」とは船の前の部分で、「トモ（艫）」が船尾部分である。木の根のある方の重い部分を船首にするのだが、「クリ舟は重みのある根の方を先にして漕がねば進まぬものという」とある。舟の重みで波を切ったのである。

もう一隻、住用村見里の船造りも基本的には同じだが、タブを伐り出す時、「斧で伐り倒すことはせず、鍬で掘り起こす。……（木に）ひびが入らぬようにするため掘り倒すのである」とある。山でのアラボリ、アラケズリと言われる作業は、四人が丸太の前後左右に構えて行い、一晩山に泊まり込んでの仕事だった。

奄美に残る船大工

奄美大島には、日本に残る数少ない船大工の一人、坪山豊さん（一九三〇年生まれ）がいる。島の南西部の北側、宇検《うけん》の出身である。戦後、一八歳の時から船造りを習い、船大工として独立した。仕事を始めた時代には、もう実用船としての丸木舟の需要はなかったが、これまでに復元船としてマツ、クスノキで丸木舟を造ってきた。市立博物館のタブの復元船は、坪山さんの兄弟子が造った。

民俗学者、郷土史家などの記述や、残されたタブの丸木舟に坪山さんの話を重ね合わせると、数千年前からつい数十年前まで永らえてきたタブの丸木舟の姿がよみがえってくる。

奄美の丸木舟は、残されている舟も復元した舟も、基本的には長さが五～六メートルで、幅が五〇～五〇数センチ。細身でスマートである。坪山さんは、「一人乗りの丸木舟は、長さが五・五メートルから六メートルくらいまで、幅が五〇センチくらい。伐り出した丸い木を削り、中をほっていく。丸木舟は安定性が悪そうに見えるが、船底部分は一〇センチくらいあって、重心が下にいくようにしている。めったに、こけるようなことはない」と言う。

大和村に残されている丸木舟は、「昭和二七年頃まで一本釣漁業に使われていた」ものだが、坪山さんが若い時には大和村の大金具という集落に、タブの丸木舟で漁に出る老漁師がいた。「沖釣りの名人で、夜、沖に出て一本釣りでイカを獲ったりしていた。こけたという話は聞いたことがない」と言う。

この丸木舟一つで、櫂《かい》を漕いで沖合いに乗り出し、漁をする。今から六〇年ほど前の話だが、舟の形も材も漁のスタイルも、千年、数千年前とまったく変わらない姿なのだろう。

タブの丸木舟で意外なのは、舷側の板の薄さである。わずか二、三センチほどしかない。しかし、坪山さんは「タブはヒビが入らないし、丈夫だから厚みはこの程度でよかった。スギなどは厚くしなくてはならなかった」という。この側面を小さな手鉋や曲鉋で仕上げていくのだが、「側面を叩き、音を聞きながら厚みを均一にするのだ」と話す。

恐らく、タブの船材としての最大の特徴は、多くの人たちが指摘しているように、潮水に強いだけでなく、潮水につかり、乾燥することでさらに丈夫になる性質を持っていることである。

「奄美大島のクリ舟」（下野敏見）には、「タブの木は山に倒したら三年でだめになるが、海につけると何年ももつという」とあり、『日本丸木舟の研究』は、奄美でタブを船材として良材としたのは、「虫に強く、水分を含みにくいし長持ちするからである。……船材として良材というのは、脂の多い木である」としている。

屋久島にいた民俗学者の山本秀雄さんは、屋久島沿岸で使われたクリブネの材としては、ゴヨウマツ（五葉松）やタブが使われたが、「タブは潮水につかっているうちに強く堅くなる」と言っている。

そして、実際に舟を造った坪山さんが、「タブは海の中で長持ちがした。たまに潮水をかけてやれば、実に長く使えた。百年、百数十年は持っただろう」と言うのである。

丸木舟は櫂《かい》で漕いだが、櫂にはハモモ（モッコク）やタブなど堅い木を使った。また、櫓材としては、水をかく羽根の部分はカシか若いシイを使い、人が握る櫓腕と呼ばれる部分にはタブなどを使った。やはり、海水に濡れて強くなるタブの性質を活かしたものである。

櫓腕と羽根の部分は縛って合わせるのだが、「これらの材を縛って半年ほど海水に漬けておけば、絶対に外れることはなかった」とも言う。

漁師の世界では、舟は高価でもあり大事な財産だった。奄美では財産分けの時、長男には家、土地を、次男、三男には舟を与えたと言い、「だから、船大工たちは出来るだけ舟が長持ちするように材料を選び、実に丁寧に舟を造った」と言う。

坪山さんは、沖縄独特の丸木舟であるサバニも造るが、サバニには金釘を一本も使わない。このため製作に時間もかかり、「木造船の中では一番高い」舟だそうである。金釘を使わないのは、錆が船体を傷めるからで、接合部分には竹釘か「ビバ」と呼ぶヒトツバ（イヌマキ）で作った接合部材を使った。「そのヒトツバも、『トカラ列島産のヒトツバでなくては』と言うように、材を選んだ」と話す。

一九五〇年に造った住用村の丸木舟のタブの木を「掘り倒した」とあるのは、伐り倒して木にキズやヒビが入るのを避けるためである。

奄美大島に、製作時期、場所、所有者もわかり、造った様子まで記録されたタブの丸木舟が二隻も残っているというのは、恐らく偶然ではない。

いまから六、七〇年前、これらタブの丸木舟を造った時、人々には、「これが奄美の最後のクリ舟（単材丸木舟）になるかもしれない」との思いがあったに違いない。既に、島では大きなタブは少なくなり、クリ舟で漁に出る漁師も減っていただろう。作り手も少なく、造る経費もかかったのだろう。それから三〇年余り後の一九七〇年ごろ、かつてタブの丸木舟を造った人は、「今でも作れるが、材木のタブがもうない」と言っている。

だから、これらの丸木舟造りの様子は記録され、記憶に残って後の人に語り継がれた。使わなくなった後も、所有者たちは、何とか舟を保管し、残してほしいと思い、学校や村に寄贈したのである。

屋久島各地にあったタブ製丸木舟

タブが豊富だった屋久島でも、やはり丸木舟の主要船材はタブだった。川崎晃稔の『日本丸木舟の研究』は、下野敏見の調査なども合わせつつ、六〇～八〇年代の屋久島の状況を記している。それによると、一九六〇年代末ころには、島内のどこにも丸木舟は現存していなかった。しかし八〇年代ころまで、島の各集落には、タブで丸木舟を造ったという記憶が残っていた。

永田――昭和一〇年に「タブで丸木舟を造った」という人がいた
栗生――幅六〇センチ、長さ三メートル弱の丸木舟をタブで造った
中間――大正時代の初めころにはタブで造った丸木舟が一、二隻あった
湯泊――タブの木を用い、ヨキとチョウナで丸木舟を造った
原　――タブやクスの木を刳り抜いて丸木舟を造った
安房――丸木舟はタブで造った

そして、次のようにまとめている。

「筆者の調査も含めて屋久町（現屋久島町）には全域にわたって丸木舟が使用されていたことがわかるが、

豊富な杉を用いるのではなく、タブが用いられていた。材質からみると杉の方が浮力があり、船材としてすぐれているように考えられるが、この考えは間違いらしい。タブは堅木でトカラのロウソクノキや奄美のイジュと同じような材質である。安定性、耐久性などから軽い杉よりタブの方が丸木舟の材としてすぐれているのだろう」

屋久島にいた山本秀雄さんは、「屋久島沿岸は岩の多い所で、沿岸の漁にはクリブネが使われた。この材としてはゴヨウマツやタブを使った。タブは潮水につかっているうちに強く堅くなる。しかし、長い間、潮水に漬けておくと水を吸って重くなるので、係留にもやり方があった」と言う。堅牢な材を選んだのである。

山本さんはタブの丸木舟を復元しようとしたことがある。船材として種子島にあった大きなタブを伐らせてほしいと頼んだところ、「これは村の大事な木だから伐るわけにはいかない」と断られたそうである。

この他の島々について、『日本丸木舟の研究』は以下のように記している。

・沖縄＝本島北部の山が深い国頭地方に木材を産し、「ここに自生している椎や椨《たぶ》はマルキンニの船材として伐り出された。しかし、一七世紀初めの薩摩の琉球入りの頃には、すでに大木が不足し、奄美大島に船材の供給を仰いでいた。……沖縄では、椨や椎の大木がなくなると、必ずしも適材ではなかったが、松が用いられるようになった」。マルキンニは丸木舟のことである。

・徳之島＝丸木舟は「明治末期に五、六隻あった」。現存するのは、博物館にあるシイ製の一隻のみ。かつてタブで造った一本木刳舟があった。

また、屋久島と奄美大島の間に連なるトカラ列島の様子は、『舟と港のある風景　日本の漁村をあるくみるきく』が伝えている。トカラ列島には明治時代末までは、単材刳舟があったようである。「……トカラには明治末くらいまでは一本木を刳り抜いた丸木舟があった。……トカラの丸木舟の用材はローソクの木（ハゼの木）やタブを用いる。船材料になる大木は中之島と口之島にしかなかった」という。

その中之島の十島村歴史民俗資料館には、昔ながらの丸木舟を復元、陳列してある。これはオガタマノキとタブを組み合わせて造っている。

民話や島唄に

タブが船材に使われたという話は、断片的ではあるが、これらの島々の民話や民謡の中にも出てくる。『屋久島の民話　緑の巻』が紹介している「はつのモエン」という民話にタブの話がある。江戸時代、薩摩藩に上納する船板用にタブを伐っている折、伐ったタブが予想外の方向に転げ落ち、「はつ」という若い女性に当たって死んだ。この娘がモエン（亡霊）となって、山に出てくるという話である。

タブが船板に適しており、船材としてのタブが屋久島の主要産品であったことを示している。この時代、島民はタブや樟脳をとるためのクスノキは自由に伐れなかったという。

八重山諸島は民謡の宝庫と言われるが、『甦る詩学』は、その一つ「ばいさきよだしらば」という歌謡を紹介している。

島の美しい娘が、役人から妾になることを迫られ、山中に逃げる。身を隠しているうちに死んでしまい、娘の二つの目から木が生え、木は伐採されて船材となって船が造られる。その船に、言い寄った役人が乗る――といった内容である。

「ばいさきよだしらば」の一節には、「……かたみんや　とぅむぬ木ぬ　むやぶり　かたみんや　まとぅ木ぬ　むやぶり……」というくだりがある。「片目からトモン木が生えてきて、片目からマトゥ木が生えてくる」という意味だが、この「とぅむぬ木」が「トモン木」であり、沖縄地方でのタブを指す方言である。

『新南島風土記』は、八重山民謡の「イキヌボジイ（イキヌブシィ）ユンタ」についての話を載せているが、これも死んだ娘の「骸骨の片目と片耳から（あるいは片乳と片目から）それぞれ一本の木が生えて大木となった。真直ぐに伸びた美しい木は、たちまち見つかって切り倒され船をつくられた。……」とあって、「ばいさきよだしらば」とほぼ同じ内容である。

これら民謡は江戸時代末か明治時代になって作られたようだが、片方の歌の歌詞からは、娘の目から生え、船を造った木が「とぅむぬ木（トモン）」、つまりタブであることがわかる。

また、徳之島にも、畑にあったタブで船を造ろうとして斧を入れると、血のようなものが流れ出てきたため、これを神聖な木として祭った、という民話がある。

以上のような調査や、民話、民謡などの記述は、いずれもタブが南九州・沖縄の島々では丸木舟の主要材、もしくは重要な船材であったことを示している。

油脂分の多いタブは耐水性があり、潮水につかるとさらに堅く丈夫になった。丸木舟はただ浮力があるだけではなく、波を切り安定するための重さも必要で、タブはこんな条件にもぴったりだった。

また、奄美に残っている丸木舟造りの様子を見ても、山で大きなタブを倒し、形を整えて浜に搬出するには大変な労力が必要だった。海岸に近い場所に生育するタブは、その点でも丸木舟造りに適していた。

さらに、「これらの島々に長くクリブネ形を残すその船材供給基地として、屋久島や南九州あるいは台湾などの林業地帯の存在したことを忘れることはできない」（『風土記日本・1・九州・沖縄篇』）とあるように、かつて南九州から台湾にかけて連なる島々には、船材としてのタブなどが豊富に繁っていた。九州、南西諸島に、丸木舟が一九〇〇年代の半ば頃まで残り得た理由の一つであろう。

しかし、近世になるとタブなどの良材は入手が難しくなり、マツやスギも利用されるようになった。そして、丸木舟の需要そのものも、船材となる木も減って、実用船としての丸木舟が造られなくなったのが一九五〇年ごろということであろう。それから二、三〇年を経て一九七〇〜八〇年前後になると、わずかの人間から、「かつては確かにタブで丸木舟を造った」という話が、かろうじて聞けるだけの状態だったということである。

いまに残る古代のタブ製丸木舟

いま現在、実際に使われたタブの丸木舟となると、この奄美大島の二隻くらいしか残っていないと思われる。古代のものとなると、スギ、ヒノキ製のものの出土はあっても、タブの丸木舟は全国の遺跡出土木製品の中に、不明確な一例があっただけである（『日本の遺跡出土木製品総覧』）。

古代に造られた丸木舟の出土品として残っていて、タブ製の可能性があるのは、「なにわの海の時空館」（大阪市、二〇一三年三月閉館）にあった展示品である。説明には「船津橋遺跡出土単材式刳り船」（写真38）とあって、遺跡は弥生時代から古墳時代のものとされる。大阪湾周辺からは戦前に、古墳時代のものと推定される長さ一〇メートル以上の単材刳り舟が幾つか出土したが、戦争時の空襲で焼失したという。

この「単材式刳り舟」は一九三〇年に出土、長さ六・三メートル、幅一・二メートルほどで、「材質：ラワン」としてある。舟は奄美大島のものより大型だが、材の質感は大島高校に保存されているタブの丸木舟とよく似ていて、これはタブの可能性が十分ある。

博物館がこれを調べた時、材を特定できなかったのだろう。ラワンのようだがラワンは南方の木で、日

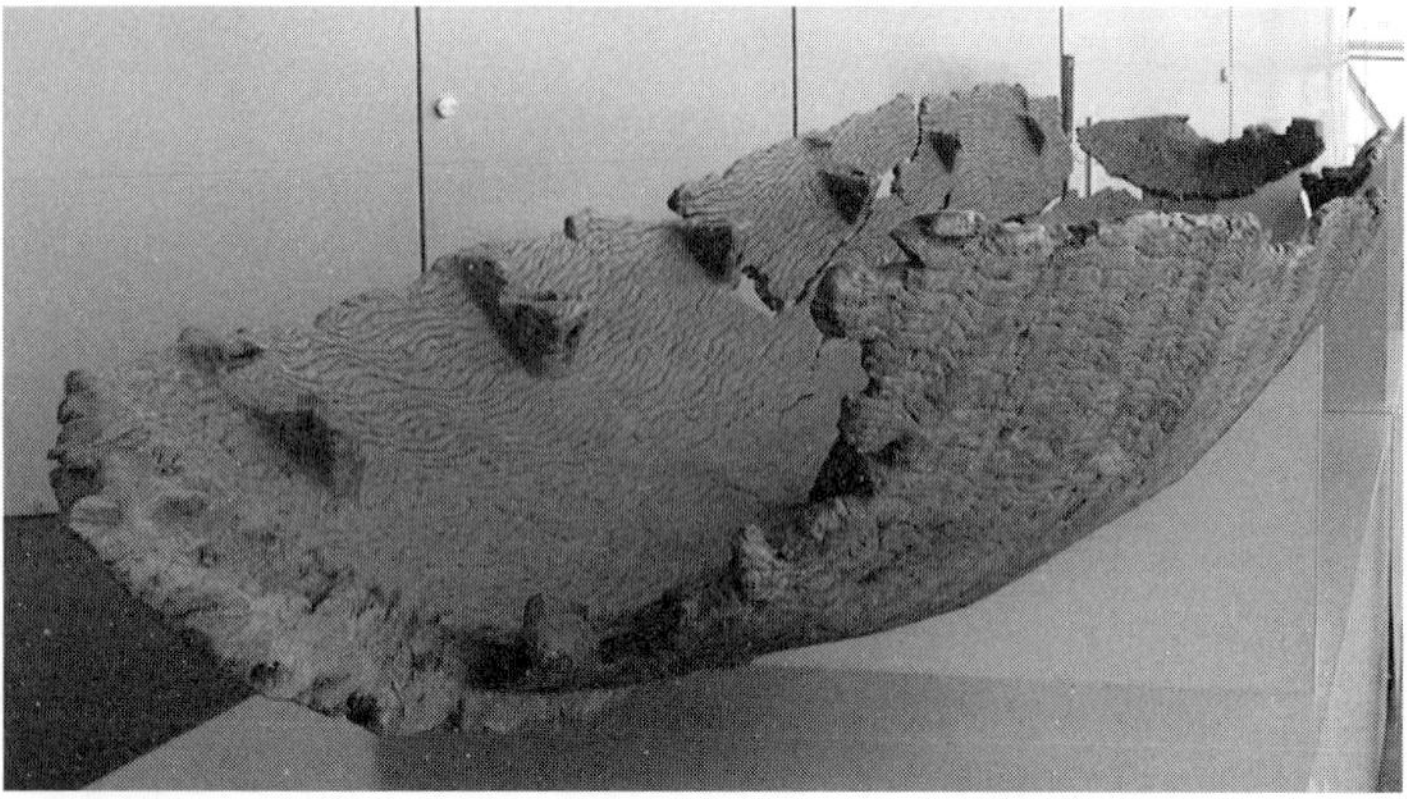

写真38　「船津橋遺跡出土単材式刳り船」（大阪市立「なにわの海の時空館」）

本に自生しないから、「材はラワン」とせず、「ラワンのような材質」としたのだろう。やはり南方系の木であるタブの材は、赤味を帯びていてラワンと似ているのである。

古代中国の丸木舟にも「楠製」

視野を中国や台湾に向けると、タブと丸木舟の関係はもっと広がる。

出口晶子の『丸木舟』は、中国・浙江省、江蘇省、福建省、広東省など華中、華南地域から発掘された春秋戦国時代以降とされる多数の単材刳舟について触れている。

これら発掘された丸木舟について、その材として「クスノキ（楠）製の……」「クスノキ（樟）の丸木舟が……」と記している。上海・浦東から出土した隋・唐代とみられる川船は、「船首船尾が樟木、胴部が楠木とクスノキの仲間が使われている」という。

ここでは、「楠」も「樟」もクスノキとしつつ、一方では「樟木」「楠木」「クスノキの仲間」と区別して表現している。

このややこしい表現は、恐らく中国の発掘資料には漢字で「樟」「楠」とあって、これを日本語表記とするにあたって迷ったのだと思われる。しかし、中国ではこの二つは樹木としても別々の木を指しているのであって、どちらもクスノキと訳すのは不自然である。

辻尾栄市の論文「舟・船棺起源と舟・船棺葬送に見る刳船」は、中国を中心とした古代の船形木棺による葬送やそれが示す他界観、さらに船形木棺の原型である刳舟について詳しい。現在の中国の発掘成果なども踏まえ、中国の古代遺跡から発見された刳舟で、樹木鑑定を受けたものは、「たいてい楠木と樟木である」という。楠、樟を日本の樹種にあてはめてはいないが、別の木だとして記している。

ここでは中国・宋代に著された地理書『渓蛮叢笑』から、「蛮地に多く楠あり。極めて大なる者有らば、刳り以て舟を為る」といった一文を引用しつつ、刳舟の主要材は楠であり、刳舟を模して作った船形棺も、楠木が選ばれることが多かったとしている。

何度も述べてきたが、中国でタブの表記は「紅楠」であり、ここで言う「楠」はタブもしくはタブの仲間である。樹種鑑定を受けて、多くが楠か樟であるというのは、中国では丸木舟の主要材として、クスノキ科のタブ類（楠）とクスノキ（樟）を共に用いたことを示す。黄泉の国に旅するための棺は船をイメージし、その材としてタブをよく用いたということである。

台湾でも古くからタブは船材として使われていた。「台湾東部のクヴァラン族の舟は、船首がとがり、船尾が箱形で、オール式の櫂と方形の帆が使われ、船尾中央に舵をとりつけていた。タブやクスノキの古木を船材とし……」（『丸木舟』）とある。

日本や中国、台湾の丸木舟の材としては、「民俗事例と出土事例双方ともに、また、日本、周辺アジアをふくめて、前後継ぎの刳舟には照葉樹のクスノキ（楠、樟）材が多い」（同上）と出口氏は結論づけている。

柳田国男の船材としての「タブ＝丸木舟」説

丸木舟の船材としてのタブに、最初に着目したのは民俗学者の柳田国男だろう。

柳田は学生時代に、愛知県伊良湖岬への旅でヤシの実の漂着を見て、日本民族の南方からの渡来を思った。これは終生のテーマとなり、その思いは最晩年の著書『海上の道』（一九六一年）にまで続いている。

柳田は、日本民族の渡海、渡来についての意識が強く、その移動手段であった舟への関心も高かった。戦前の「海上文化」と題した講演（一九三九年）では、舟について、さらにここでは材としてのタブについて語っている。

「刳舟の製し方が一番はっきりと痕跡を残しているのは琉球の諸島である。島には舟を造る所の杉も若干ないわけではないが、杉にとぼしい。それで多くの場合に於いてはこのタモ（タブ）その他の濶葉樹を使って刳舟を造っていた」と言い、また、伊豆七島ではタブが多く、その大木を伐り倒し、丸太を刳り、「使って居ったといふことが想像せらるのである」と言っている。

さらに、戦後すぐに著した『北小浦民俗誌』（一九四九年）では、佐渡の舟や舟大工などに触れながら、船材についてはより具体的に述べ、「ここでも最初の刳舟はタブであった」と大胆な推測をしている。

「今日いうところのクリブネの構造には、昔の丸木造りの痕跡がまだ残っているが、現在その底部に用いられている刳材は多くは松であり、その前にはまたカタシ（椿）の木なども使っていた。椿などは重く堅く、またそんなに太い樹はなかったろうから、これが最初からの丸木舟の材であったとは思われぬ。やがては考古学の力によってだんだんに確かめられるであろうが、樟科の植物の中ではタブという木だけが、かなり北の方の海岸地帯まで分布し、今でも神社の信仰に庇護せられて、驚くほどの巨木になっているものが、佐渡よりもまたずっと北の方にも見られる。……それが海部の民の南の方からの移動を誘致し同時にまたその前進を制限したことはあり得る。……佐渡の海府はタブの北限のこちらであるゆえにかりに現在はもう珍しい樹種となっているにしても、ここでも最初の刳舟はタブであったものと、いちおうは推定しておいてよいかと思う」

佐渡の北部海岸一帯が「海府」と呼ばれる地域で、北小浦は北部の東海岸、佐渡の中心地両津から北に二〇数キロの地にある。実際、佐渡の島全体、そして北小浦もタブの多いところである。ただし、佐渡もしくは北小浦近辺の遺跡などからタブ製の丸木舟、もしくは船材としてのタブ材などが発見されたわけではない。

柳田の研究者は、「柳田は北小浦において最初の刳舟の材はタブであったと推定する。これは海部族土着説をとる柳田にとって鍵になる推定で、南西諸島の刳船が念頭にあるものと思われる。しかし、佐渡においてタブ材の刳船が発見された等、この説を裏づける傍証が見つかっていたかどうかは確認できない」(福田アジオ編『柳田国男の世界　北小浦民俗誌を読む』)としている。

さらにこの『北小浦民俗誌』について言えば、柳田は佐渡を二度訪れながら、北小浦を自身で調査したわけではない。『北小浦民俗誌』は、弟子が遺した北小浦の民俗的事例を集めた採集手帳の記述を基に書いている。佐渡や北小浦のタブ、丸木舟そのものについての記述が具体的でないのはそのせいである。

佐渡で、丸木舟がタブであったことを示唆するような出土品などがあったわけではないにもかかわらず、佐渡がタブ生育の北限より南にあることから、「いちおうは推定しておいてよいかと思う」というのは、かなり強引な言い方である。

しかし、柳田は二度、佐渡を訪れており、初めての佐渡旅行では、一週間余りかけて島を巡り、後に

「佐渡の海府」を著している。この中にもタブの記述は出てこないが、島をほぼ一周しているから、各地でたくさんのタブを目にしていると思われる。

また、同時期には沖縄など南西諸島を訪れている。講演や文章からすると、この時にタブで造った丸木舟を見ているか、それへの知識を得たと思われる。この時期くらいから、柳田はタブを「丸木舟の木」としてイメージするようになったのかもしれない。

講演(「海上文化」)の中では、遺跡から出土する丸木舟に触れ、それは「何れも楠の系統に属する木である。……燃やして臭ひのする楠の系統であって」と話している。柳田は実際に丸木舟の断片などを燃やした臭いをかいだこともあるのかもしれない。

沖縄など南西諸島、さらに佐渡や伊豆の様子などもよく知っていた柳田である。各地でタブを見つつ、「丸木舟とタブ」のイメージを高めていったのではないだろうか。弟子の北小浦における採集記録を読み、この地の漁業や舟について触れる中で、「丸木舟はタブ」という大胆な推測に至ったのかもしれない。

柳田は自分のこの結論が飛躍したものであることを自覚していただろう。しかし、この直観に自信を持っていたから、「やがては考古学の力によってだんだんに確かめられるであろう」と記した。

その後の調査や研究は、柳田が予言した通りのことを示している。佐渡でタブの丸木舟が造られたかどうかはともかく、南西諸島などの丸木舟研究は、タブが丸木舟の主要材料であったことを明らかにしている。タブが豊かに生育していることが、「海部の民の南の方からの移動を誘致し同時にまたその前進を制限したことはあり得る」という柳田の説は十分に説得力を持っている。

『古事記』の「楠船」も

佐渡から海を隔てて遠くない石川県の能登もタブが非常に多い。ここではタブを「タビ」と呼ぶ。

万葉歌人の大伴家持は、能登を一周した折、「ツママ（＝タブ）」の歌を詠んだが、七尾湾を渡った時、能登島を見て「鳥総立て　舟木伐るといふ　能登の島山　今日見れば　木立繁しも　幾代神びそ」（巻十七・四〇二六）という歌を詠んでいる。この島では、古代に舟の材としての木を盛んに伐ったという内容だが、この「舟木」もタブであった可能性が高い。

『能登　寄り神と海の村』は、能登の丸木舟、舟葬にかかわる遺跡や伝承に詳しい。七尾市の北、七尾西湾に臨む瀬嵐《せらし》は、「古くから丸木舟を製作したことで知られている」とあり、半島中央部西海岸にある志賀町からかつて出土した丸木舟に触れている。郷土史家の記述（桜井甚一『旧福野潟の独木船遺跡』）を引用しつつ、「出土遺物は割竹楠単材の刳舟……、桜井氏は暖地性の巨木楠の使用から、古代にあって南方からの文化移入があったことを関連づけている。この楠の舟材で注目されるのは、旧福野潟周辺の志賀町で特に顕著に見られるタビの木の信仰であった。……同時に、能登におけるかつての刳舟の単材として、半島全域で広く使われていたのではなかろうか」としている。

ぼんやりとではあるが、「この楠の舟材」はクスノキではなく、「タビの木」ではないかと指摘している。

「タビ」は能登地方でタブを指す方名である。

郷土史家の藤平朝雄も、大伴家持が詠った能登の島山の木々について、「大伴家持がみた神やどる木が繁る能登の山々の木は、現在のスギやアテなどではありません。黒々と、こんもりと繁るタブノキなどの照葉樹林だったと思われます。……タブノキを、昔は船の材にも用いたのでしょう」（『町野今昔物語』）と記している。

タブを「タマ（魂）の木」と見て、「能登ではタマの木で多くの舟を作った。何か特別の役割をせおわせていたとも考えられる。……漁民は舟と死とタマ（魂）をどう捉えていたか重要な問題」（漆間元三）と指摘する研究者もある。

能登はいまも意外に照葉樹が多い。有名なアテ（アスナロ＝針葉樹）は、江戸時代に東北地方から持ち込んだと言われる。多い照葉樹の中では、クスノキより圧倒的にタブの方が目立つ。

また、この半島全域には、「タブノキを、私たちの先祖はまぎれもなく『神の木』とみていました」（『町野今昔物語』）と言い切るように、タブに対する並々ならぬ親しみと畏敬の念がある。能登の丸木舟に触れた幾つかの記述は、断言はしていないが、能登の丸木舟の材がタブであったということを強く示唆している。

前述したが、『万葉集』と同時代に編まれた『古事記』、『日本書紀』には「鳥之石楠船」、「天磐豫（予）樟船」の記述がある。家持が詠んだ能登の「舟木」がタブであれば、これらの舟の材がタブだった可能性は十分ある。

現在も船舶関連材として

船材としてのタブの利用は、昔ながらの丸木舟だけではない。その後もタブは重要な船材として使われてきた。とりわけ中国ではそのことが明らかである。中国の各種辞典や事典の「楠」の項には、宋・明代の書からの引用で、タブと船、水の関係を記したものが少なくない。中国の辞典類に記載している「楠」は、タブの仲間を総称する樹種である。

「江南では造船に皆、楠を使った」（『本草衍義』）、「（楠は）よく水に居す」（『本草綱目』）などとあり、「たとえ一隻の船が百金しても、これは香り高い楠で出来ているのだから」といった文章もある。宋・明代は、鄭和の大遠征に代表されるように、海外交易が盛んだった時代である。当然、造船も盛んで、タブ類（楠）は「船を造る木」として、広く認識されていた。

日本でも、古代から近世、近代に至る間、タブは船材として用いられてきたことは間違いないのだが、推測はできるものの、明確に記された資料を見つけられない。前述した屋久島や八重山の民話や民謡から、江戸時代にはタブが船材であったこと、また船板用として伐り出していたことなどがわかる程度である。江戸時代の船は、大事な書類などを保管する金庫（木箱）を備え付けていて、これは難破した時などのため、丈夫で水に強いタブで作ったという話もある。十分に想像できることだが、そのことを記した文献を見い出せない。

近代になると、タブが船舶関連材として使われていたことははっきりしている。戦前、戦後のしばらくの間、タブは船舶関連に用いられ、いまでもわずかながら使われている。

戦前にタブを船材として使っていたという話が島根県にある。出雲市で製材業を経営する松村泰寿さんは、「出雲では、タブの用途の一つとして船材向けが知られている。地元の造船所の話では、船のキール（竜骨）にクスノキやタブを使ったようだ」と言う。

やはり出雲市で工務店を営む大工の持田常吉さんによると、ここで言う船は、一帯の河川や湖で水運に使われた木造平底船だという。「長さが六、七メートル、幅が一メートルほど。底が平らで、タブはその竜骨に使ったらしい。これに荷を載せて川を上り下りするのだが、エンジンは付いておらず、上がる時は川岸から綱で引っ張った」と言う。水深が浅い川や湖に適した平底船の構造材に使ったということである。

前述した奄美大島の船大工・坪山さんの話からすると、こうしたキールは船の構造を支えると同時に、船底が水中の砂や泥と擦れて摩滅し、破損するのを防ぐ目的があった。南の島々のスギ材で造った船など

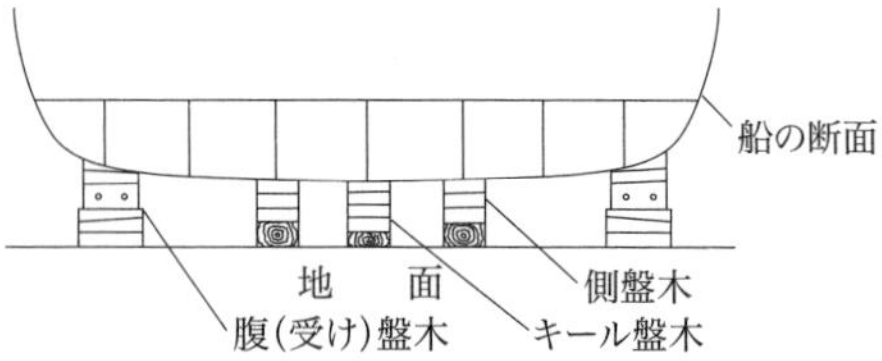

図3　造船所のドックで用いる盤木（日本小型船舶工業会「通信教育造船科講座テキスト」より）

は、砂浜に引き上げる時、砂とこすれるのを防ぐため、キールや船底の左右に堅いカシやマツを使った。舟の重心を保つ目的もあったという。出雲の平底舟のキールにタブを使ったというのも、同じような理由によるのであろう。

鹿児島・大隅半島の根占《ねじめ》に住む肥後隆志さんの家は、祖父、父の代まで地元で林業を営んでいた。伐採、出荷していた主要材の一つがタブで、「中でも戦後の用途としては、多くが船舶向けだった。貨物船の船倉などに使われたのではないでしょうか。たいへん儲かったように聞いている」と話す。

大隅半島のタブをたくさん扱った岩崎歳男さんもタブを船舶用に出荷したが、「船のエンジンを据え付ける台に使われた」と言う。タブが潮気に強く粘りがあって振動に耐えるからであろう。

現在、船舶関連でタブが使われているのは、造船所のドックで用いる「盤《ばん》木《ぎ》」（図3）や岸壁での「防舷材」である。

山口県下関市に艤装など船舶関連用木材を専門に扱う会社がある。ここの年配の担当者（一九三九年生まれ）は、船舶関連の木材の用途は減っているが、「甲板や内装を含め、木材が適した用途はまだあり、タブは現在も使われている木」と話す。

船はドックで造り、修理する。ドックの床部分はコンクリートだが、実際に船を載せる台の部分には船底を傷つけないため太い柱・板材を使う。ここに用いられるのが、ドック材とも呼ばれる盤木で、船を横たえるから「船のベッド」という表現もある。

重い船を支える盤木には弾力性が必要だし、潮水にも強く耐久性もなくてはいけない。「タブは圧縮強度があって盤木には最適」なのである。幾種類かの盤木があるが、とりわけ船底のキールの真下に置くキール盤木はタブなど堅い材が使われる。

「つい最近も大きな造船所から、タブを使ったドックの話があった」と言うが、現在ではこうしたドックに適した大きなタブを国内産で賄うことは難しく、東南アジアなどからの輸入材に頼っている。これは二〇一〇年ころの話である。

宮崎市にも盤木となる造船盤材を扱う専門の店があるが、いまはタブ製の盤木はなく、国産材だとアカガシ、シラカシ、イチイなど、そして東南アジアから輸入するアピトン材を使っている。

防舷材というのは、船が岸壁に接岸する時、船を傷つけないために岸壁の側面に張る緩衝材である。やはり潮水に強く、弾力のあるタブが適材とされてきた。船とのかかわりで言えば、京都・丹後の伊根町などの舟屋にタブが使われたのも、潮水に強い特性を活かしたものである。

タブの語源については、前述したように「タブ=丸木舟」説がある。韓国・慶尚道方言で丸木舟を「トン・バイ」と言い、これが「トンベ」→「タブ」に転訛したとする。この説の当否は別として、タブと船の縁を考えさせる話である。

丸木舟の時代から数千年、タブと船のかかわり合いは深い。

六　忘れられるタブ材

タブは優れた材だが、いま現在、一般論として言えば、多少、需要が残る建材や工芸材としても、また船材としてもほとんど知られていないし、高い評価を得ているわけでもない。

この背景には様々な理由があるのだろうが、何よりも材の流通や利用、加工技術の面で、地域性が強いことが挙げられよう。そして「これが同じ木とは思えない」と言われるほど、紅タブと白タブの質に大きな差があることも評価を難しくしてきたと思われる。

例えば、岡山県の巨樹について記した本には、タブについての酷評が載っている。県内のある地のタブの大木について、村人に尋ねると、『タブノキはカネにならない木だから残ったのだ。やわらかい木で薪にも炭にもならない馬鹿木だ』という答が返ってきた」（『岡山の巨樹』）という話である。

多分これは白タブだったのだろうが、まさに「ウドの大木」的で無用の長物扱いである。これが一個人の思い込みなのか、その地全体で言われていたのかはともかく、ここではタブはあまり役に立たない材だと思われていた。

実際、タブが多い九州でも、タブはシイ、カシなどの広葉樹と一緒にされ、「パルプ材、薪炭材という認識だった」という話もある。材としてはさほど高い評価をしない地もあったということである。

また、多少、タブを知っていて、「建築には使わないでしょう」と言う工務店主もいた。これは、タブは十分に乾燥させなくては反り、ひび割れるという「暴れる」性質があることを知っていて、建築には向かないというのである。

気難しく、手間のかかる木

こうした見方に対して、タブを大事にした人たちは、「よいタブの量が少なく、またそれを見極め、きちんと加工し、扱える人が少なかったためだ」と言う。

例えば岩崎歳男さんは、鹿児島など南九州でも、「よいタブは、そんなにたくさん出回らなかった。だから『よい建築材』と認識されるほどには至らなかった。木材関係者、大工にもそんなに知られていなかったのではないかと思う」と言う。

材を知る人も、タブを扱った人も少なく、タブが出回った地域も広くなく、流通量もさほど多くなかった。何よりも、実際にタブに触れ、伐り、挽き、削って、この材のよさや難しさを熟知した人は限られていたのだろう。戸床勝雄さんのように、ほとんどタブだけを専門に製材をしたような人は、鹿児島でも特異な存在だった。その戸床さんは、「大工でも、タブがいい木だと知っている大工だけがタブを使った」と言う。

紅タブは乾燥すると暴れやすく、うまく使うためには、加工する前に長い間、乾燥させる必要があった。しかし、乾燥させたタブは堅く重くなり、製材に手間と労力がかかったのと同様、鋸で挽くにも、鑿で刻むにも苦労をした。また、タブ独特のキラキラした木目は美しいが、渦を巻いて鉋をかけにくく、これまた手間がかかった。

「だから大工が、『ノミの刃が立たない、カンナで削れない』と往生した。ナンギ（難儀）して『大工が逃げよった』という話もあった」と戸床さんは言う。

前述したが、実際にタブを鋸で挽き、鉋で削った大工や木工家たちは、「電動工具のなかった時代は大変だった」「刃を研ぎ直しながらカンナをかけた」と、苦労ぶりを語っている。

戸床さんが言うように、タブは美しく丈夫で、捨てるところがなく、何にでも使えたから林業者、製材業者、大工の世界でも、「知る人の間では、非常に人気があり、大切にされた」。しかし、やや気難しく、複雑な性格を持ち、その材の優れた特性を引き出すには、材の知識と加工の手間や技術と根気が必要な木だったのである。

南九州でも少なく

現在、関東や関西の木材市場や材木店で、材としてのタブを見ることはほとんどない。京都・丹波の木材市場に出ていたことがあるが、これは白タブだった。セリに参加していた人たちの評価も高いわけではなく、価格もケヤキなどよりずっと安かった。

製材所や材木店の場合、意識して広葉樹をそろえているようなところでなくては、まずタブを目にすることなどはない。

良質のタブ材が少なくなってしまい、さらにそれを製材する機能、使いこなす大工技術、評価する施主・使用者がなければ、タブが流通市場や材木店で人々の前に姿を現すことは少なくなる。

二〇一〇年に樹齢五百年を超える紅タブを伐った出雲の松村泰寿さんは、「ここまで大きく立派なタブは最近では珍しい。しかし、これを注文してくれる材木屋も大工さんもないだろう」と話す。

かつてタブが多かった鹿児島、宮崎の市場や材木店でも、よいタブを見る機会は、年々、減っている。

鹿屋市の鹿児島銘木市場には大隅半島のタブ、イスノキ、アカガシなどが集まる（写真39）。しかし、場長の毛下《けおろし》勉さん（一九五〇年生まれ）が言うような「素性のよいタブ、よく年を拾ったタブ」が市場に出る日は少なくなっている。タブの出る量そのものが減っているし、「素直に育ち、よく年を経た紅タブ」となるとさらに少ないのである。

民俗学者の山本秀雄さんが屋久島に赴任し、「タブを扱う業者もたくさんあって、店の敷地や裏庭などにタブの丸太や挽いた材を積み上げていた」と言うのは一九七〇年代前半のこと。毛下さんは、「大隅半島でタブをよく伐り出していたのは八〇年代の半ばくらいまで」と言う。宮崎・都城の材木店でも、八〇年代くらいまでは、「タブを『二十本ひと山で幾ら』という取引があった」と話す。

大隅の製材所経営者は「以前は何千貫も扱っていた」と言うが、「いまは木材屋さんでも大工でも、若い人はタブなんか知らんでしょう。うちの若者なんかも、ほとんどタブを扱ったことはないのでは」と話したのは二〇〇〇年ごろのことである。

毛下さんが言うように、「たまにタブのような広葉樹材が出てきても、それを建材として使いこなす大工さんがいない。使う人がいないから、材も出てこない」。タブは既にこの負の循環にすっかり入っているのである。

写真39　鹿児島銘木市場（鹿屋市）には、タブ、カシなどが集まる

現代の人は、「ツゲ（の木）」と言われ「ツゲの櫛」という言葉は思い浮かべるかもしれないが、多くの人はそれを使ったこともなく実物も知らない。もちろん、その材をさわったことはなく、当然ながら、その木への関心は薄れ、樹木の名は忘れられていく。

タブも同じで、関心のあるわずかの人の記憶にとどめていくだけの材となっているのだろう。

第四章　〈料〉としてのタブノキ

一　タブ粉＝線香材料――枝葉の粘性を生かす

タブはその枝、葉、樹皮や実《み》も、様々な生活物資に欠かせない原料として広く利用されてきた。タブの方名に「センコタブ」「トーネリ」「トーモチ、モチノキ」などがある。これらの方言は九州から東北にかけて使われているのだが、それぞれ、「線香＝センコ」「紙料、粘剤＝ネリ」「鳥黐《とりもち》＝モチ」に用いられたことを示している。このほかにも、薬に用いられ、燃料となり、南の島々では染料に、また、時に食料ともなった。タブの原料としての優れた側面であり、タブの汎用性の高さを示している。

線香に最適な性質

事典などのタブの項には、「乾燥した葉や樹皮を粉にしたタブ粉が線香材料になる」とある。細い棒状、もしくは渦巻き状の線香を作るには、線香原料を成型して固めなければいけない。タブの樹皮や枝葉には、「アラビノキシランの一種」と言われる多糖類から成る粘性物質があって（『日本樹木誌・一』）、この粘性成分を含んだタブ粉が線香の材料であり、固める粘結材になる。

タブ粉は葉や樹皮を乾燥させ、細かく粉砕し、ふるいにかけて作る。きめ細かい薄い黄土色の粉末で、少しピンク色がかかったものもある。

製品としての線香は、幾つかの性質を備えていなくてはならない。例えば乾燥している時に、もろくてすぐに折れては困るし、燃えた後の灰が細かい粉になって飛び散ってもいけない。粘結材としてのタブ粉は、これらの条件を満たすのである。

いまも熊本・人吉でタブ粉を生産する人は、タブ粉もしくはタブ粉を使った線香の特長として、①粘土より粘りがあって、針のように細くなっても折れない、②乾燥しても変形しない、③火持ちがよい、④灰が重く、ポトリと下に落ち、粉になって飛ばない――などをあげる。

香料と混ぜても、タブ粉はそれらの香りの邪魔をしないというのも大きな長所である。香りを出すために沈香《じんこう》、白檀《びゃくだん》など高価な香料を用いるが、その香りを活かすには粘結材は無臭に近いものがよく、タブ粉が適しているのである。

細く成型できる、燃えた後の灰が飛ばないなどの特長は、タブの粘性だけでなく、タブの樹皮や葉の細かい繊維がからまることで生まれるとも言われる。「線香」は元々「繊香」と表わしたという説もある。

実際にタブ粉で線香を作ってみると、これらのことはよく実感できる。

「粘土より粘りがある」というのは、その通りである。水とタブ粉を混ぜ、練っていくと確かに強い粘りが出てくる。ただ、粘りという以上に、独特のゴムのような弾力が生まれてくる。だから細くも成型でき、折れにくいのだろう。そして、意外に早く乾燥し、乾燥しても変形しない。燃えた後の灰もポトリと落ちる。香料を混ぜていないタブ粉だけの線香は素朴なにおいである。

かつての必需品、各地で作られた

南九州や和歌山などでタブを話題にしていると、話がタブ粉に及び、「あの山ではこの間まで作っていた」「昔、タブ粉を作っていたという年寄りを知っている」といった話が出る。そしてタブ粉づくりは、山の奥深く入らない地域でも行われていた。例えば、神戸市の北に連なる六甲山系などである。

神戸市兵庫区の北に明治時代後期、烏原《からすわら》川をせき止めて作った烏原貯水池がある。貯水池だが、当時では最高の土木建築技術を駆使して建設した小型のダムである。

貯水池の堰付近の護岸は石積みで、そこに直径約五〇センチの丸い石が規則的に埋め込んである（写真40）。よく見ると表面がくぼんでいるのがわかるが、この石はかつてこの一帯でタブ粉を搗くのに用いていた石臼で、こんな石臼が一六〇個ほど並んでいる。貯水池の底には、建設前にここにあった烏原村が沈んでいる。並べた石臼は、水没した村とそこで営まれていたタブ粉づくりの記念である。

村で生産したタブ粉は品質がよく、特産品として全国から需要があったという。いまでも貯水池の周囲をカシ、ヤブニッケイ、クスノキなどの照葉樹が覆っているが、昔は周辺の山にもタブが多く、烏原川に水車を架けてタブ粉を生産したのである。

ここから東の住吉川や芦屋川辺りにかけては、かつてたくさんの水車が回っていた。多くは灘の酒米を精米するためだが、菜種油を絞り、タブ粉を搗くための水車もあった。六甲山系は御影石の産地でもあったから、それで作った石臼を使った。芦屋川の上流では住宅の石垣に、使われなくなった石臼を埋め込んでいる風景も見られる。

線香はしばらく前まで、日本人の生活必需品の一つであり、その線香生産に不可欠な原材料がタブ粉だ

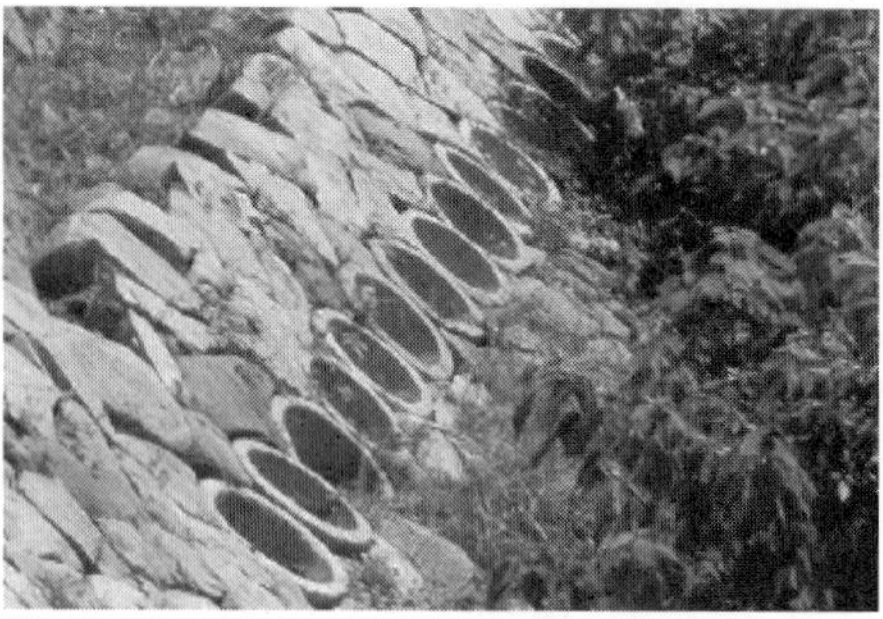

写真40　かつてタブ粉づくりに使われた石臼（神戸市の烏原貯水池）（神戸市水道局提供）

った。烏原のように、周辺にタブが生育し、山から流れ出る水で水車を回せるような地域では、日本中至る所、タブ粉を作っていたようである。九州各地のほか、和歌山や島根などもタブ粉の産地だった。

二〇〇六年ごろまで大阪・河内松原市に数少ないタブ粉専門の問屋・和香堂があった。もう亡くなったが、守内勇さん（一九三三年生まれ）は、大阪・道修町で生薬の仕事に携わった後、タブ粉を扱う仕事を始め、淡路島と並ぶ線香産地である堺の線香メーカーにタブ粉を供給していた。

「線香の粘結材としてはスギ粉も使われ、合成粘結材も多くなっている。しかし、やはりタブ粉が上質とされるし、高級な線香にはタブ粉を使う。線香には天然のタブ粉が一番。業界では、タブ粉を『のり粉』と呼んでいた。いま扱うのは、国産が三分の二くらい。昔は、大阪の千早赤阪村辺りでも水車を回してタブ粉を生産していたと聞いたことがある。私は鹿児島などの生産者から仕入れてきたが、生産現場は見たことがない。あとはタイ、インドネシアなどからの輸入品になる。いまでも国産のものを『本粉』と言い、輸入物を『シナ粉』と呼ぶ。『シナ粉』と呼ぶのは、かつて中国や台湾から輸入したからだろうか」

「線香は燃やしたら当然、煙が出る。ところが、いまの若い人はこの煙を嫌う人が多く、またマンションなどでは、においが染み付くのを嫌がるらしい。最近では、つなぎには煙の少ないヤシ殻活性炭や合成粘結材を使うことが増えている。タブ粉は減っていくのかもしれない」

京都・烏丸《からすま》にある線香製造の老舗・松栄堂では、前もって申し込めば、昔ながらの線香づくりを見学できる。

小麦粉のようにきめ細かいタブ粉を水と混ぜると粘りが出てくる。これに伽羅《きゃら》、白檀《びゃくだん》、沈香《じんこう》といった香木の粉末、また線香に色を着ける顔料を混ぜる。小さな穴から押し出し、乾燥させると線香になる。

かつて香は、「焚く」「聞く」ものであって、奈良・平安の時代には、香木の切片を焚いて香りを楽しんだ。これがいまのような線香の形になったのは、近世になってからである。堺市の線香工業会などによると、一六世紀末、堺の薬種商が韓国で製法を習い伝えたとされる。この時期から粘結材を用いて固めた形の線香が生まれたのだろう。

この技法の元が韓国なのか中国なのかはわからないが、タブもしくはその仲間は韓国、中国にも生育する。粘結材としてタブ粉を用いることも、この時に伝わったのだろう。

タブ粉は各地で生産され、線香生産に使われてきたが、二〇世紀に入って需要が急増する。相次ぐ戦争による多くの戦死者たちを弔うために線香需要が増えたし、蚊取り線香用に大量に必要とされたからである。一九世紀の末、除虫菊栽培と蚊取り線香製造が始まり、蚊取り線香は一気に全国に普及した。さらに東南アジア向けの重要な輸出品にもなったため、タブ粉需要も増えることとなった。

タブ粉で大儲けした人

タブに関心を持ち始めてしばらくして、実に身近で親しい人がタブ粉づくりに携わっていたことがわかった。この奇妙な「タブの縁」には、お互いが驚いた。

故鷲野隆之さん（一九二七年生まれ）は、行動力抜群の実業家で、関西で繊維や食品の分野で様々なビジネスを手掛けていた。彼が亡くなる数年前、話がたまたま森林や木材に及んだことがあった。彼とこんな話をしたのは初めてだったが、意外なことに、九州の森林や照葉樹について実に詳しく、なんとタブをよく知っていた。彼は若い時に九州で線香の原料、つまりタブ粉を作っていて、「南九州の山は、いやというほど歩いた。しかし、よう儲けさせてもろうた」と言うのである。

この時、タブが話題になると、彼は少し興奮気味に、「……そうか、タブの木、知ってるか。漢字、知ってるか。木偏に『府』って書くんや。ほんまに何十年ぶりやろ。『タブ粉』なんちゅう言葉、使うたんは。そうや、私はそのタブ粉を作ってましたんや」と言いながら、タブ粉作りの話をしてくれた。

自分の親しい人間がタブにかかわっていたことを知って驚き、また愉快でもあった。以下は、彼のタブ粉づくりの話である。

蚊取り線香用のタブ粉を生産

彼がタブ粉の工場を作ったのは昭和三一年（一九五六年）である。場所は熊本県・水俣の南にある袋（現水俣市袋）で、もう鹿児島県との県境に近い。ＪＲ鹿児島本線で水俣の一つ南に「袋」という駅があって、工場はこの駅のすぐそばにあった。

「確か、駅は無人駅だった。食事のおかずは毎日、魚。貧しい時代だったし、当時、この辺りでは魚の方が米より安かった。しかし、あのころ水俣では水銀がタレ流されていた。毎日、魚を食べて、よく水俣病にならなかったものだと思う」と言う。

戦後まで一〇年ほどの時代で、この頃、日本の輸出品と言えば繊維製品や雑貨類が主なものだった。その雑貨の中で有力な商品が蚊取り線香で、東南アジアのほか北米にも輸出していた。

日本の蚊取り線香の一大生産地は和歌山である。かつて和歌山が除虫菊の産地だったからである。当時、すでに和歌山での除虫菊の生産はわずかなもので、ケニアなどからこの花弁を輸入していたが、蚊取り線香工場は幾つもあり、生産は盛んだった。普通の線香も作っていたが、「九〇〜九五％を占めていたのは蚊取り線香」だった。

当時の大手商社の一つがこの蚊取り線香を多く取り扱い、その輸出増を図った。しかし、蚊取り線香生産には、つなぎの役目をする粘結材のタブ粉が欠かせない。輸出のための蚊取り線香増産には、まずタブ粉の大量・安定生産が不可欠で、この商社は自らタブ粉の生産に乗り出そうとした。

当時、タブ粉生産は各地で行われたが、やはり中心はタブの多い九州だった。南九州で林業に携わってきた泉林業（人吉市）の泉忠義さんは、「タブが多かった熊本県の南から鹿児島県、宮崎県にかけての一帯では、山の中の川に水車を架けてタブ粉を作る人たちがたくさんいた」と言う。

鷲野さんによると、当時、九州でのタブ粉づくりは、「ほとんどをこうした山村民に頼っていた」。原料となるタブの樹皮や葉は山の中に入らないと採れないから、昔からタブ粉作りは山の民の仕事だったのである。地元では、山の民を「『山衆（やまんしゅう）』と呼んでいた」そうである。

樹皮、葉を乾かし粉砕して粉にする。粉砕するには川の流れで回す水車を利用した。「この水車は組み立て式で、持ち運んで移動ができる、よく出来たものだった」。山の人々の話だと、こうしたタブ粉作りは江戸時代からやっていて、かつては熊本でも蚊取り線香を生産していたということである。

ところが、この方法はお天気頼みである。好天が続き山中の谷川の水量が落ちると、水車が回らずタブ粉作りは止まってしまう。地域の需要だけを賄うのであれば、こんな昔ながらの生産法でよかったが、輸出のための蚊取り線香増産には、タブ粉の大量安定生産が欠かせない。この商社はそのための本格的な工場を建設しようとした。

工場は出来るとしても、原料の採集や生産に携わる大勢の山の人たちを集め、束ねていかなくてはならない。鷲野さんは、「こんなことは誰もやったことがないし、商社の中にやれそうな人間もいない。この話が私に舞い込んできたのだ」と言う。

水俣の袋に用地を確保、商社が工場を建設、彼が運営を引き受けた。正確に言えばタブ粉とスギ（杉）粉の生産工場だったが、とにかくタブ粉生産が最大の目的だった。

タブ粉は樹皮から採るのが一番よいが、葉からも採れる。葉でもクスノキの三〜四倍の粘性があるという。樹皮を採ってしまうと、木そのものがダメになるが、葉であれば再び繁るから葉を主要原料とした。竹竿の先に鋏を付け、手元のヒモを引いて枝を切る道具を作った。

何よりもタブの枝葉を集めるのが最大の仕事である。それにはタブの木を見つけなくてはならない。スギ粉のための杉の葉は、植林した杉山があるから一か所で効率よく集まるが、タブは自然にあるのを見つけなくてはいけない。タブという木は密集して生育しているのではなく、点在している。鷲野さんは、タブの木を見つけるため、南九州の山々を走り回った。鹿児島県の熊本県境に近い大口、吉松から宮崎県の小林、都城、綾にかけて、えびの高原、霧島高原一帯をトラックで往来した。

綾《あや》町（宮崎県）は照葉樹の多いところで、タブがたくさんあった。ここで鷲野さんは、後に綾町の町長になり、地域興しや照葉樹林保護に熱心だった故郷田実さんに会っている。「郷田さんは、当時はまだ農協の職員だった。変わってもいたが、飛び抜けて優秀だった。タブの葉の採取にも理解を示してくれた」

と言う。

タブの木は、トラックで走りながら双眼鏡で探す。木が見つかっても、そこまでの道がないこともしばしばだった。道路がなくなればトラックを降りて歩き、道がなくなれば雑木や笹藪の中にわけ入った。この地域のほとんどが国有林だったが、「組合などに挨拶の焼酎を持っていけば、タブの葉はタダで集めることができた」。

山村民を束ね、大量生産

苦労したのは、山中からの搬出だった。採ったところからワイヤーを何本も張って滑車を下げ、これに葉を詰めた俵をぶら下げ、下まで降ろしてくる。これを熊本・袋の工場に集めた。

工場では、まず天日で乾燥させる。乾燥は電気乾燥も試みたがダメだった。粉砕にはミキサーを使うことも考えたが、「タブにあるねばりのせいで」これもうまくいかなかった。

餅つきの臼より少し小ぶりの石臼を並べ、ここに乾燥したタブの葉を入れ、上からシャフトを回しながら杵でついて葉を粉砕した。この臼を二〇ほど四列に並べ、一人が五つくらいを管理していた。一日足らずで細かい粉になった。

ただし、臼をついている時、中に小石などが混じっていると、石の摩擦で発火する。細かい粉塵にあっという間に引火して火災になる。粉砕には細心の注意が必要だった。タブの葉は青いが、乾燥させて出来上がった粉は茶色。これを箕《み》でふるって二〇〜二五キロの袋詰めにした。

工場では最盛期には百人以上が働いていた。ほとんどが「山衆」で、山に入ってのタブの葉採取が仕事だった。「彼らには『一貫目幾ら』の出来高払い。工場の人間には一日、二七〇〇円〜三〇〇〇円くらいの日当だったと記憶している」と話す。

鷲野さんの生産したタブ粉は、たちまち国内の他のタブ粉を駆逐してしまった。「なにしろ品質がよかったし、安定供給できるのが強みだった」。当時、国内には南州香、ライオン香、タイガー香といった蚊取り線香の大手があり、そのすべてに供給した。最大手の金鳥は、当初は条件面で折り合わず、取引はなかったが、やがて使うようになった。「この一時期、国内のタブ粉生産では、私が最も大きかったのではないか」と話す。

現金の入金を確認して、製品を送るという強気の商売だった。タブ粉は水俣から和歌山まで貨車で送った。粉を濡らさないために貨車は有蓋貨車でなくてはならず、この貨車を確保するのに苦労したという。

彼はこのタブ事業で大儲けをしたのである。原料のタブの葉はタダ同然で、生産が軌道に乗った最盛期には、「月に百万円くらいの利益があったように思う。現在の価値だと数千万円になるのではないか。金額をよく覚えていないのは、数えもせず、ただ遊ぶのにつかってしまったからだ」と話した。

合成除虫剤の開発や、東南アジアでの生産が盛んになり、蚊取り線香の輸出は一九六〇年代の半ばころから急に減り始める。この工場は昭和四二年（一九六七年）ごろに閉めた。

九州に残るタブ粉作り

鷲野さんがタブ粉づくりをしていた水俣から、北東に山を越えると球磨《くま》地方である。この地方は昔からタブ粉づくりが盛んな地で、三、四〇年前までは谷川に近い所ではタブ粉づくりの水車がたくさん回っていたようである。

かつてのこの地のことを記した本には、「球磨村一勝地の谷間を登り始めて、もう一時間もたったでしょうか。カギ型家のワラ屋根をなつかしく見ていると、かすかなリズムをもった水音がきこえるのです。暫くすると大きい水車があって勢いよく回っているのです。まわりにタブの小枝がうず高く積まれて、どうやら、タブを粉にする製粉工場のようです。タブ独特の香りが一帯に漂っていました」(『球磨の植物民俗誌』)とある。

ここに出てくる一勝地《いっしょうち》は人吉の西にあり、JR肥薩線の駅がある。この本に出てくる工場と同じかどうかはわからないが、今も一勝地には、木下製粉所というタブ粉を作る工場がある。

創業は大正の初め、タブ粉づくりを始めてほぼ百年である。「昔は幅広くやっていたが……。今は熊本でもタブ粉を作っているのはウチ一軒のみ。九州でもほかにはほとんどないのではないか」と言う。「これは私たちの家業。昔ながらのやり方で作っています。でも、都会の人などには気の及ばない仕事でわからないでしょうね。見えない仕事です」と話す。

宮崎県の南西に高原町《たかはる》がある。町の西南、高千穂峰の麓に縄文時代の椨粉山《たぶこやま》遺跡がある。名の通り、かつてここではタブ粉を作っていた。戦前にはこの椨粉山と呼んだ山でタブを伐り、そこにタブ粉工場もあった。いまはその山も崩されて田畑になり、「椨粉山」の名も消え、タブ粉を作っていたという話が残っているだけである。

町役場の文化関係担当者は、「地元でも『椨粉山』と言ってわかるのは七〇歳以上の人でしょう。遺跡が発掘された時、昔、ここに椨粉山があったことの記念にその名をつけた」と言う。

人吉から高原にかけての一帯は、鷲野さんがかつてトラックで駆け回った地域である。その時代は、日本のタブ粉づくりが最後の輝きを見せた時なのであろう。彼は南九州のタブ粉産業の掉尾《とうび》を飾った一人かもしれない。

「馬場水車場」、今も水車でタブ粉生産

戦後二〇年ほどまで、各地で行われていたタブ粉生産は合成粘結材の使用や国内生産者の減少で急速に消えていく。そしていまの時代、水車によるタブ粉作りなどは消滅していると思っていたら、福岡県にいまも水車でタブ粉を作っている人がいた。福岡県八女市上陽町の馬場猛さん（一九四八年生まれ）である。八女の市街地から北東の山あいに十数キロ入ると、横山川に沿って馬場さんの自宅と水車小屋、線香粉作りの作業場「馬場水車場」がある。以前の名刺には「線香原料製造元　杉粉・タブ粉・皮粉」とあって、タブ粉・杉粉の製造だけだったが、いまは自ら生産したタブ粉・スギ粉による線香づくりも始め、販売している（写真41）。

直径五・五メートルの水車を自宅裏の山から落ちてくる幅七、八〇センチの水の流れで回す。水車は想像以上に早いスピードで回る。四月から十二月くらいがよく回る時期で、夏の水量の多い時は十馬力ほどが出る。水の少ない時にはモーターの力を借りる。この水車が稼動を始めたのは一九一八年。地区の有志が出資して水車場を作り、後に馬場さんの父が水車場を買い受けた。

生産しているのはタブ粉とスギ粉だが、この時はスギ粉を生産していた。まずスギ、タブの枝葉、樹皮を乾燥、これを三〜五センチのチップ状に小さく切る。これをさらに乾燥室を通して、飼い葉桶のような細長い木枠の中に送り込む（図4）。水車の軸と連動している十数本の杵でそれを搗いて粉にする（写真42）。ほぼ一日近く搗き続けてタブ粉、スギ粉ができる。これをふるいにかけ、目の細かいものだけを袋に詰める。馬場さんの線香粉は、久留米の問屋を通じて関西の淡路島、堺などの線香メーカーに出荷している。多い年は一〇トンくらい生産できるが、水量によっても左右される。

原料になるスギやタブは、どちらも周辺の山に生育しているものを使う。かつてこの地域では炭焼きが盛んで、その材料の一つがタブだった。炭焼きの時に不要になった枝葉、樹皮がタブ粉の原料になった。炭焼きの人に頼み、枝葉、樹皮を集めてもらった。

五、六月から九月くらいがタブ粉づくり、それからはスギ粉になる。以前はタブ粉の方が多かったが、いまではスギ粉の方が多くなっている。タブの木が減ってしまったし、最近はスギの葉でさえ、山の間伐などの手入れがおろそかになり、思うように集まらないことがある。

かつて横山川上流には鉱山があり、鉱山全盛時には山での労働者も多かった。米を搗くのにも水車を用いたから、線香粉づくり用も含め、この流域で七〇以上の水車が回っていた。線香粉も最盛期には年間一

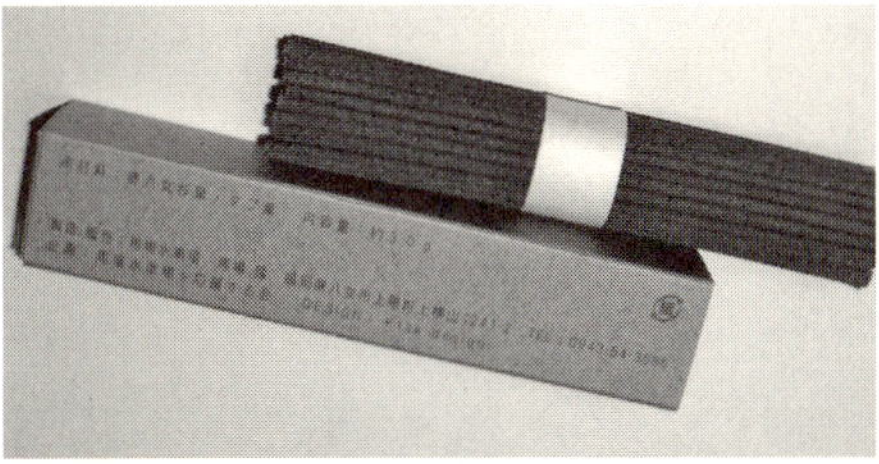

写真41　馬場水車場で製造しているタブ粉の線香

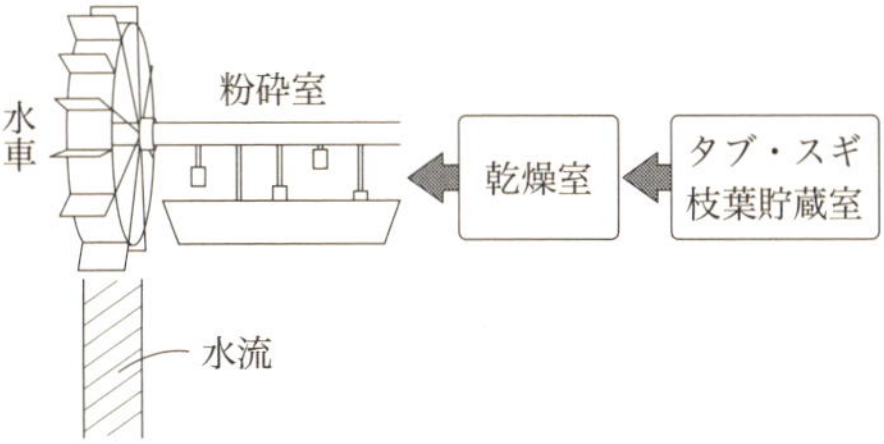

図４　馬場水車場でのタブ粉生産工程

写真42　水車の力で杵を上下させてタブの枝葉を搗く

○○～二○○○トンを出荷した。

水車は一年中、回り続けるが、大雨の時などは水量の調節が大変である。夜も水を見廻り、水路に流されてくる土砂や木の枝葉を取り除く。これが詰まると、小屋や作業場辺りが水びたしになる。

訪れた時に回っていたのは、昭和六二年（一九八七年）に馬場さんが作った水車。水車小屋にはこれを作った久留米の水車職人の名も記してある。しかし、水車の羽根は一部が朽ち欠け、「あと四、五年のうちにはダメになるだろう」と話していた。

この時から馬場さんは今の新しい水車作成の準備をしていて、庭先には、根元の直径が四○センチほどある曲がったスギが置いてあった。水車の外周の曲面を作るには、曲がった材が必要。「でも、水車を作ろうと思って、すぐに曲がった材が手に入るものではない」から、適した材があれば、それを取り置き、乾燥させていた。そして、二○○八年、それまでとほぼ同じ大きさの新しい水車を作った。

この四年後の七月、八女地方は大型台風に襲われ、水車も製粉場も山からの土砂に埋まった。一時、仕事を諦めかけた馬場さんだが、水車を修理、土砂を片付け、また水車を回している。かつて流域一帯で七、八台の水車が回っていたが、この水害により、「水車を回す人は、わずか二軒に減ってしまった」と言う。

馬場さんは生まれた時から、家の水車の音を聞いて育った。水車は仕事の伴侶であり、馬場さんには古くからの製法で伝統的な線香の粉をつくっていることへの誇りがある。

タブの葉に生活を助けてもらった話

いまや国内でのタブ粉生産は微々たるものだが、かつては日本各地で、小さくはあっても重要な地場産業であり、それらの地ではタブは貴重な換金植物だった。南西諸島の動植物などについて記した『南島の自然誌』は、これら島々の換金植物として「線香の材料となるテリハボクやホソバタブの樹皮、紙の材料となるアオガンピの樹皮、パナマ帽の材料となるアダンの葉など」をあげている。

奄美大島の船大工の坪山豊さんは、船材としてのタブの話をしながら、まさにこの本に記されているようなことを語った。昔、島では換金できる植物というのは、タブの枝葉とソテツの葉、そして紙の原料となる木だったという。これは「樹皮をはいで紙の材料になった」と言うから、本の記述にあるアオガンピかもしれない。

その中で、「私にとってタブが、『恩ある木、恩木《おんぎ》です』」と坪山さんは話す。小さいころ家が貧しく、毎日のようにタブの枝葉を取り、これを集めて売ることで生活を支えたのだと言う。

「私が小さいころ、もう父はおらず、母と兄弟だけだった。母は大島紬の染めの仕事をしていたが、生活は大変だった。私は七歳くらいのころから、タブの葉採取が日課だった。タブの葉が売れたからです。学校から帰ると、午後からは母とタブの葉を取りに出かけた。私が木に登り、タブの枝葉を落とし、母が拾い集めた。とりわけ、海岸近くのタブがよく葉を繁らせていたように思う」

ソテツの葉も換金作物だったが、これらは勝手に採ることは出来なかった。タブの枝葉は自由に採ることができたし、タブの生育は旺盛ですぐに枝葉を繁らせた。

「島には、タブの枝葉を集めて本土に売る仲買人のような人がいて、この人に売った。最初のころは、何にするのかわからなかったが、二、三年して、線香作りに使うこと、タブは高級な線香の材料になることを知った。このタブの葉採取は、子供の小遣い稼ぎのようなものではなかった。一か月でそこそこまとまった金額になり、間違いなく生活を支えてもらった。だから、私にはタブは〈恩木〉です」

現在ではこれらの島々でも、タブ粉作りの話は聞かれない。その一つ、沖縄県八重山の森林組合では、「この辺りでタブ粉づくりが盛んだったのは戦前まで。白タブが原料だった。戦後しばらくまで少し生産していたが、もうない。タブ粉は香料として使った」と言う。タブ粉は貴重だったということだろう。

沖縄ではいまでも、日常生活の中でよく線香を使う。独特の色の黒い板香で、平線香とも言う。この製造には炭の粉と粘結剤としてデンプンやタブ粉を使う。沖縄の線香メーカーでは「タブ粉を使うこともある。でも多くは、台湾や東南アジアからの輸入品」と言う。

「タブ粉は東南アジアから」と言うように、いま国内のタブ粉需要を賄っているのはラオス、ミャンマーなど東南アジアからの輸入品である。

ラオスでの生産の様子を、この地域の森林でフィールドワークを行ってきた研究者（横山智・名古屋大学大学院准教授）は、「ラオスでのタブの樹皮採取は、水田脇などにタブを植林し、樹皮の三分の一だけを採り木を枯らさないよう持続的な利用法をしていた。タブの樹皮採取は彼らの生活に欠かせない収入源になっている」（中日新聞、二〇一〇年八月一八日付）と記している。東南アジアからの輸入は年間四〜五〇〇〇トンになるという。

かつての日本のタブ粉づくりが、主に枝葉を使い、循環的な利用を成立させていたのと同じやり方である。輸入するタブ粉に、間違いなくこのラオスの村のものも含まれているのであろう。日本の山々で、タブ利用の一つとしてタブ粉を生産し、山の小さな産業として成り立たせていたように、いまも東南アジアの山の民が、地域産業としてタブ粉作りを行っている。

台湾のタブ粉と線香

線香製造の起源は中国だろうが、それが朝鮮半島を経て日本に伝わったのと同じく、ある時期には台湾にも伝わっていた。台湾にもタブ粉・線香づくりの歴史があり、線香産業がいまも残っている。台湾の印象的な風景の一つが、寺廟のにぎわいである。各地で大きな寺廟の一帯に足を踏み入れると、線香の香り、煙が漂ってくる。参拝する老若男女は、誰もが長くて太い線香を束にして手にしている（写真43)。拝殿の入り口には、蚊取り線香を巨大にした渦巻き状の香がぶら下がっていることもある。寺廟だけではない。夜、下町の住宅街などを歩いていると、しばしば家々から線香の香りが漂ってくる。

戦前の台湾の生活、商業などの様子を丹念に記述した『池田敏雄台湾民俗著作集』によると、台湾では寺廟への参拝を「進香」、参拝者を「香客」、祖先の祭祀を「香煙」と言うそうである。線香は祭祀、参拝には欠かせないものであり、台湾の人々の日常生活に根付いてきた。

全島にタブ類が繁る台湾ではタブ粉づくりが盛んで、百年前の台湾の線香製造の様子が『台湾線香製造業調査』（一九一〇年）に記されている。

タブ粉を「楠香」「楠香粉」と呼び、楠仔（タブ）の樹皮を乾燥して、「水車若クハ手搗ノ石臼ニテ搗キ砕クカ将タ製油所若クハ製紙所ニ用ウル牛磨車ヲ以テ磨砕シテ細粉トナス」とある。やはり水車を回して搗き砕くか、牛に引かせて石臼でソバ粉をひくようにタブの枝葉を粉砕したのであろう。

台湾では山間部の各地、「宜蘭、金包里、新竹及苗栗ノ山間、東勢角、林北埔、竹頭崎等ノ山奥ニテ製造」した。一方、「輸入品（中国本土産）ハ多ク漳州産ニシテ本島品ニ比スレバ品質極メテ良好ナルモノトス」とある。台湾で盛んに生産しつつも、大陸（中国）産の方が品質がよく、高級品として輸入もしていた。

『台湾有用樹木誌』（一九一八年）には、台湾県北部で、タブ粉作りのため樹皮を乱獲し、タブが減って

写真43　台湾では参拝・祭祀に欠かせない線香（参拝客でにぎわう台北の行天宮）

いるという話が載っている。ある産地では、タブの樹皮が大量にはぎ取られるため、原料のタブが枯れてなくなっている。一八三〇年ごろには数十軒あったタブ粉製造所も、タブ粉生産も、一九一〇年代には激減していて、著者は「(原料の) 採集法を改良し何等かの保護を講ずることは最も必要」と言っている。

一九世紀半ば、台湾ではタブ粉生産が大きな地場産業であったことや、これに伴い大量のタブが原料として使われ、伐られ、枯れるといった状況も生じていたことがわかる。

池田敏雄によると、台湾の線香の形状は主に「竹の芯のあるもの、線状に固めたもの、渦巻形になった香環の三種」である。製造法も詳しく説明している。「原料には宜蘭方面より仕入れる楠香粉が主として使われ」とあって、これに香料としての沈香や安息香などを加え、廉価なものは木炭粉を混ぜるとある。大きな香環となると、消えるまで数日かかった。

竹の芯のある線香は、竹芯香と呼ばれた。竹をヒゴのように細く割った三〇センチ～一メートルの竹枝（竹芯）の三分の二ほどに附着料を着け、これをタブ粉の入った壺に入れて粉を付けた。手馴れた職人になると、一度にたくさんの竹芯をたばねてさしこみ、これに均等に香粉をまぶしかけた。タブ粉（香粉）をまぶすため、竹の芯の束を上下させる様子を「掄《ろん》紙扇」と呼んだ。

いまは台湾でも線香生産は機械化されていて、こんな手工業的線香製造は珍しくなっているのだろう。台湾の雑誌に、「消えゆく産業（夕陽工業）」の一つとして、この手作業による線香製造の店を紹介した一文がある。台南市にある老舗「呉萬春香店」の様子で、店主は、このタブ粉を均等に附着させるため、熟練を必要とするのが「掄紙扇」と呼ばれる作業であると話している。

「掄《ろん》」という字には「選ぶ、貫く、振る」といった意味がある。竹材に均等にタブ粉を着けるのに、竹の束を扇のように広げてタブ粉の壺に入れ、上下に振りながら粉を付ける。この動作を「掄紙扇」と名付けたのだろう。

二〇一一年一月にNHKテレビで、台湾の中部、西海岸の港町・鹿港を訪ねた番組があった。鹿港は寺の多い町である。そのせいか、街の一角にいまも昔ながらの線香製造店が残っていて、番組ではその店を訪ねていた。ここでは職人が細く割った竹を扇のように広げ、タブ粉を付けていた。まさに「掄紙扇」の作業だった。

二　紙料・薬・染料・釉薬として――古くからの原料

タブの枝葉、樹皮に含まれている粘性成分は和紙づくりにも利用された。

西洋の製紙法とは異なり、東洋では植物繊維をほぐして水に浮かべ、整えて紙にする「漉《す》く」という技術で紙を作ってきた。中でも日本では、簀《す》を前後左右に揺すって繊維をからみ合わせる「流し漉き」と呼ばれる独特の方法を生み出した。

粘性は和紙の紙料に

紙を漉く時、水中でほぐれた繊維が固まり、また沈下するのを防ぎ、繊維の配列を整えつつ繊維を絡めなくてはいけない。この機能を果たすのが「ネリ」、または「紙料」「紙薬」「紙糊」「粘剤」などと呼ばれる粘液である。紙づくりには不可欠で、植物から採った粘質物を水に混ぜて作る。紙の強度を増し、光沢を出す働きもする。この粘質物は、様々な植物に多少とも含まれる複合多糖類である。

例えば、この粘性が強いサネカズラは、「古事記にも出てくる。根をつぶして粘液を採る」（『和紙の道しるべ』）とあるように、和紙づくりには古代から利用されてきた。平安時代初期に始まった流し漉きには、ネリ用植物としてサネカズラ、ニレが使われ、「中世にはノリウツギを用い始め、よく利用されるトロロアオイは一七世紀になって入ってきた」という。

ネリは一種類ではなく、ヒガンバナ（マンジュシャゲ）、アオギリ、ヤマコウバシ、スイセン、スミレなど、各地でネリになる手に入りやすい植物を選んで使った。

タブもネリの主要原料の一つだった。高知、愛媛、鳥取、山口、岡山などには、タブを「ドーネリ」「トーネリ」「ハネリ」と呼ぶ方名がある。これらの地域では、タブが紙漉きのネリとして用いられていたことを示している。

鳥取県の西部、大山の北東山麓の琴浦町上法万《かみほうまん》に、樹齢三百年以上の大きなタブがある。地元では「上法万のはねり」と呼んでいる。この「はねり」の「ねり」も、「ドーネリ」などの「ネリ」と同じで、製紙の時に用いられた紙料を指すのであろう。「はねり」は「葉ネリ」かもしれない。

鳥取県では県東部・因幡《いなば》で生産されてきた因州和紙が有名だが、西部の伯耆《ほうき》も一〇世紀ごろには因幡と並んで和紙作りが盛んだった。タブを「ハネリ」と呼ぶのは、この地でタブが古くから製紙原料として使われてきたことを示している。

『和紙の源流』は、米国の紙史研究家がベトナムのハノイ北東にある伝統的な手すき紙製造を残す村を訪れた話を紹介している。ここでは原料にコウゾを、紙料としては「ガオノー」と呼ぶものを用いていており、ガオノーは「タブノキに似た地元の樹皮を削ったものである」と記している。

タブは、材そのものがパルプ材、製紙原料としても使われた。日本で洋紙生産の主原料として国産広葉樹を用いたのは一九五〇年から七〇年くらいまでのわずかな時期で、それまで薪炭材として使われてきたような広葉樹が対象となった。

具体的にタブを洋紙原料としたという記述は見つけられないが、かつて鹿児島県や熊本県で林業に携わった人たちの話の中に、カシ、シイ、クヌギ類、タブなどを製紙メーカー向けにたくさん伐ったという話が出てくる。鹿児島、宮崎などの林業や木炭業の資料にも、戦後、南九州の広葉樹を製紙原料として大量に伐ったという記述がある。もちろん、この中にタブも入っている。タブは紙と縁のある木である。

整髪料、トリモチの原料にも

タブの粘性は整髪料やトリモチにも利用された。

台湾では古くからタブ属の木から採った整髪料が使われており、戦前にはタブを原料にした整髪料を開発し、日本本土に輸出していた。

『台湾風俗誌』（一九二一年）には、「香楠は樟科植物に属するものにして其樹皮を採り、極めて薄く紙状に削り、之を水に浸すときは粘液を生ず、此粘液を採りて婦人の頭髪に塗るは光沢ありて我が『鬢附』と同一効用をなす、而して亦油質なきを以て健康上に利あり又『落鼻楠（ロクビィラム）』其他同科樹木の外皮よりも之を製するを得、土人既製品を粘柴と云ふ」とある。

香楠はタブの仲間の木であり、その他のタブ属の木からも粘液が採れた。タブ属の樹皮を薄く削った薄片を「粘柴」と呼び、これを水もしくは熱湯に浸し、生じた粘液を毛髪のくせ毛直しなどに使った。戦前には台湾の特産品として「ビナンカズラ（美男蔓）」と呼ばれた整髪料があり、これを日本に輸出していた。液状だったのか粉状だったのかはわからない。

古くからサネカズラの茎から採った粘液は整髪料として使われ、「江戸時代にその粘液を男子の整髪料にしたので美男葛と呼ばれるようになった」（『和紙の道しるべ』）。サネカズラの別名が「ビナンカズラ」となった所以である。これにあやかって、台湾でタブから作った整髪料の名にも「ビナンカズラ」の名を付けたのだろう。

『台湾有用樹木誌』によると、このタブ属から作った整髪料は台湾でも生産するが、主に中国・広東地域から輸入し、広東では「刨花《ほうか》」と呼んだ。刨花楠という木があるともいう。

また同書には、沖縄の一地域ではタブの葉を「壁土に混入することあり」とも記しているが、波照間島では、海浜で草に寄生するツル草であるスナズルとタブの葉を「一緒に石灰に混ぜて漆喰としていた」（『南島の自然誌』）との記述もある。タブの粘性は強く、漆喰や壁土のつなぎとなり、強度を増したのである。

タブの粘性を活かしてトリモチも作った。鳥を獲る「鳥刺し」のためで、ハエ取り紙にも使われた。トリモチの原料として知られるのは、モチノキ属のモチノキ、クロガネモチノキ、ソヨゴやヤマグルマ、ガマズミである。東日本では主にモチノキ、西日本ではヤマグルマ、クロガネモチノキを用いた。粘性ではこれらに劣ったが、タブからもトリモチを作った。

いま私たちは、「モチ」と言えば、食べる「餅」を思い浮かべるが、元来の「モチ」はトリモチの「モチ」であり、「黐」の字であったと言われる。

山形県などでは本物のモチノキがあるにもかかわらず、タブを「モチノキ」と呼んでいる。ヤマグルマを「モチノキ」と呼ぶ地域もある。トリモチで鳥を獲ることは太古の時代からあって、山の人々にとっては慣れ親しんだ営みだったに違いない。粘りある「モチ」が採れる木は「モチノキ」と呼んだのである。

五、六月にモチノキなどの樹皮をはぎ、秋まで水につけて不要な木質を除く。これを臼で搗いて、水で洗うとトリモチが出来る。モチノキで作ったモチの粘性が強く、高級品とされたようである。

「鳥さしに使うもちは、この辺では、白もち、赤もち、青もちの三つがあった。何れも店屋で売っていた。鳥をさすには白もちか赤もちを用いた。店屋では、二枚の笹の葉で、だんごまきのようにして、もちを包んで、水の中に入れて売っていた。……地元の人は、タブノキの若い葉を使って作ると言っていますが、樹皮をはいで乾燥して粉末にしたものに水を加えると、より粘りつくようになるといわれています」（『樹木の伝説』）。

これは山形県で育った人のトリモチの思い出話だが、和歌山県で育った人も、子供の頃のトリモチづくりを、「モチノキの樹皮をはぎ、外皮をのぞき水につけて腐らし、ついて砕いて水で洗うと赤褐色をしたゴム状のモチが残る」（『木偏百樹』）と記している。

写真44　紀三井寺（和歌山市）の霊木「応同樹」

古くから薬として

和歌山市南部にある紀三井寺の石段を少し上がると、左側にさほど太くはないタブが一本立っている。「応同樹」と名付けられたタブで、これは紀三井寺で「霊木」とされてきた（写真44）。唐から渡ってきてこの寺を開いた為光《いこう》上人が竜宮に説法に赴き、そのお礼に竜神から贈られた宝物の一つが、このタブであったという。

応同樹が宝物だったのは、その薬効による。この葉を煎じるほか、葉を浮かべた水を飲み、また葉を首から懸ければ、病に応じて薬となるという言い伝えがあり、これが「応同」の名の由来である。

タブは漢方薬としても認められている。戦前に書かれたという赤松金芳の大著『新訂　和漢薬』には「楠（ナン）」として記載している。古い和名として「久須乃岐」「久須乃木」「南蛮久須」とあるが、学名は「Machilus Thunbergii, s. et z.（タブノキ）」と記しているから、間違いなくタブのことである。

樹幹、樹皮、種子、どれにも以下のような薬効があるとしている。

樹幹（楠材）＝霍乱、転筋、足腫、水腫、心張腹痛、聤耳
樹皮（枏木皮、楠皮）＝霍乱、吐瀉、小児吐乳
種子（楠子）＝小児白禿瘡

霍乱《かくらん》は本来、日射病のことであるが、夏に生じやすい激しい吐き気、下痢を伴ったりする急性胃炎などをさす。転筋は筋肉のけいれん・痛み、足腫、水腫は足や皮膚の腫れ、むくみなど。心張腹痛は食あたり

などとは別の腹痛、聤耳は耳ダレ。吐瀉は嘔吐、下痢、小児吐乳は幼児の乳の吐き戻し、小児白禿瘡は子供に多い頭の皮膚病である。

こうした効能は台湾、韓国でも言われてきた。台湾ではタブの薬効として、「舒筋活血、消腫止痛、主治扭挫傷筋、吐瀉、足腫、転筋」などをあげている（『原色台湾薬用植物図鑑』）。

『朝鮮森林樹木鑑要』には、「鮮医ハ樹皮ヲ厚朴ト称シ虚老、喘息、胃傷ヲ治スルニ用ウ」とある。慢性疲労（虚老＝虚労）、胃炎などにも効くということである。韓国語でタブを「厚朴（フバック）」と呼ぶのは、この医薬としての呼び名に由来する。

ややこしいのだが、「厚朴《こうぼく》」は漢方の代表的な薬の一つで、『本草綱目』にも載っている。原料は中国産のホオノキ（カラホオ）で、この樹皮を陰干しにしたものには健胃、鎮静、鎮痛、鎮痙などの効能がある。しかし、朝鮮半島にはホオノキが少なかったせいか、似た薬効のあるタブの樹皮から採ったものを「厚朴」と称していた。

『原色和漢薬図鑑』には「韓国産は、ホオノキの樹皮以外に、タブノキの樹皮を厚朴と称することがある。また真の厚朴に対して樹皮が薄いので、『薄朴』とも称しているが、いずれにせよ厚朴の代用品としている。気味は全く異なり代用にはなり得ない」とある。

タブのどの成分に、これら薬効がどの程度あるのかはわからない。ただ、古くから暖胃作用があると言われ、これが下痢や嘔吐、吐き気、胃の疲れなどに効くのかもしれない。奄美地方では、吐瀉には「（タブの）樹皮を煎じた」（「奄美群島生物資源ｗｅｂデータベース」）という。

打撲傷や筋肉痛、外傷や皮膚病などへの効能も言われており、民間でも伝えられてきた。『球磨の植物民俗誌』には、この地域で「タブは、古くから薬になる木とされてきました」とあり、著者は「山でケガをするとこのタブの皮をはぎ、傷口にあてておけばなおると教えてもらいました」と記している。

現在、三重県鈴鹿市で緑化事業を営む近藤敏さんは、二〇〇〇年頃、肩に外傷を負って手術をした時、友人のおばあさんが「この木（タブ）の皮をはいでそのまま傷口にはれば、化膿しない」と言われ、その通りにすると傷口がすぐに治ったという。

この経験がきっかけとなり、近藤さんは植物性天然成分としてのタブの研究を始めた。これまでに保湿クリーム、化粧水、石けんなどを商品化し、最近ではタブ粉を焼酎に漬け込んだリキュール風のタブノキ酒も発売して話題になった。

ほかにも、「足の筋肉などがひきつって痛む時、タブ粉に食塩を少し混ぜて練り、塗る」、子供に多い皮膚病である白癬に「タブの熟した果実の黒焼きをつけた」といった民間伝承がある。タブの仲間であるヤブニッケイも、リュウマチ、腰痛、痛風、打撲に効くと言われる。

最も新しいタブの成分研究としては、岐阜大学の光永徹教授らの研究がある。タブの樹皮からの抽出物に生体物質の一つであるジテルペンがあり、これに抗炎症性があるとしている。外傷、皮膚病などに効くという漢方医薬の処方や民間伝承を裏付けるものであろう。ほかにもタブ成分に多く含まれるリグナン類は、「皮膚老化防止や抗酸化活性、肝細胞保護などの効能が知られている」と報告している。

タブの樹皮、枝葉に含まれる粘性成分は「アラビノキシランの一種」とされるが、この多糖類は、近年、免疫機能を活性化させる成分として注目を集めている。タブは「樹皮のタンニン、葉のアラビノキシラン、果実の精油成分など多様な化学成分を含むことから、新たな用途が開発される可能性も小さくない」（『日本樹木誌・一』）とも言われる。

タブの成分分析などがさらに進めば、薬としての可能性が広がることもある。もしかすると、「応同樹」

の名の通り、多くの疾病を治す優れた成分を秘めているのかもしれない。

染料——黄八丈や網染めに

江戸時代、庶民に人気があった「黄八丈」と呼ばれる織物がある。その名の通り、八丈島で織られ黄褐色の縞模様を染め出した絹織物である。江戸時代末に書かれた『豆州諸島物産図説』『伊豆諸島巡回報告』などを基に編纂した『伊豆諸島・小笠原諸島民俗誌』（伊豆諸島・小笠原諸島民俗誌編纂委員会編）には、「八丈絹の染めには三種あり。黄染の黄八丈、樺染めの樺八丈又はとび八丈、黒染めの黒八丈がそれである」とある。この中で生産が最も多く、その代表格が黄八丈である。樺八丈や黒八丈も含め、総称として「黄八丈」と呼ぶこともあり、江戸時代には年貢紬《つむぎ》として出荷されていた。

「黄樺黒の美しい三色は、この島の風土が生み出した組合せであろう」とあるように、どれも島に産する植物を原料とした染料で染めている。黄八丈の黄は、イネ科の「カリヤス（刈安）」、樺と黒は、それぞれ「マダミ」「シイ」の樹皮を用いる。「マダミ」がタブで、この生皮が樺色染料の原料になる。

樺八丈の製法は、『黄八丈　その歴史と製法』（一九七四年）に詳しい。タブの皮をはいで染料を作り、これに絹糸を漬け、乾燥することを何度も繰り返す手間のいる作業である。

「皮は剝ぎたてが良く、日が経つと色が悪くなる。……夏の皮は煎じて出が悪く、冬の皮は出が良い。……まだみの立木の皮を剝いで、しばらくたつと樹液が酸化する。このとき、木面が赤くなるものとならないものがある。赤くなるものを『くろた』といい、赤くならないものを『しろた』という。染料としては『くろた』が良い。『くろた』は、樹齢が三〇年以上を経過した木である。昔はまだみの木が豊富にあったので『くろた』のみを用い、『しろた』は使わなかったが、現状は、原木が少なくなったので選り好マダミの樹皮を削り、煎じて煎汁（フシ）と呼ぶ染料を作って糸を染める。

「まだみの皮を細かくけずって、……朝から夕方まで（六〜七時間）、沸騰させて煎じ出す。この煎汁の中に煎じかすの皮を乾燥して焼いた灰（白灰、ヤキバイ）を投入して攪拌する。煎汁は泡立って赤く発色する。……糸を一綛《かせ》ずつ染桶の中に並べ、平均に熱い煎汁をかける（樺ブシをかける）」

これが「フシヅケ」と呼ぶ作業で、「漬けて、乾燥」を繰り返してから、色を止めるために木灰を使って「アクヅケ」を行う。アクヅケをすると糸は発色して鮮やかな色になる。さらに「漬けて、乾燥」を繰り返し、最後のアクヅケで仕上げる。

タブの生育場所にも良し悪しがあって、「朝日の当たる海岸の断崖に生えるものが良いとされ……」たそうである。

面白いもので、ここで言っていることは、鹿児島でタブを伐り、挽いた人たちが、よい紅タブの条件として挙げているのと同じである。日光と潮風に当たり、断崖などで風雨に耐えて成長したタブが、よいタブであり、樺染めに用いる樹皮を採るのにも適しているということである。

合わせて三〇回前後の染めを繰り返す、大変、手間のかかる作業である。「染め上がりの色は、山桃の実の熟した色を理想とする」という。

南西諸島の西表島《いりおもて》では、タブからの染料を「黒色」と、奄美大島ではタブ染めの色を「濃いローズ色」と表現している。

漁網を染めるにもタブを用いた。魚網や釣糸が麻や綿で出来ていた時代、漁師たちにとって網や糸の強度を増し、耐久性を高めることが欠かせなかった。魚網を染めるにはタンニンを多く含む植物が適していた。

全国的に最も多く使われたのは柿渋である。このほか、カシワ、スダジイ、ヤマモモ、シャリンバイなども用い、伊豆七島の三宅島では「タブの木も網染めに用いられ」(『柿渋』)、釣糸を染めるのにも使われたようである。

釉薬にも

タブは燃料として燃やした後の灰も活用され、商品として成り立っていた可能性がある。

陶磁器を焼く時の釉薬《ゆうやく》の一つに、草木からとった灰釉があり、有名なのはイスノキ(ユス)の灰から得た「イス釉」である。江戸時代の有田焼はイス釉で風合いを出し、これで全国に名をはせた。このほかにも、ツバキから作った「椿灰」など様々な木が灰釉の原料だったのだろうが、タブも灰釉の一つだった。

屋久島にいた山本さんは、タブの思い出の一つに、タブ灰の釉薬のことを話している。「私が生まれた種子島の焼き物はこの釉薬を使った。屋久島にもタブの灰だけを集める人がいて、京都に出していたように思う。そんな縁があったからだろうか、屋久島から京都の古い釉薬の店に養子に行った人がいた」。

三　食料にかかわり、燃料にも——ホダ木などに

タブはクスノキ科に属すが、その中ではアボカドに近いとする説がある。タブの学名としては、「Persea thunbergii」を用いることもあって、「Persea」はアボカド属を表わす。そして、タブの実の味はアボガドに似ているという記述もある。

タブの実は五月くらいから大きさを増し、直径一センチくらいになる。熟す前の青い実はレモン風味があって、かすかな油脂の甘みもある。アボカドに似ているとは思えないが、嫌みのない自然な味である。紫黒色に熟すと甘みが増し、十分に食べられる。かつて南西諸島では、タブの実が救荒食、油脂原料になったという記述や、これらの島々ではイノシシや鳥類にとって貴重な食料であるという話は納得ができる。

『樹木大図説』には「三宅島坪田村では果実を食用とする」とあり、『樹木和名考』はその中で、江戸時代に書かれた『豆州諸島産物図説』から「……実を絞るに清油多し、忽ち白蝋となる。夫食急なる時、黍粉に交て粮とす、常には他国へ出し、穀と交易す、……」「三宅島では実を食用」といった記述を引いている。

「夫食急なる時、黍粉に交て粮とす、……」というのは、通常、タブの実から搾った油は油脂・蝋の原料として売り、穀物などを買う交易品だったが、飢饉の時にはキビ粉に混ぜて救荒食にしたということである。

鹿児島・奄美大島の調査報告のタブの項には、食用として「日本では若苗や葉を塩もみ、漬物、浸し物にする」(「奄美群島生物資源ｗｅｂデータベース」)とある。他地域で葉を粉末にして穀物に混ぜたという記述もあるし、「実を食用にした」ともいうのだから、限られた地域ではあろうが、タブそのものが食料の一つでもあった。

シイタケの原木(ホダ木)に

タブが「食」に深い縁があることを、実際に目にしたのは台湾である。

タブは台湾全域で見られるが、台北から北西に二〇キロほど、淡水河の河口にある観音山や、その東に広がる陽明山に行くとタブの繁っている様子がよくわかる。とりわけ観音山は海に近く潮風が当たり、タブにふさわしい生育環境である。山の中腹にある福徳宮という祠の脇に大きなタブがあり、標識には「楠樹・樹齢は一二〇年、樹高は一六メートル」とある。

この祠の周囲を歩いていると、隣の農家でシイタケを栽培していた。シイタケの原産はアジア熱帯高地と言われ、台湾もその一つである。そして、なんとこの農家が栽培するシイタケのホダ木がタブだった。

同行していた友人が農家の女性に、日本から私がこのタブの老樹を見に来たのだと話すと、彼女は私たちを祠の裏手に案内し、そこにあるシイタケのホダ木を指して、そのホダ木がタブだと言うのである（写真45）。

写真45　シイタケ栽培のホダ木に使われているタブ（上）　ホダ木に菌を植え付ける（下）（共に台湾・観音山）

シイタケのホダ木は一般的にはクヌギ、ナラ、シイ類だが、サクラ、カラマツなどでも栽培できる。ホダ木の種類によって生育量や味が異なるのである。どんな種類の木のホダ木があってもおかしくないのだが、タブのホダ木というのは、初めて聞く思いがけない話だった。

農家の女性の話では、この辺りでは昔からホダ木にはタブを使っていて、「タブは水分をたっぷり含んでいて、この水分が、身の厚いおいしいシイタケづくりには欠かせない」と言う。タブのホダ木は、直径七～一〇センチ、長さが一メートルくらい。幹の樹皮を直径一センチほど削り、ここにシイタケの菌を植え付ける。葉の大きいタブと葉の小さいタブでは、「小さい葉のタブが適している」そうである。

後に、日本でもタブがシイタケのホダ木になっていたことを知った。

例えば沖縄では、かつてタブはシイタケ生産のホダ木の一つだった。三〇数年前の沖縄県林業試験場の資料（「研究報告№20」）には、「一般的に他県では、シイタケ原木はコナラ、クヌギ等が最適樹種として使用されているが、本県は亜熱帯気候に属している点からこれら樹種は皆無でイタジイを主とした、オキナワウラジロガシ、コバンモチ、タブノキ等のいわゆる低質広葉樹が使用される」（我如古光男）とある。この二年前の研究報告では、イタジイのほか、タブ、ホルトノキ、コバンモチなどを原木とした時の収量を比較していて、やはりタブが原木の一つであったことがわかる。

現在でも、事業になっているかどうかは別として、屋久島などでは、シイタケのホダ木にタブを使うことがあるようである。二、三月に、種駒（シイタケ菌）を接種すると、秋にはシイタケが出てくるという。

こんな話を、奄美大島の坪山豊さんは、「タブをシイタケの原木にするというのは、よくわかる」と言う。奄美大島では、タブの倒木などには自然にシイタケなどが生えていたという。「倒木や伐採後に残った木には、様々なキノコが生えたが、毒がなく食べてよいと言われたのはホルトノキ、シイ、タブに生えたキノコ。シイタケもこれらの木に生えた。他の木に生えるものには毒があって、食べてはいけないと言われた」と言う。

有吉佐和子の作品に、伊豆諸島の御蔵島《みくらじま》を舞台とした『海暗』という小説がある。この中に、自生するタブをシイタケのホダ木にしていたという話がある。

小説の主人公は、皆に「オオヨン婆」と呼ばれる老婆で、もう八十歳になる。このオオヨン婆が山に入る場面から小説は始まる。

「比較的傾斜のない場所に頃合いのタミの木を見つけると、オオヨン婆は懐から古新聞を引張り出し、くしゃくしゃと揉んで木の根元に押さえつけた。……オオヨン婆は背負い籠の中から細竹を編んだ小さな熊手を出すと、タミの木のまわりの落葉を掻き集めては根元に積み上げていった。……タミの木は育てば一抱えできかないほどの大木になる木だった。それがまだ直径十五センチほどの若いうちに婆は焼こうとしている」

「タミの木」がタブである。伊豆諸島ではタブを「タミ」「マダミ」と呼ぶ島が多い。御蔵島では、タミもしくはタミノキがタブである。

自生するタブの若木を火であぶって枯らす。すると自然にここにシイタケ菌が付着する。そして、オオヨン婆が「冬になれば椎茸が一面に吹き出して、一度や二度では取りきれねんほどになるぞ」というくらい、シイタケが穫れるのである。この話は一九五〇年代後半のことである。

江戸時代のシイタケ栽培はホダ木に鉈で切り込みを入れ、山陰に置き、自然に菌が付くのを待った。南西諸島でも数十年前までは、「鉈で倒した木を傷つけて、そこに生のシイタケを持って行って、菌を移す」(『木にならう　種子・屋久・奄美のくらし』)といった方法で栽培していた。

『海暗』に描かれた時代、御蔵島ではタブの若木を使って、それよりも原初的とも言える方法でシイタケ栽培を行っていた。今も御蔵島の特産品に乾燥シイタケがある。農協の人は、「いまシイタケ作りのホダ木でポピュラーなのはシイとハンノキ。タブは使わない。サクラでやる人もある」と言う。

雨水の集水にも

伊豆諸島では、直接、実や葉を食べるほかにも、タブは人々の食生活に大きな役割を果たしていた。飲料水の採集である。三宅島や八丈島では、雨水を飲料水として確保するため、ヤブニッケイやタブ、ツバキといった木々を活用していた。

これら常緑樹は一年中青々と葉を繁らせ、その豊かな葉は四季を通じてたくさんの雨を受けることができる。葉は先端が尖ってつやつやとしていて雨水を流しやすく、また枝や幹も比較的滑らかで、この表面をつたって水が流れ落ちる。これを集めることで飲み水を確保したのである。

「タブノキやツバキといった常緑樹の幹に藁縄を巻き、そこから数本の藁を垂らして先を三つ編みにする。その藁へ雨水を伝わせ、さらに樋で受けて貯水槽まで引くのである。樋にはモウソウダケが多く使われる。……タミの木（ヤブニッケイ）からの水がもっともうまいとされていた。そのようにして採る水を、三宅島の神着、伊豆地区ではキミズといっていた」（『伊豆諸島・小笠原諸島民俗誌』）

キミズとは木から採集する水ということだろう。伊豆諸島の中でも「タミ（の木）」は、島によってヤブニッケイを指す地、タブを言う地などと異なる。タブとヤブニッケイは間違えられることもある同属の木である。木の幹に笹を巻くところもあった。

『植物と民俗』にも、伊豆諸島のキミズの例が載っている。木から採るとやはり木の匂いがつき、最もおいしいとされたのはツバキから集めた水で、甘かったそうである。タブからの水はややアクが強く、「赤くて不味かった」「牛を飼う時、主に使う」という話を紹介している。しかし、タブは人家に近いところにあって葉が豊かに繁っているため集水量が多く、まずくてもキミズ集めに利用されたという。

製塩、鰹節づくりの燃料に

どんな木も何らかの燃料として利用されてきたが、タブは優れた燃料であり、「食」ともかかわりがあった。

シイ、タブ、カシやヤマモモ、ツバキなど「堅木、硬木」（かたぎ）と呼ばれる木は、目が詰まって火力が強く、長持ちするため、古くから高品質の薪炭材とされてきた。沖縄・八重山列島の波照間島で、タブは「火力が強いので薪に非常によい」（『南島の自然誌』）とされたし、実際にタブを薪に使った人は、「枯れたタブは火の着きがいいし、火持ちがよい」と言う。

そして、タブが古代より燃料として大量に使われた用途の一つは、製塩用だったのではないだろうか。海岸近くに多いタブは、塩づくりの恰好の燃料になっていたと思われる。

揚浜《あげはま》式にせよ入浜《いりはま》式にせよ、塩づくりの最後には濃い塩水を煮詰める工程があって、これには膨大な薪を必要とした。燃料となる木材を「塩木《しおき》」と呼んだが、製塩を成立させるには、塩田面積の七、八〇倍の塩木を採る山が必要だったという。これらの山は「塩木山」「塩山」とも呼ばれ、古くから貴族や有力寺院などは沿海部に「塩木山」を保有していた。

時代はまちまちだが、製塩のために海岸近くの木を伐ったという記述は少なくない。戦国時代から江戸時代初期にかけて、庄内地方（山形県）沿岸部では、「海岸の木という木は、塩づくりのために伐られた」（『樹木の伝説』）。かつて日本海側最大の塩産地だった能登地方（石川県）でも、製塩の燃料材を確保するために山を厳しく管理した。

国内最大の塩業地帯は瀬戸内で、江戸時代にはここの塩が「十州塩」として、国内生産の七、八割を占めた。瀬戸内海諸島の森が貧弱で、またマツが多いのは、古代には多かった常緑広葉樹を製塩のためにことごとく伐り、その後にマツなどを植えたからだと言われる。

現在、因島《いんのしま》などはみすぼらしい姿をしているが、これは塩木のために木々を伐ったからで、「五百年前はシイ、タブ、クスなどの巨木が、海岸の岩山にはウバメガシが多かった」(『樹木にまつわる物語』)という。庄内や能登、岩手の三陸沿岸部などもタブ、ツバキ、シイ、カシなど照葉樹の多い地域であり、これらを塩木として使った。

奄美大島でかつて製塩を行った経験のある人は、製塩を「潮焚き」と表現し、製糖の場合も含め、薪はマツが一番だが、エゴノキ、タブ、シイもよい燃料になったと語っている(『木にならう　種子・屋久・奄美のくらし』)。

太古より人間が消費してきた塩の量を思えば、その生産に費やした塩木は膨大なものだった。これにより列島沿岸部のシイ、タブ、カシなどが大量に伐られ、植生も大きく変化しただろうと想像できる。

いまもタブを大事な燃料として使っている産業がある。南九州のかつお節生産である。タブやシイ、カシ類といった堅木は、かつお節の燻乾《くんかん》・焙乾《ばいかん》に不可欠だという。一般的には、燻製づくりにサクラのチップなどを使うが、「サクラはにおいがきつい。肉の燻製にはいいかもしれないが、鰹節には堅木がいい」(枕崎水産加工業協同組合)と言う。

二〇～三〇年くらいの堅木を丸太のまま、五〇～六〇センチに伐る。作業場の地下に火床があって、燻乾する時は、日中はずっと堅木をくべ続ける。現在の製法は三百年ほど前からだが、乾燥させるという工程はもちろんそれ以前からあり、「それこそ数千年前、縄文の時代からあったんでしょう」と言う。かつてはいい木があった種子島からとっていたが、運賃が高くなり、いまは枕崎周辺から調達している。

タブは古くから木炭の原料の一つでもあった。

タブが炭の材として使われたのは一九六〇年から七〇年代くらいまでなのだろうか。一般に、炭の原料になるのは、カシ、シイ、ナラ、クヌギなどブナ科の木やツバキで、有名な紀州の備長炭はウバメガシが原料、ツバキの炭は最も高級品である。

しかし、タブも炭の大事な原料であり、鹿児島・南大隅町の肥後隆志さんは、「祖父の時代、自分の山からタブを伐り出して炭を焼き、八幡製鉄（現新日本製鉄）にも売ったと聞いている」と話す。鹿児島など南九州の木炭産業に触れた資料は、大隅半島のカシ、タブ、イスノキなどを良質な炭の材の一つとして挙げている。

福岡・八女でいまも水車を回してタブ粉を作る馬場さんも、「タブは炭の材だった」と言うし、『球磨の植物民俗誌』には「炭にするととてもよい木炭がとれます。幹が赤いので、方言ではベンタブ、ベニタブ、アカタブ、ホンタブといわれます。これが一等とされます」とある。

また、「八幡製鉄にも売った」との話があるように、昔のたたら製鉄の時代から、木炭は鉄生産に不可欠の原料だった。明治以降の近代製鉄時代になってからも、木炭による製鉄は存在し、六〇年代初めまでは帝国製鉄、岩手木炭製鉄など木炭製鉄専業メーカーが事業を行っていた。銑鉄一トンに〇・八トンの木炭が必要だったというから、やはり膨大な量のカシ、シイ、タブ、ナラ、クヌギなどが必要だった。製鉄用製炭など大掛かりな炭焼きには、炭作りの各作業を分担した専門集団があったという。

しかし、木炭製鉄は衰え、六〇年代には家庭用の炭需要も急減する。南九州の広葉樹は、この時期に需要が急増していた紙パルプ向けに用途が変わっていく。タブの薪炭材料としての需要も、七〇年代でほぼなくなったとみられる。

実を絞り、ロウソクに

エネルギー用としては、灯りのためという大事な用途もあった。タブの実から採った油は食べられるくらいだから上質で、ロウソクの原料になった。

戦前に著された『樹木和名考』は、江戸時代の『皇方物産誌』『豆州諸島産物図説』『琉球産物志』などを引用しながら、タブの実《み》が油脂や蝋の原料でもあったことを記している。それらには、「油を灯にすべし……」「……実を絞るに清油多し、忽ち白蝋となる」「実を採って搾蝋」などとある。

『燈用植物』は、灯油の原料となった植物として菜の花、綿、エゴマ、カヤ（榧）など二〇種ほどを挙げながら、江戸時代の『本朝世事談綺』が、蝋を採った植物としてウルシ、アブラギリ、ダマノキ、ナンキンハゼ、イボタノキを挙げていると紹介している。

同じ照明用でも灯油と蝋には差があり、安定性の高い蝋の方がずっと高価でもあった。蝋の材料となった「ダマノキ」と呼ばれる木は一種ではなく、「ヤブニッケイ、シロダモおよびタブノキ、ハマビワなど数種類のクスノキ科の樹木の総称と考えられる」と言う。

油も蝋も、樹木の実の場合、これを搗《つ》いて粉にし、蒸し、袋に詰めて圧搾して油・蝋分を絞り出した。

第五章　祈り、祀る木、黒潮の木

一　祈り、祀るタブ

古代の人々が持っていた「山川草木すべてに霊魂が宿る」という心性は、地域や国を問わない。年を経た大きな樹木に対して、人々は樹種にかかわりなく、親しみや畏敬の念を抱き、様々な思いをこめてきた。例えば、滋賀県の湖北から湖東にかけては、各集落にある大きな木を「野神さん」として祀る習わしがある。野神さんというのは、「『山の神』が春先に里に降って『田の神』となる。その神が鎮座する場所（『滋賀の巨木めぐり』）であり、その鎮座する老木や大木を指す。

滋賀県長浜市高月町にはこの野神が各所にある。十一面観音像で有名な渡岸寺観音堂の門前には、「渡《どう》岸《がん》の野神」がある。少し北には、高さ二二メートル、一帯の野神では最大の「柏原《かしはら》の野神」がある（写真46）。この二つはケヤキの老大木だが、神が降りてくる木は一種ではない。ほかにもスギやカシなど、樹種を問わず様々な木が依り代となる。

民俗学者の野本寛一は巨樹の機能、役割を、材としての実用性のほかに、「霊性」や「聖性」、「伝承性」

写真46　高月町の「柏原の野神」（長浜市）

「信仰性」「指標性」などに分類し、これを「巨樹の諸相」と呼んでいる（『生態と民俗』）。人々が大きな木や老木に対して、素朴に霊性や聖性を感じてこれらに祈り、それらを祀り、また様々な目印や指標としてきた名残であるとする。

大きな木にまつわる言い伝えは各地にある。これらを「霊魂をよびかえす木」「祈願をこめる木」――などに分類しつつ、石上堅は「かく神霊を招きよせ、その神霊の威力を幸福なる生活を過ごすために、理想的に発動させる呪力を、樹木に認めていたことが、遥かなる祖おやの代からうけつがれ、様ざまな行事とそれにまつわる伝説とを、生活に即して培って来た」（『木の伝説』）と言う。

人々は木の巨大さや古さ、異形の中に人間世界の諸相を見、巨樹、老木を大切に扱ってきた。そこにまつわる様々な話が、まさに一つひとつの木が「もの言う」ということであろう。

タブもこれら諸相を多分に持った「祈り、祀る木」の一つであり、タブ独特の物語、興味深い民俗的行事や信仰もある。

豊作を祈る能登の鎌打ち神事

石川県能登地方はタブが多く、タブを「タビ」と呼ぶ。能登はタブへの思いが強い地で、多くの神社にタブがあり、どれもが神木のように扱われている。能登の幾つかの神社には、大きなタブの幹に鎌を打ち込むという珍しい神事がある。

能登の入り口にあたる羽咋《はくい》市と北東の七尾市をJR七尾線が結び、羽咋から二つ目が金丸。駅の北西に鎌の宮神社がある。鎌宮諏訪神社とも呼ばれる。境内に社らしい建物のない無社殿神社である。代わりに境内中央に、瑞垣に囲まれたタブの巨木が立っている。このタブがご神体で、幹には百本を超えるであろう鎌が打ち込まれている（写真47）。不気味さを感じさせるこの異形のタブはすでに枯れかけていて、いまはこの横に立つ若いタブに鎌を打ち込んでいる。

毎年八月二七日、鎌をタブに打ち込むここの祭りは、収穫前の台風などを鎮め、五穀豊穣を祈るもので「鎌祭り」「風鎮《ふうちん》祭」「お諏訪様祭り」などと呼ばれる。

陰陽五行説などから、「鎌が風を鎮める」という伝承は古くからあって、鎌は風を切り、風除け、風鎮めの威力を持つとされてきた。二百十日前後に風を鎮めるための「風鎮祭」「風祭」と呼ばれる行事は、全国の神社にある。地方によっては、竹竿や棒に鎌を縛って、家の屋根や門口に立てる。能登では大木の幹に鎌を立て、「風を切る」力を願った。

ここからJRや国道を挟んで東に三キロほどの中能登町・藤井に住吉神社がある。名称は住吉神社だが、祭神は建御名方命《たけみなかたのみこ》で、やはり諏訪神である。社殿に向かって右側とその奥にタブがあり、やはり鎌が打ち

写真47　タブに打ち込まれ錆びた鎌（石川・中能登町・金丸の鎌の宮神社）（右）
写真48　何本もの鎌が打ち込まれた住吉神社のタブ（中能登町・藤井）（左）

込まれている（写真48）。

神社の説明には、古代、大国主命と少名彦命《すくなびこな》がこの一帯の邑知潟《おうちがた》を平定した時、建御名方命が「弥柄《やえ》鎌《がま》の利鎌を持って生い茂る葦原をなぎ倒し刈り分けて、害虫、害鳥を退治、二神を先導した。その時の鎌が左鎌。歳を経て、大変な凶作時にも古事に従いタブの木を神木として祭り、左鎌を打ち込んで祈る」とある。

七尾市の東、七尾南湾に突き出た半島部の山中に江泊《えのとまり》・日室の集落がある。集落の南の山に分け入ると、小さな小屋のような諏訪神社がある。社周辺の木々の中に錆びた鎌が何本も打たれている大きな木が数本あって、これがタブである。

鎌が錆びていて見えないが、この鎌には魚紋が刻まれているという。この地の人々は、山中にありながら漁業にも従事していて、「漁に出ていた土地柄、魚の姿を鎌に打刻したのは、豊作とともに豊漁を祈願してのことだろう」（『能登燦々』）という。

集落の男性の話では、やはりここの行事も「風鎮」を目的とし、夏に行われる。神事のために毎年、新しい鎌を打ってもらい、神事当日の朝に、参道となる山道の草を刈る。

三つの鎌打ち神事ともその基本は同じである。秋の収穫を前に、風害を避け豊作を祈って諏訪神を祀り、神木であるタブに鎌を打ち込む。「タブ――神木――鎌打ち――風鎮・豊穣祈願――諏訪信仰」という共通項がある。

これら神社がある中能登から東に山を越えた富山県氷見《ひみ》市の長坂にもタブの巨木がある。「長坂の大いぬぐす」と呼ばれる。集落を縫う道が、棚田の広がる地に出るとすぐに大きく枝を広げた大木が目につく。樹齢は約五百年と言われ、主幹は高さ三メートルほどのところでなくなっているものの、一〇本ほどの太い枝が四方八方に延びている。

この「大いぬくすは神木で、『諏訪の大神』として祭られる」とある。ここでは鎌打ち神事はないが、タブがご神体で、やはり諏訪社だということである。元々からタブが神木として祀られてきた無社殿神社なのか、かつては社があり、いま神木だったタブだけが残っているのかはわからない。

能登にはタブを神木扱いする神社はたくさんあるし、諏訪社に限らず気多《けた》大社摂社の大多毘《おおたび》神社のようにタブそのものをご神体とする神社もある。

諏訪信仰の中心となる諏訪大社（長野県諏訪市）には、有名な「御柱祭《おんばしら》」がある。いま御柱となる神木はモミだが、昔は一種に限らずサワラ、マツ、ツガなどのこともあったようだし、御柱の祭事に先立つ行事として、薙鎌《なぎかま》を木に打つという神事がある。

諏訪信仰がタブという木にこだわっているわけではないし、各地にある風鎮祭、風祭すべてがタブや鎌打ちと結びついているわけでもない。ただ、能登においては元々、タブを神聖な木とする土壌があったことは間違いなく、そこに諏訪信仰、さらに鎌打ち神事を伴った風鎮や風祭が重なっていったと考えられる。

死者を弔う杜《もり》

福井県の西端、京都府と接する若狭地方には、死者を供養したと言われる「ニソの杜《もり》」と呼ばれる場所がある。死者、祖霊祭祀の一つの形式で、この杜もタブと深いつながりがある。

若狭の西にある小浜湾は、東を内外海《うちとみ》半島、西を大島半島に囲まれている。大島半島の東側を海沿いに北東に進むと最初の集落が西村、浦底。ここの清雲寺から山に向かう入り口に「ニソの杜」の一つがある（写真49）。

緩やかな斜面の前に小さな祠を祀っていて、前に鳥居が、そばにはタブの大木がある。山の斜面にも何本かのタブが見える。この祠とタブが立つ一帯が「ニソの杜」で、死者や祖霊を祀る場所である。

案内板に「ニソの杜」との表示があるが固有名ではない。大島の一帯には、他にも海に近い地、屋敷周辺などに「……の杜」と名づけられた三〇以上のニソの杜がある。

寺の近くの老婦人に話を聞いた時、「ここのタブは……」と尋ねるとけげんな顔をされ、「タモは……」と言い換えると、「ああ、タモなぁ」と表情が生き生きとした。ここではタブを「タモ」と呼ぶ。

老婦人は、この地域では、昔からタモ（タブ）がどんなに大きくなっても、伐って材に使うようなことはなかったという。「タモは伐らない」と何度か繰り返し、このニソの杜には「必ずお供えをしてきた」と話す。杜を構成するタブは、聖なる木として古くから大事にされてきたことがわかる。

さらに海岸を北東に向かうと、半島の北端に宮留の集落がある。海に面した家並みの間を入ると、前方に小さな森があって、細い道の片側にタブの大木が何本も立っている。奥まったところに壇があり、石柱に「旧八幡神社の跡」とある。

壇を囲むように大きなタブが何本も立ち、繁った枝が日をさえぎっている。かつての集落の鎮守の社であろうが、社の跡もない。集落の老婆はここを、「ニソ、ニソ」と呼んでいたから、ここも間違いなく「ニソの杜」だったのである。しかし、「もう、誰も拝まん。昔は私もよく掃除をしていたが、体が悪くなって……」と言うように、いまは一面に枯れ枝などが散乱したままである。

海岸沿いの集落にも家を囲むようにタブがあった。地元の人に声をかけると、タブは「風よけでもあった」と言うが、道路を通し、家を建て、畑を広げるのに「タモはたくさん伐った」と言う。

写真49　大島半島・浦底のニソの杜、鳥居手前右がタブ（福井・おおい町）

タブの生命力

ニソの杜について様々な研究がある中で、神社研究に詳しい岡谷公二の『神の森　森の神』が、杜とタブとの関係を追っている。旧暦十一月二十二日から二十三日にかけて、この地域には、神の依り代とされる木の根もとや祠の前に、弊を差し、供物を供える習慣がある。それら樹木の多くがタブの老木であることについて、「タブの生命力に死者の蘇生をみた」という解釈をしている。

「タブは、タマの木とも玉楠とも呼ぶが、古代人は、この木に招魂が宿ると信じていたのだろうか？　現在、タブは神の依り代とされているが、かつては、その下に葬られた死者の蘇生の姿と考えられていたのではなかったか？　少なくとも、人々が、死者とこの木のあいだにひそかな関係があると感じていたことは、弔い上げにこの木の枝をうれつき塔婆として墓にさす風習からも推測できる。弔い上げが終わって神となった死者は、この木を伝って天空の彼方へ上ってゆくと人々は思っていたのだろうか？　それだからこそ、タブは神の依り代とされたのではなかったか？」

死者はタブの森に葬られ、土中で魂魄と化し、土に挿されたタブの枝を伝って天に上がって行った。タブは復活と蘇生の力を与える木であった。この葬地が墓所に、さらに時を経るにしたがって聖地へと変化していったとする。

「このタブを徴表として、聖地、墓所、葬地が、区別なく一つにまじり合ってしまうように私には思われる。死霊の強烈な働きとそれに対する恐怖は、葬地に対する畏怖として残るだろう。そして長い年月の間に、葬地であった事実が忘れ去られた時、土地そのものにまといついている畏怖はその土地を容易に聖地に変えるだろう」

「ニソの杜」近くに住む老婦人が、何度も「タモは伐らない」と言ったのは、死者の蘇生の姿であり、死者の彼方への道筋であり、聖なる地を表す印としてのタモを「伐ってしまった」ことへの後悔の念、無念さを込めていたのかもしれない。

若狭から近江・丹波・丹後・但馬にかけて広く分布する「ダイジョコ信仰」と言われるものも、恐らくニソの杜祭祀と同じ系譜に属するものであろう。様々な説明があってわかりにくいが、祖霊崇拝、地神、山や田の神の祭祀と陰陽道の大将軍信仰が一緒になったものという。やはり十一月二十三日にタブなどの木の根元に祭場を設け、一族の先祖や土地の守護神を祀る地があるという。

敦賀以西、若狭全域、さらに舞鶴などでは、大木に棲む龍蛇信仰と祖霊神信仰が一体になっていて、「龍蛇と巨樹は密接不可分と言ってよい。巳《み》ーさんが巣くうダイジョコ（大将軍神）のタモの木の伝承ならあまたある」（『森の神々と民俗』）という。「敦賀市御名と美浜町山上で、ダイジョコさんと呼ばれる祖霊神が斎《いつ》くタモの木の森影から、雨の日に耳のある蛇が出ているのを実際に見たという老人の話も聞いたこともある」と記している。

大きなタブには祖霊神が宿り、同時に、そこには土地の守り神である龍蛇が棲んでいるということであろう。

佐渡にもタブ信仰があるようで、『佐渡山野植物ノート』には、「佐渡タブノキの森　樹霊信仰今も」の項がある。佐渡から若狭、丹後、但馬にかけては、タブを「タモ」と呼ぶ地が多い。タモは「保つもの」「魂《たましい》」に由来するとの説がある。この当否はともかく、タブの森に、死者、死霊や祖霊への畏怖を感じていた人々や地域があったことは間違いない。

鹿児島のモイドン

鹿児島県・薩摩半島の北西、南さつま市大浦町の南に原《はる》という集落があり、ここに「原の大タブ（大浦のタブ）」と呼ばれる大きなタブがある（写真50）。「モイドンのタブ」である。

「モイドン」は「モリドン」「モリヤマ」などとも言う。漢字で書けば「杜（森）ドン（さん）」「杜山」「森山」となるのだろうか。古くから残る祖霊信仰、死者祭祀の形で、若狭の「ニソの杜」を含め、沖縄の御嶽《おたき》や、各地で「荒神（森）」「ウッガン」などと呼ばれるものは、基本的に同じ形である。

モイドンは鹿児島県を中心に南九州に残り、この地域での呼称である。家の敷地内や近所にあって、家を守護し、一族を祀る屋敷神のある小さな森というか雑木林のような場所である。このモイドンの中心になっているのが大きなタブやシイである。

　原の集落の周辺にはタブらしき木が多く、目指すモイドンのタブはわかりにくい。尋ねた男性は、「三、四〇年ほど前までは、この辺りにタブはたくさんあった。多くは氏神を祀るモイドンのタブで、わが家の裏手のモイドンにもある」と言う。これは高さが一〇メートルほどの樹勢が旺盛なタブだった。

写真50　モイドン（モイヤマ）のシンボルとして立つ「原の大タブ」（南さつま市大浦町）

「原の大タブ」はなかなか見つからず、何人かに尋ねてようやく「それは私の実家の氏神さんの木でしょう」という初老の婦人に出会った。「一日と十五日には掃除をし、祀るのですが、実家の長男たちが、ちゃんと掃除をしてますでしょうか」と案内してくれたのは、生け垣のような木々に囲まれ、ぽっかりと開けた円形に近い空間である（写真51、52）。

　五〇年ほど前の冊子には、モイドンの様子を「昔はモイヤマは二十坪くらいの雑木の森になっていて、その中にタブノキの周囲一丈二尺ぐらいの大木があり、その根元にモイドンが居られる」（指宿高校『薩南民俗』一九五七年）と記しているそうである。ここのモイドンは、まさにその通りの姿をしている。

　モイドンの入り口には、小さな石碑というか石柱が三つ並び、どれにも榊が供えてある。その横にコケの生えた巨大な木の幹と根がある。これがモイドンの主とも言うべきタブである。太い幹の正面には石塔が立っている。木の後ろは雑木や竹が茂っているから、幹周りはわからないが、七、八メートルから一〇

写真51　モイドンは明るく開けた空間。右奥がタブ（南さつま市・原）

写真52　雑木、竹やぶに囲まれたモイドン（南さつま市・原）

メートルはあるだろう。

恐らく、かつては大変な巨木で、樹高が高かったのだろうが、「度々の台風などに傷められて」と言うように、主幹は途中で、太い枝も所々で折れている。どれも大変な太さだが、枝が上に伸びていないため、道路などからは見えにくいのである。

この老婦人が幼い頃には、この根元に小さな空洞があり、そこに祠《ほこら》があったが、「根がどんどん大きくなって、その祠を覆ってしまった」と言う。

モイドンは家を守る神であり、先祖も祀っている。一族一家で祀る私的な神であって、外部の人に見せるものではない。大きなタブであっても、案内や標識はないから、見つけにくかったのである。

薩摩半島の反対側、大隅半島の東の付け根に近い大崎町の「仮宿《かりじゅく》のタブ」もモイドンのタブであろう。町庁舎の少し北西を西に折れると、このタブがある。この一角は、かつて神社として祀られていたような場所である。

樹齢四〇〇年と言われるタブは根回り一三メートル、地上二メートルほどのところで五本の太い幹に分かれている。四方に枝がバランスよく伸び、東西、南北に三〇メートルほど枝を張っている。根元に馬頭観音を彫った石塔を祀り、東側に小さな鳥居がある。やはり古くから一族の、もしくは地域の神木として祀られてきたということだろう。

同じ大隅半島の鹿屋市の北、旧輝北町の国道沿いに一本の大きなタブが立つ。持ち主の女性は「祖父が『神木《かむぎ》』と呼んでいたように思う」と言う。かつては敷地内にあった一族の守り神だったのだろう。

野本寛一の「禁伐伝承と入らずの森」（『探究「鎮守の森」——社叢学への招待』所収）には、宮崎県椎葉村の荒神森の話がある。野本氏が訪れた家の裏山に荒神があって、ここの荒神もタブである。案内してもらった折、当主は山に入ると一枚の葉をちぎって二つに裂いて肩越しに投げ、低頭して「今日は野本先生を案内します。障りなきよう」と唱えて森に入ったとある。

種子島にある「ガローヤマ（山）」と呼ばれる森も同じ系譜の森である。南西諸島研究の民俗学者・下野敏見は、「ガローヤマ」は地主神信仰と樹霊信仰が習合した種子島独特の森山信仰で、モイドン、ニソの杜、対馬のシゲチなどに連なる様相の森であるという（『トビウオ招き――にっぽん文化を薩南諸島に探る』）。

「ガローヤマには一本の大樹が混っていて、それはカミの依り木とされる」とし、ガローヤマのタブの根元にサンゴ石をたくさん積んだ祭祀場の写真を載せている。依り木となるのは、タブやシイなどの大木だった。そして、島の墓地や水神を祀る森には、「栫の木が繁っていた」と記している。

また、種子島に育った人は、「招魂様の森は、……一抱えも二抱えもあるタブ、ケイシン（ヤブニッケイ）、シイなどの大木が鬱蒼と生い茂り、昼なお暗い、薄気味悪い所だった。……ある時友人とこわごわながら分け入ってみたら、一本のタブの木に赤錆びた五寸釘が打ち込まれているのを発見した」（『種子島今むかし』）と記している。

ここにある水神の森も、招魂様の森もガローヤマの一つなのであろう。

鹿児島には、モリ、ヤマとは違った形での「祈り、祀る木」としてのタブがある。

一九四〇年（昭和十五年）に屋久島を訪れた民俗学者宮本常一の『屋久島民俗誌』は、木や山についての直接の記述は少ないが、タブは登場する。

一月上旬の祭には、各集落で「ケズリカケ」を作り、その材はタブだった。ケズリカケは名の通り、細い丸木の外側を削り、削った部分を花びらのように残したもので「削り花」とも記される（図5）。原型

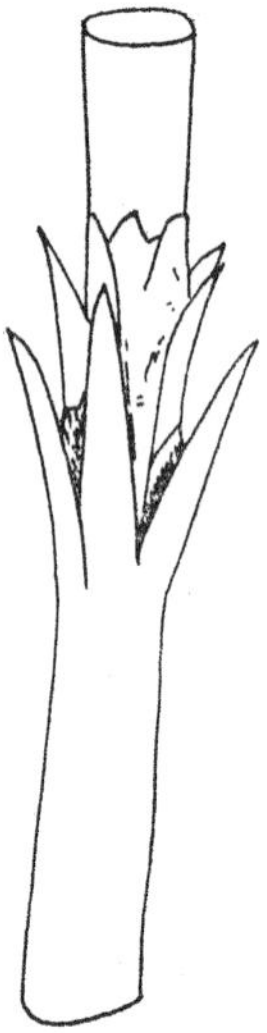

図5　タブなどで作ったケズリカケ
（『屋久島民俗誌』より）

は諏訪の御柱などと同じで、神の依り代であり、厄払い、魔よけ的な意味を持つ。全国各地の祭、神事の中に残っている。

「……大きいのは長さ二尺ほどのものであり、小さいのは三寸ほどのものである。……宮之浦でも、タブの木でケズリカケをつくり、その先に大判小判の形をした餅をさした。またタブの木の皮をはいで墨でギリギリに墨をつける。この木をダセメソと言った。刀を作りかえたものであるという。この両方を床にかざった」

ある集落では、「正月には船を持っている人はかならずケズリカケを供える」とあるから、これで海の神を祀ったのである。

屋久島にいた民俗学者の山本秀雄さんは、「屋久島のケズリカケは年末年始の行事に使われ、また一年中飾るものもあった。私の出身の種子島やトカラ列島でもタブでケズリカケを作った」と話す。

『鹿児島の民俗暦』には、鹿児島の民間行事に、正月十四日、子どもたちが花嫁のいる家に出向き、花嫁に子どもができるように囃す、「ハラメ（孕め）ウチ（打ち）」「ハラメユエイ（祝い）」という風習があることを記している。この時に子どもたちは、「ハラメ棒」と呼ばれる棒を持っていき、それをたたきながら囃したり、花嫁のおなかをつつく。姶良《あいら》町でのハラメ棒は、タブの木を削ったケズリカケであると記している。多産、豊穣を祈るのであろう。

こうしたケズリカケは、すべてがタブの木に限ったわけではない。また、鹿児島を中心に残る「モイドン」「モイヤマ」や種子島の「ガローヤマ」、沖縄の「御獄《おたき》」などは、タブだけでなくシイ、アコウ、イジュ、マテバシイ、カシといった常緑広葉樹で構成される。しかし、地域によってはタブにこだわった。そのこだわりが、何に由来するのかはわからないが、タブがこうした地域で、「祈る木、祀る木」として重い位置を占めてきたことは確かである。

二　守る木、防ぐ木

島根県の出雲平野における印象的な風景の一つが、平野に点在する「築地松《ついじまつ》」である（写真53）。広々とした平野に開かれた田畑の中に農家が散らばり、周囲を屋敷林が囲んでいる。この主要な木がクロマツだから「築地松」の名がある。

一九八〇年頃、出雲空港に着陸する前に飛行機から見下ろすと、青々とした田畑の中に「コ」の字、「冖」型の築地松がたくさん見えた。それから三十年を経たいま、マツはマツクイムシの被害を受け続け、たくさんの築地松がやせ衰えつつある。

現在の風景から言えば、確かに屋敷林を構成する主な木はマツであり、この屋敷林を「築地松」と呼んでおかしくない。しかし、歴史的経緯まで含めると、「築地松」と言うより「築地林」と言うのが正確であり、築地林の主役の一つがタブである。

出雲の「築地松」、元はタブから

築地松の歴史については、郷土史家・有田宗一の『築地松と民家』に詳しい。これによると、築地松の最初の形態は家の周りを囲った屋敷森、屋敷林であり、その原型は古代以来の出雲平野独特の防風林、防災林であるという。

前述したように、屋敷神を屋敷森の形で祀るというのは、いまも鹿児島や宮崎などに残る、モイドン、モリヤマと呼ばれる形と同じである。

「国つ神を祀る鎮守の森をそれぞれの住居に移し屋敷森の形で屋敷神を祀った」(『築地松と民家』)のだが、出雲の場合、それらの樹種は「自然植生から考えると、シイかタブノキの照葉樹……」だった。

さらに古代に遡れば、斐伊《ひい》川や神戸《かんど》川によって運ばれた土砂で出来た出雲平野で、人々は川の氾濫や季節風から家を守るのに、盛り土をして「築地」を作った。この築地の補強にマダケを植え、樹木としては潮風に強いタブ、マテバシイを植えた。

写真53　島根・出雲平野に点在する築地松

近世になってマダケに代えてクロマツを植え、これが「築地松」の呼び名になる。原型は防風・防災林であり、当初、その役割を果たしたのはマダケやタブ、シイだった。

だから、いまでも築地松にタブは残っている。同じ出雲平野の築地松を持つ屋敷でも、古い屋敷が多い地区では中心的な樹木としてスダジイとタブが残っており、「湿気を嫌うスダジイが山手、川堤跡のやや高所の屋敷林の主木であり、湿気を好むタブノキは平坦地の主木になっている」。

約三百年を経たような屋敷の多くは、「先ず季節風に強く風格のあるクロマツを西側に植栽した」とあり、古い地区で最も多いのがこの型である。西側をクロマツ、北や東を雑木（スダジイ、タブノキ、モチノキ、ヤブニッケイ）で囲っている。そして、江戸から明治時代にかけて開けた地区になると、築地松の名の通り、屋敷の周り、一般的には西と北側をクロマツで囲っている。

宍道《しんじ》湖西岸にある美南地区（出雲市）に、この地の代表的な旧家である尾原家がある。ここの屋敷林はタブ、スダジイを中心とする形の典型例である。どっしりと構えた茅葺《かやぶき》家の三方（北と東西）を囲んでいるのは、ほとんどが広葉樹である。

とりわけ、西側には道路沿いの塀の内側に、ひと抱え以上あるタブが六、七本並んでいる（写真54）。大きな樹冠の重なりは遠くから見ると森のようである。最も大きな老木は、たくさんのコブをつけ、根の部分の直径は二メートルほどもある。

写真54　築地松の原型は屋敷林で、タブ、シイも植えられた（出雲市の尾原家）

この尾原家の現当主は一四代目（二〇一二年）で、元禄時代から続くのは確かだが、古い過去帳は焼失しているため、いつここに住み着いたのかはわからないそうである。タブが植えられて、少なくとも三百年を経ているということは確かである。

この地域には、いまも屋敷林が数多く残っているが、タブやスダジイのある屋敷林はこの美南、福富地区など、また斐伊川北側の平田市にわずかに見られる程度である。

いま現在の「築地松」の多くはクロマツを主体とするが、残念ながら昔の面影はない。出雲出身で繊維商社の老経営者が、「昔の築地松は、築地に厚みがあり、マツもびっしり植え込まれ、重厚で緑が濃かった。自分たちできちんと刈り込み、立派なものだった。出雲が豊かだったから出来たことかもしれないが。いまはマツクイムシにやられるし、手入れも怠りがちになってしまった」と語ったことがある。その通りで、厚みのある色濃い松は少なくなり、向こうが透けて見えるような薄い松林が多くなっている。

築地松の歴史に見られるように、タブは各地で風除けの木としても用いられてきた。古い文献に、タブは「家屋ノ周囲等ニ於ケル防風用樹ニ適ス。又針葉樹林ノ林縁ニ植ユルトキハ能ク防風ノ用ヲナシ林内ノ乾燥ヲ防グノ効アリ」（『大日本有用樹木（効用編）』）とあって、庭や林の乾燥も防いだことを記している。

伊豆大島・波浮《はぶ》港近くの集落を撮った古い写真を見ると、集落全体が鬱蒼としたタブやスダジイなどの防風林に囲まれている（『日本植生便覧』）。伊豆諸島、南西諸島では一般的な風景だったようで、ほかにも、若狭・大島半島（福井県）の海沿いの民家の生け垣にはタブが混じっていて、その名残がある。能登半島や山形県の日本海側でも、タブは海からの西風を防ぐ風除けになった。

防火、防潮に——東日本大震災後に見直される

タブに「カゴノキ（火護の木）」の一名があるように、タブが防火の役割を果たしたという話は少なくない。タブは水分の多い地を好み、タブが繁る地は地下水も豊かだと言われる。そして、タブのように葉が厚い常緑広葉樹は水分を多く含み、火事の時には火の延焼を防いだという話が幾つもある。

利根川河口の波崎《はざき》（茨城県）にある「波崎のタブ」の別名は「火防ぎのタブ」である。江戸時代の大火の折に、このタブが火の延焼を食い止めたとの言い伝えによる。

関東大震災の時、東京・深川の岩崎別邸（現・清澄公園）に逃げ込んだ約二万人の地域住民は、ここの

シイ、タブといった大きな常緑広葉樹により延焼を免れ、助かったという。

酒田市（山形県）では昭和五一年（一九七六年）の大火の折、市内の旧家・本間家にあった二本の大きなタブの所で火が止まった。こののち、酒田市では「タブノキ一本、消防車一台」というかけ声で、市長が先頭に立ち、町ぐるみで小学校や汚水処理場の周囲に、タブの木を主に、モチノキ、シイ、ヤブツバキなどを植える運動が始まった。

植物学者の宮脇昭は、戦後すぐ、広島の大学で学び、原爆投下後数年を経た被災跡地を植物調査で歩いている。市街地の鎮守の森の焼け跡を調べているうちに、原爆ドームから二キロほど離れた神社で、高さ一一〜二〇メートルほどの三本のタブが枝葉を枯らして立っているのを発見する。しかし、その一本の根元からは、薄いピンク色のタブの新芽が何本も出ており、「私はそのタブノキの生命力の強さに驚き、感動した」（『瓦礫を活かす〈森の防波堤〉が命を守る』）と言う。三宅島噴火（二〇〇〇年）の後、噴流に焼かれながらもタブが芽を出していたことなども記している。

写真55　「緑の防潮堤」づくりのためタブなどを植樹（岩手県大槌町提供、2013年）

宮脇は二〇一一年春の東日本大震災の後も、ただちに東北・三陸海岸などを訪れ、その様子を『瓦礫を活かす……』に記している。今回の大津波によって、根の浅いマツの林が流されてしまったような状況から、「防潮林をつくるのにマツだけでは無理である」とし、あまり広い範囲ではないにしても、直根性で根が深いタブなどの広葉樹は「生き残っていたわけで、そちらの防潮、防災効果を正しく評価すべきである」と言っている。

震災後、東北沿岸では、津波被害などを検証する中で、海岸近辺のタブの強さが見直されている。そして、宮脇はガレキを防波堤の基礎に用い、タブ、シイなどを植樹する「緑の防波堤」づくりを提唱している。青森から福島まで、三陸海岸を中心に東北の太平洋岸一帯に三〇〇キロに渡る「緑の防災の長城」を建設しようとの構想である。

こんな提言を容れて、大槌町（岩手県）や岩沼市（宮城県）が、タブなどを植えた「緑の防波堤・防潮堤」建設を始めているほか、福島県や千葉県などでも緑の防波堤づくりに取り組む自治体が増えている（写真55）。

三　黒潮の流れに沿って――オオミズナギドリと共に

〈材〉や〈料〉などとしてのタブの姿を追ってきたが、丸木舟などの長い歴史を含め、タブが深いかかわりを持ってきたのは海である。和歌山・紀三井寺の「応同樹」や韓国・昌善島の「ワンフバンナム（タブの王様）」と言われるタブは、海の神・龍神の贈り物とされる。黒潮やその分かれである対馬暖流に洗われる島々や沿岸には、いまもタブと人間と海が織り成した営み、祈りの名残や、その跡が断片的ではあるが色濃く残っている。タブからは潮の香りがただよい、潮騒の音が聞こえてくる。

こんなタブの姿は、オオミズナギドリと呼ばれる鳥を通して見ることで、より豊かな全体像がつかめるように思う。

オオミズナギドリとの縁

タブは鳥との縁も深い。

夏に熟したタブの紫黒色の実と、実をつける赤い果柄は、「二色ディスプレイ」と呼ばれ、鳥の眼にとまりやすく彼らをひきつける。熟した実は油脂分が多く、カケスやヒヨドリ、アオバトなど中・大型鳥類たちの格好のエサであり、貴重な食料である。

実を食べた鳥たちは、フンと共に種を排泄・散布し、タブは新しい芽を出す。伊豆諸島・御蔵《みくら》島に住む人は、カラスバトなどがタブの種を「島中にばら撒く」と記している。

台湾ではタブを「紅楠」と記すが、「鳥樹楠」と言う別名がある。鳥がタブの実を食べ、種子を運び、撒くことから名づけられている。

鳥の中で、とりわけタブと縁が深いのはオオミズナギドリ（写真56）である。

オオミズナギドリはフィリピンやインドネシア、オーストラリア北部と日本の間を往来する渡り鳥である。大きなものは全長約五〇センチ、翼を広げると一メートル以上にもなる。春に日本に飛来し、秋に南に向かう。彼らは日本で産卵し、ヒナを育てる。繁殖地の八割以上は日本の島々だとされるから、日本を故郷とする鳥であり、日本の鳥と言うこともできる。

伊豆諸島にある御蔵島は世界最大のオオミズナギドリの繁殖地である。集まるオオミズナギドリは数百万羽と言われ、彼らは二月半ばから十一月末くらいまでをここで過ごす。

オオミズナギドリが南方から渡り来る時、飛来するコースは赤道直下から北上する黒潮の流れと重なっている。黒潮と一緒に移動しているイワシなどがオオミズナギドリのエサである。黒潮に浮くヤシの実や流木に海藻が付着し、プランクトンが集まり、それをエサとするイワシなどが群れる。この小魚類を食べ

写真56　日本とオーストラリアなどを往復するオオミズナギドリ（『日本の野鳥』山と渓谷社より）

図６　日本におけるオオミズナギドリの繁殖地

ながら、オオミズナギドリは数千キロを旅する。

同じように、海ではカツオ、マグロ、サバなどもイワシを追って動く。赤道付近から日本列島の北まで、黒潮やその分流である対馬暖流と共に、海中を様々な魚の群れが、洋上をオオミズナギドリが移動しているのである。

小魚を食べつつも、疲労困憊したオオミズナギドリは、体重の四分の一を減らしてようやく日本の島々にたどり着く。御蔵島以外にも、岩手・釜石沖の三貫島、京都・舞鶴湾の冠島、福岡・宗像沖の沖ノ島など、国内で二〇か所ほどが彼らの繁殖地として知られている（図6）。どこも黒潮や対馬暖流に洗われ、タブやシイが豊かに繁る。

オオミズナギドリは、このタブやシイの森を目指してやってくる。単にそれらを目印としているわけではないし、果実を目的としているのでもない。彼らは土中営巣性と言われる習性を持ち、渡り鳥の多くが崖などに巣を作るのに対し、オオミズナギドリは木の根の周辺に穴を掘り、巣を作る。その木として選ぶのがタブやシイである。このため、オオミズナギドリを「アナドリ」と呼ぶ地方もある。

木の根周辺に大きな穴を掘るため、木の周りの土は雨などで流出しやすく、御蔵島の営巣地のタブやシイは、「根が浮き上がり、倒れるものもある」と言われる。

オオミズナギドリはタブなどの木の実は食べず、また、カモメやウミネコなどと違って死んだ魚は食べない。生きた魚が彼らの食料であり、それを獲るため、毎朝、夜明けと共に巣から飛び立つ。翼が大きく重いためと言われるが、飛び立つ時、彼らは地上から直接すぐには飛べない。タブやシイの幹をよじ登り、幹や太い枝の先から飛び降りるようにして飛び立っていく。

生きた魚を求めて一日中、海上を飛び回る。岩手県辺りに巣を作るオオミズナギドリは、時に北海道まで出かけ、夜になって巣に戻ってくる。

オオミズナギドリは営巣地で初夏に卵を一つだけ産み、一羽の雛を育て、十月、十一月に南方に渡る。

こうしてみると、オオミズナギドリは、すっかりタブに世話になっているだけのように見えるが、彼らの方も、タブの生育には貢献をしている。

彼らはタブやスダジイの森に大量のフンを落とし、これが木々の貴重な栄養分になるのである。オオミズナギドリの研究家は、「魚を食べるオオミズナギドリのフンは、陸ではなかなか摂取できない海の栄養塩をたっぷり含んでいる上、小鳥のフンとは違って量も多い」と言う。栄養塩は窒素、リン、ケイ素に由来する塩類で、硝酸塩、リン酸塩などである。

何十万羽、何百万羽のオオミズナギドリが毎日排泄し、半年以上の間に落とすフンは膨大で、肥沃な土壌を形成する。

京都・舞鶴湾にある冠島は「神の島」として昔から大切にされ、日本で初めてオオミズナギドリ繁殖地として島全体が天然記念物に指定されている。ところが、島の土壌が堆積したオオミズナギドリのフンによって肥沃なため、明治時代にこの鳥の糞土を採取して販売しようとした肥料商が島に入り、問題になったこともあるという。戦後、島の調査に参加した人の記録に「根上がりのタブや椿がめだち……」(『樹に登る海鳥』)とあるように、やはりタブの繁る島である。

タブ・シイの森はオオミズナギドリの生活を支え、ヒナを育てる。鳥たちのフンは豊かな森を育む。両者は互いの生育を助け合う共生関係を形成してきた。

カツオ漁を助けたオオミズナギドリ

オオミズナギドリの繁殖地とされる地は、北から南まですべてが島嶼部で、ほとんどが無人島である。島の照葉樹林の幾つかは神域、または天然記念物に指定され、立ち入りが禁じられている。しかし、島の周辺一帯で、古くからオオミズナギドリは人間とも深い縁で結ばれてきた。鳥と人間の縁はカツオ・サバ漁やカツオ節を通じてである。

江戸時代の末（文政五年）、当時のカツオ節産地として知られた地域を上位から並べた「諸国鰹節番附表」というものが作成されている。これによると、産地は屋久島（鹿児島）、土佐清水（高知）を筆頭に、黒潮に沿って東上、北上し、岩手・八戸などに至る。

このカツオ節の産地一帯と前図で示したオオミズナギドリの繁殖地を比べると、とりわけ太平洋岸においては、その分布はピッタリと言ってよいほど重なっている。そして、これら地域で、人々はカツオ漁をするにあたって、オオミズナギドリの助けを借りてきた。

黒潮の流れの中で、プランクトンを求めてイワシが動き、そのイワシをカツオやサバなどが追っているのだが、同時に、このイワシを空からねらっているのがオオミズナギドリである。

とりわけ海中でカツオやサバがイワシを追い詰め、イワシの群れが海面近くに上昇してくる時が、オオミズナギドリにとって絶好のチャンスになる。上空から群れの上昇を見つけたオオミズナギドリはイワシに殺到し、時に海中に潜ってイワシを獲る。

洋上を数百、数千羽のオオミズナギドリが舞っている時、そこには必ずイワシだけでなく、カツオやサバなどの大群がいる。この洋上に舞うオオミズナギドリを見て、人間はカツオ、サバの群れがいることを知る。

オオミズナギドリの群舞を発見すると、そこに船を向け、また浜から一斉に船を漕ぎ出す。オオミズナギドリはカツオを見つける格好の目印であって、その群舞は「鳥柱」「鳥まわり」などとも呼ばれた。イワシとカツオとオオミズナギドリと人間が渾然一体となり、洋上で激しく水しぶきを上げる様子を描いた記述が幾つもある。

「堅魚（カツオ）漁のはじまる5月になると、カツオ、マグロなどに追われたイワシ、ムロアジなどが、海水を盛り上げるほど一カ所に集まって大群をなし、海の色が変色するほどである。伊豆諸島ではこれを『ナミラ』という。このナミラに、オオミズナギドリ（カツオドリ）が群がるのである」（『島の考古学——黒潮圏の伊豆諸島』）

「カツオドリの乱舞する下に鰹船が突っ込み、カツオの群れに漁師がエサ（イワシ）を投げ入れ、それをカツオドリがとる。釣り針にエサをつけて投げ入れると、それにカツオドリがかかることもある」（『鰹節』）

ここに「カツオドリ」とあるのは、オオミズナギドリのことである。伊豆諸島などでは、本来のカツオドリとは別の鳥であるにもかかわらず、カツオ漁の目印になることから、オオミズナギドリを「カツオドリ」「カツウドリ」と呼んできた。

新潟、石川、福井、京都など日本海側一帯では、オオミズナギドリをサバ、ブリ漁の目印とし、京都・冠島などでは「サバドリ」と呼んでいた。「(冠島）行きの船でオオミズナギドリの群れを見た。オオミズナギドリのいる所には必ず魚、特に鯖がいるので一名、サバドリと呼ばれるという」（『京都発見④』）

黒潮や対馬暖流の海では数百年、数千年前から、人間やカツオ、オオミズナギドリがこんな壮観な光景を繰り広げてきた。

漁を助けてもらいながら、人々はオオミズナギドリを食料にもしてきた。御蔵島では四〇年ほど前まで、秋に一度、捕獲量を制限しながらオオミズナギドリを獲り、食用にしていた。「素手で捕獲できた成鳥は、魚臭くて食用にはむかないが、幼鳥は、御蔵島では貴重な蛋白源で、……」（『島の考古学』）とあり、鶏ガラを骨ごと細かくたたき塩蔵した「肉醤」も作っていた。伊豆諸島の肉醤づくりは、江戸時代の『伊豆海島風土記』にも記されているという。

有吉佐和子の御蔵島を舞台にした小説『海暗』は、この島のオオミズナギドリ捕獲の様子を描いている。一年に一度、島民は総出で島の西岸にあるオオミズナギドリの巣が密集している地に出かける。タブ、シイの木の根元の地面を掘って作られた巣を襲い、鳥を捕獲するのである。島民にとって、貴重な鳥肉を得る、大切で楽しみな一日だった。

八丈島や三重県・尾鷲の海岸部などにもオオミズナギドリを食べる習慣はあった。オオミズナギドリの卵も貴重な食料となったようである。

福岡県北部、宗像市から玄界灘のはるか沖合に沖ノ島がある。島には宗像大社・沖津宮があって、本土側にある本宮、本土に近い大島の中津宮と一体になっている。この島もタブを主体とする原生林が残り、またオオミズナギドリの繁殖地である。

沖ノ島は神聖な「不入の島」で、許可なく立ち入れないし、一木一草たりとも持ち出せない。大陸、半島との交流を示す多くの古代遺物が出土したことから「海の正倉院」と呼ばれ、これまでの調査では縄文時代から人が渡り来たことがわかっている。

発掘調査によると、島では夏にオオミズナギドリが産卵し、またニホンアシカも出産したという（『宗像大社・古代祭祀の原風景』)。古代人は、ちょうどこの時期だけ波静かな玄界灘を渡ってニホンアシカの肉を獲り、オオミズナギドリの「卵まで大量に手に入れられたに違いない」とある。

現在では、オオミズナギドリを食べるような習慣は姿を消してしまっているが、つい半世紀ほど前まで、この鳥が飛来した地では、御蔵島や沖ノ島と同じように、人々はオオミズナギドリやその卵を獲り、大切な食料としてきた。

カツオ節とタブ

タブの森で生活をし、育まれるオオミズナギドリ。オオミズナギドリの群舞を目印に、人間が追うカツオの群れ。そしてさらに、獲られたカツオとタブの縁がある。

私たちの祖先がカツオを獲ったのは数千年前に遡り、『万葉集』にも出てくる。『万葉集』には、「浦島の子が堅魚釣り、鯛釣り誇り……」とあって、この「堅魚」がカツオであり、「浦島の子」は浦島太郎だそうである。そしてカツオを釣る漁法は、サモアなどポリネシア諸島、さらにインド洋・モルディブ諸島の漁法と起源を同じくすると言われる。

季節になれば、日本列島の至る所で回遊してきたカツオが獲れた。よい港のあるところでは、「どこでもカツオ漁を盛んにした」(『鰹節』)と言う。とりわけ南西諸島では、カツオは「庭先魚」であり、トカラ列島は「カツオの巣窟」とも記された。

人々は栄養豊富なこの魚をなんとか保存しようと工夫を重ねてきた。カツオの身を煮て日干しにした「煮堅魚」「堅魚」と呼ばれたものがそれで、神饌として供えられ、租税の代わりにもなった。

ただ、これは保存や持ち運びに限界があった。現在のようなカツオ節ができ上がったのは一七世紀になってからである。煮たカツオを燻《いぶ》し焙《あぶ》って、煙と熱で乾燥させる「燻乾」「焙乾」という方法を生み出すことで、いまのカツオ節が生まれた。

タブが薪や炭材となったことは前述したが、においにクセがなく火力の強いタブは、カツオ節の「燻乾」「焙乾」に適していた。いまでも鹿児島のカツオ節生産地では、薪の一つとしてタブを使っている。

こうしてみると、タブから最も恩恵を受けているのは人間だということになる。

列島文化の母なる木

改めて、タブと海のかかわりを整理してみる。

タブは水分の多い土壌を好み、また潮風や潮水にも強いことから、暖かく海に近い地に多く生育した。実《み》は鳥たちに食べられ、種を散布され、時に落ちて潮に流されて岸辺に漂着し、新しい芽を出した。

海岸の近く、タブやシイの林が風を防ぐ地を人々は選び、ここにタブを伐って住居を作り、住み着いた。貴重な水を確保するため、タブやツバキなどの幹に笹やワラを巻いて伝い落ちる雨水を集めた。

タブやシイ、ツバキが繁る島々や半島の入江、湾、浦々には、森から栄養分をたっぷり含んだ水が流れ込み、様々な魚が回遊し、また寄り魚として集まった。この豊かな漁場が営みの中心であり、人々はタブで舟を造り、これに乗って漁に出かけた。潮水に強く、丈夫なタブは格好の船材だった。

海に出てオオミズナギドリの姿を見つけると、そこに漕ぎ寄せ、カツオ、サバ、トビウオを獲った。持ち帰って堅魚や干物を作った。やがては燻《いぶ》すことを工夫し、カツオ節やサバ節を作った。海岸近くに生育するタブは熱量が高く火持ちのよい格好の燃料で、塩作りにも不可欠だった。

タブの樹皮からは染料やトリモチを作った。衣服だけでなく魚網や釣り糸を染め、トリモチで鳥を獲った。タブ、シイの森に巣を作るオオミズナギドリの幼鳥や卵も食べた。

タブの枯れ木に自生するシイタケを見つけてこれを食用とし、やがてはタブをホダ木にシイタケを栽培した。タブの実から油を絞って灯りとし、飢饉の時には、タブの実を食べ、またキビなどと混ぜて飢えをしのいだ。

そして日々の漁で魚を追い、また交易をする中で、時には見知らぬ島を見つけ、たどり着いた。一族や仲間と共に、新しい島に移り住んでいった人々も多かったに違いない。

古代の日本列島文化は、様々な要素が重なり合って成立した。それらを構成する重要なものとして、「イモ」「焼き畑」など農耕文化のほか、「宝貝」「海ガメ」「トビウオ」「潜水漁撈」「入れ墨」など、どれ一つとってもユニークな南方系の海洋文化の要素がある。これらは間違いなく黒潮の流れに沿いながら、人と共に北上してきた。

『南からの日本文化』で、佐々木高明は民族学や民俗学、作物学、遺伝学の最新の研究を基にしながら、この北上する海の道筋を「『新・海上の道』の仮説」として提示している。この海の道筋に連なる島々を改めて眺めると（図7）、すべての島々にタブは豊かに生育する。「新・海上の道」は、「タブの生育する島をたどりながら北上する道」という表現もできる。

タブは古代から、人々の衣・食・住すべてに深くかかわっていた。言い方を換えると、それがあれば生活の見通しの立つ木がタブだった。タブは黒潮世界の豊かな自然と、人間の営みを結びつける「絆の木」、黒潮世界のシンボルであり、それを「黒潮の木、列島文化の母なる木」と言ってもおかしくない。

人々がタブに親しみ、タブを敬い、タブに祈り、祀ったのは当然かとも思う。

海の民俗学者である桜田勝徳は、「我々が海から遠ざかった生活を続け乍らも、然も海に根差した行為

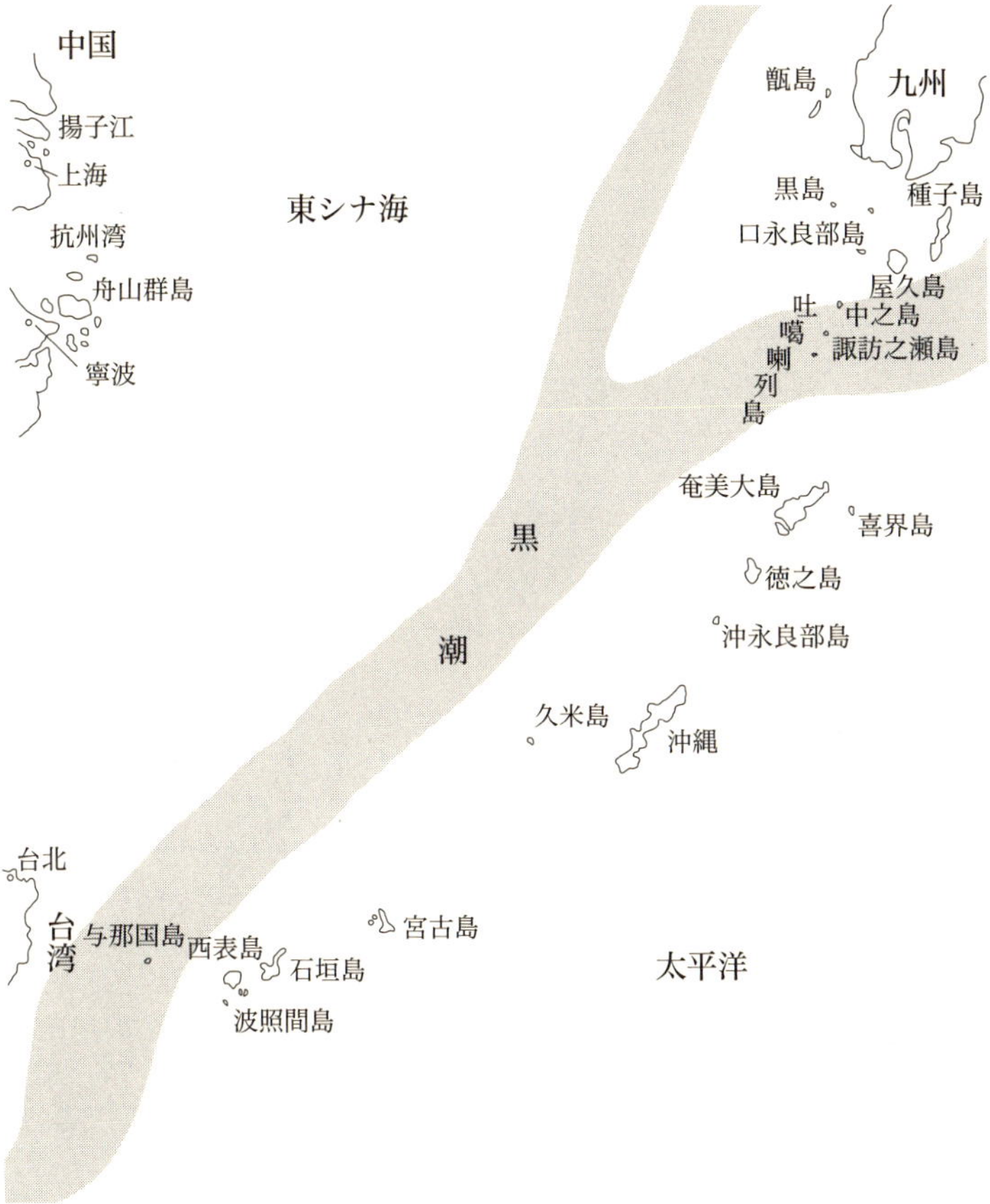

図７　南西諸島と黒潮の流れ（海上保安庁「海洋速報＆海流推測図」などを参照）

思考上の様式を少なからず保持して来ていたのである。いわば、海洋性とも称すべき伝統が我々民族を深く貫いて流れて来ているものと思わざるを得ない」（『桜田勝徳著作集②巻』）と言っている。同時に、しかしながら、「われわれ日本人は海を神聖視する伝統が強かったために、かえって一般的には海に消極的な方向を、知らず知らずのうちに選んできたのであろう」（『海の宗教』）と記している。

神聖視した海から知らずうちに遠ざかり、人々の主たる生活の場は、次第に海から離れていった。海と人々を結びつけてきた「絆の木」であるタブの存在も薄れていったということであろう。

第六章　タブノキを愛した人たち

一　折口信夫――タブを人々の記憶に留める

私が初めてタブを知った『木偏百樹』という冊子に、折口信夫を慕う人々が和歌山県の御坊を訪れ、ここで「タブを見つけて喜んだ」との一文がある。民俗学者の折口信夫、歌人としての釈迢空を敬慕する人々が、一本のタブという木を見つけただけで喜んだという話である。ということは、タブと折口はよほどの因縁があった木ということになる。タブを追い求めていくと、「折口信夫」という人間は避けて通れない。

折口とタブの関係を言えば、まず何よりも折口は昭和の初期という時代に、タブを著作の中で紹介し、忘れられかけていたこの木を私たちの記憶に留めた人ということになる。少し大仰かもしれないが、専門書も含めたあらゆる意味の樹木についての記述の中で、不思議な表現方法ではあるがタブを人々に印象づけ、日本人の意識の中にタブという木を「刻印」した人と言ってもよいかもしれない。

広大で奥深い折口の世界を論じる資格も能力もないし、それは目的ではない。しかし、「折口とタブ」

という、どちらも忘れられつつあるような民俗学者・歌人と、一つの樹木の関係を追っていくと、タブは折口の志や思想を体現する木だったと言ってもおかしくないようである。

代表作に数多くのタブの写真

膨大な折口信夫の著作の中で、彼の思想や発想の根幹をなすと言われるのが、一九二九～三〇年に出された『古代研究』(第一～三巻)である。第一巻が「国文学篇」、二、三巻が「民俗学篇1・2」である。

この三巻には、口絵として合わせて二〇枚以上の写真が掲載されているが、その多くを占めているのがタブの写真である(写真57)。

第一巻には「漂著神(ヨリガミ)を祀つたたぶの杜」「岬のたぶ」の二枚。第二巻は一二枚のうち五枚がタブである。「あかたび　能登一の宮」「ひらたび」「めたび(俚称肉桂たび)」の三枚はタブの枝葉。あとの二枚がタブの木全体を撮った「丘のたぶ」「たぶと椿の杜」。第三巻には「海にむかへる神の木」と添え書きのある写真がある。ツバキかシイの類にも見えるが、恐らくこれもタブである。

不自然なほどのタブへのこだわりだが、これだけ口絵にタブの写真を使いながら、三巻ある『古代研究』の中でタブをテーマにした論考は一つもない。

『古代研究』は国文学篇の「国文学の発生」に始まって、民俗学篇の「能楽における『わき』の意義」に至るまで大小約七〇の論文がある。ところが、そのどこにもタブに言及した文章はないのである。

奇妙なことに、『古代研究』の中でタブについて記しているのは、「追ひ書き」(後書き)の中の数行だけである。しかも、ここで折口はタブを論じているのではなく、写真をたくさん掲げながら、タブについて触れた文章がない理由を述べている。

「此本は三冊ながら、極めて不心切なところの多いのをおわびする。殊に、文章を解説するはずの写真図が、肝腎の本文なしに挿まれてゐて、却て画の為の解説のないことを、不審に思うて頂かねばならぬ事になったのが多い」

そして、こう続けている。

「『たぶ』の写真の多いのは、常世神の漂著地と、其将来したと考えられる神木、及び『さかき』なる名に当る植木が、一種類ではないこと、古い『さかき』は、今考へられる限りでは『たぶ』『たび』なる、南海から移植せられた熱帯性の木であることを示さう、との企てがあったのだ。殊に、肉桂たぶと言はれる一種が、『さかき』のかぐはしさを、謡い伝えるやうになった初めの物かと考えたのである。殊に、二度の能登の旅で得た実感を披露したかったのである。此側の写真は、皆藤井春洋さんが、とってくれたのである」

写真57 『古代研究』の口絵に掲載されたタブの写真

「海には『たぶ』、山には『つばき』、この信仰の対照を見せたかった点もある。民俗篇一の『たぶと椿との杜』の写真は、さうした意味から出したのである」

藤井春洋は折口の弟子で、石川県羽咋《はくい》市にある気多大社の神官の家の出身。後に折口の養子になる。これら『古代研究』に載っている写真は能登地方のタブである。

乏しいタブの記述

折口がここで「能登の旅で得た実感」と記しているのが、折口とタブの「出会い」である。日本中を旅した折口は、能登で初めてタブを見たわけではないだろうが、一九二七年に初めてここを訪れ、気多《けた》大社周辺のタブを見て、強いインスピレーションを得た。自分の学問の原点に据えた「常世神」「妣《はは》が国」といった日本人の心性の根本、また信仰がタブと結びついているのではないか、との直観を得たのであろう。

『古代研究』には、例えば、「花の話」という論文がある。様々な花木にまつわる習俗や霊性について考察しながら、椿、朴《ほお》、柳、橿《かし》、榊《さかき》、橘《たちばな》といった樹木にも言及している。また、「妣が国へ・常世へ」「まといの話」「異郷意識の進展」なども、樹木とかかわりの深い内容である。しかし、これらはどれも能登を訪ねる以前の論文である。

折口は樹木に強い関心を持っていたし、能登のタブから得た直観があったから、恐らく、これをテーマにした論文を書こうとの気持ちはあったのだろう。だから、当時、編集中だった『古代研究』には数多くのタブの写真を載せた。

しかし、「見せたかった」「考えた」と言いながら、結局、タブについては書かなかった。「能登の旅で得た実感」を確認し、整理する余裕がなかったのかもしれない。「追ひ書き」のタブに関する一文は、読者が奇異に思うことを承知しての折口の言い訳である。

その後も、折口はタブへのこだわりを持ち続けていたようである。しかし、結論から言えば、タブを一つの論考としてまとめるという折口の「企て」は実現しなかった。

すべてに目を通してはいないが、著作全体を見ても、折口が直接タブに言及した記述はごくわずかである。「追ひ書き」を除けば、恐らくタブの言葉が出てくるのは、『日本文学啓蒙』の中の「上世日本の文学」で、風土記に触れた「地誌の成立」の一文だけである。

「我々の祖たちが、此国に渡って来たのは、現在までも村々で行はれてゐる、ゆひの組織の強い団結力によって波濤を押し分けて来ることが出来たのだらうと考へられる。その漂着した海岸は、たぶの木の杜に近い処であった。其処の渚の砂を踏みしめて先、感じたものは青海の大きな拡りと妣の国への追慕とであったらう。日本民族が、最初に感じたものゝあはれは、海彼岸へののすたるじあだったのである」

海を渡り来たったであろう私たちの祖先は海岸近くに漂着し、近くにはタブが繁っていたという記述であり、「たぶ」という言葉は、ここに一度だけ出てくる。

このほかには、短歌の中に若干だがタブが出てくる。短歌で「たぶ」の言葉があるのは、歌集『春のことぶれ』と『倭をぐな』の中の幾つかである。『春のことぶれ』の「気多はふりの家」にタブが出てくる。「気多はふりの家」は藤井春洋の生家であり、藤井家の門の脇にも大きなタブがあった。

［気多はふりの家］

気多の村　若葉くろずむ時に来て、　遠海原の　音を　聴きをり

たぶの杜　こぬれことぐ〳〵　空に向き、　青雲は、　今日も　雨　なかりけり
たぶの木のふる木の　杜に　入りかねて、　木の間あかるき　かそけさを見つ
……
……
……
祖々《オヤオヤ》も　さびしかりけむ。　蛎貝と　たぶの葉うづむ　吹きあげの沙
……

『倭をぐな』には、やはり能登をうたった「静かなる庭」の中に「たぶ」がある。
たぶの木の　ひともと高き家を出でて、　はるかにゆきし　歩みなるらむ

『倭をぐな』の「たぶの木の門」にも三首をまとめているが、題に「たぶ」の語はあっても、三つの歌に「たぶ」の言葉はない。
その一つ「さう〳〵と　雨来たるなり――。　森のなか　古木の幹を伝ひ来るもの」にある古木が、タブだと推測できるだけである。

メモリーとノスタルジア

折口がタブについて触れた文章や歌は、彼の膨大な著作からすれば、実に微々たるものである。そのた

めか、『迢空・折口信夫事典』や『折口信夫必携』といった折口の広大なテーマ、独特の語彙などを網羅、解説した本にも、「タブ」はキーワードとして取り上げられていない。

数多くの折口信夫論、釈迢空論でも、折口とタブの関係に言及しているものは、ごくわずかである。そんな中で、民俗学者の谷川健一が何度か「折口のタブ」について触れている。谷川は『古代研究』の写真のタブが「ずっと気になっていた」という。

谷川は折口の『日本文学啓蒙』にある「我々の祖たちが、此国に渡って来たのは、……」の一文を引きながら、「折口の考えはきわめて明白である。それは南方から漂着した日本人の祖先の民族渡来の記念樹がタブの木だという主張である。そのタブの木を目じるしにした海人たちのあったことを折口は推測している」（『渚の思想』）。

谷川は自らの沖縄や南西諸島への調査経験で、奄美大島などでは「戦後になってもタブの丸木舟を作り、……加計呂麻島との間によこたわる瀬戸内を横断していた」（『日本の地名』）といったことや、沖縄ではタブで刳《くり》舟を造っていた例をあげながら、「あのタブの木による丸木舟が日本の海ぎわにやってきた、というのは明らかですね。折口信夫はそこまで書いていませんが黒潮文化に対する直観力のすごさ、だと思います」（『柳田国男と折口信夫』）と語っている。

折口がタブの香りに関心を示していることに関して、「クスノキ科に共通な強烈な芳香が、八重の潮路はるか南につながる民族渡来の原郷をいつまでも思い起こさせたのではないか」（『渚の思想』）と言い、南方から漂着した人々のメモリーとしてのタブに着眼した折口の問題意識を「鋭い」と指摘している。

歌人の山本健吉は、折口の『妣が国へ・常世へ――異郷意識の起伏』の一文と、短歌の「気多はふりの家」を取り上げながら、折口のタブについて丁寧に論じている（『釈迢空歌抄』）。

結論から言えば、山本は、折口が日本文学発生の原点に置いた「もののあはれ」は、「海彼岸への懐郷心」、さらには「妣が国・常世神」といった概念から発するもので、これらを結びつけているのがタブであると言う。

山本は、折口の『妣が国へ・常世へ』の中から以下の一文を挙げている。これは折口が若い時に訪れた熊野・志摩などへの旅を思いつつ、記したものである。

「光り充つ真昼の海に突き出た大王个崎の尽端に立った時、遥かな波路の果に、わが魂のふるさとのある様な気がしてならなかった。……此は是、曽ては祖々の胸を煽り立てた懐郷心（のすたるぢい）の間歇遺伝（あたゐずむ）として、現れたものではなからうか」

折口の中には、若い時からここに記したような、波路の果てに「魂のふるさと」を感じるといったある種の気質があった。山本は「気多の渚やたぶの杜は、迢空の眼にはただの風景ではなかった。少年のころから彼の胸に根づいた一つの郷愁」に基づいた風景であり、これが「祖々の胸を煽り立てた懐郷心（のすたるぢい）」と共通するものだとする。

そして、山本は「遠い海彼岸の妣の国、あるいは常世の神といふ迢空の日本文学の発生についての発想に点睛を与へたものが、たぶの木の密生した気多の杜であったのだと想像できるのである」と記している。「日本民族が最初に感じたもののあはれ、すなわち海彼岸へのノスタルヂア」を象徴するのがタブだったという。

タブが海や黒潮と深いつながりのある木だということは前述した。私たちの祖先はタブで造った丸木舟に乗り、南方から黒潮に乗って北上し、タブの森のある海岸にたどり着いた。上陸した地に繁り、香るタブは、祖々にとって故郷でも見慣れ、親しんだ格別の思いがある木だった。
谷川は、折口がこの格別な思い、万感の思いをタブに込めたのだと言う。山本は、ここで祖々たちが感じたノスタルジアこそが、折口の言う日本文学発生の原点にある「もののあはれ」であり、この発想に確信を与えたのがタブの杜であるとしている。

「折口のこだわり」にこだわった弟子たち

折口のタブへのこだわりにこだわり続けたのが、折口の愛弟子の一人、国文学者・民俗学者だった池田弥三郎である。折口が亡くなるまでの約二〇年間、日々の折口に接していた池田にとっても、折口のタブへのこだわりは謎だった。

もちろん池田は、タブが折口の学問の象徴的な木であったことを十分承知し、折口を論じた様々な人の解釈も知っていた。それでも一語一句揺るがせにせず民俗学、国文学の世界を追い続ける折口の姿を見ていて、池田は師のタブへのこだわり様に、「なぜ、そこまで」との思いが頭から離れなかったのだろう。谷川健一との対談の中で、タブへの言及のないことを「無責任ですよね。……説明しないんですから」(『柳田国男と折口信夫』)と嘆いている。

一九三七年の夏、池田など三人の弟子は折口に引き連れられて北陸を旅している。富山の高岡から氷見《ひみ》など能登半島の東海岸を歩き、山を越えて石川県側の中能登の七尾方面に抜けて南下、羽咋《はくい》・気多《けた》大社に藤井春洋の家を訪ねている。折口が、初めて気多大社のタブを見て強い直観を得てから十年後のことである。

「能登の氷見から、半島の東海岸を七尾へ、わざわざ一日がかりで山越しをする折口信夫といっしょに歩いたことがありました。なぜ、歩かされたかといいますとね、七尾へ越える峠に、大きくバァーッと突き出したタブがあったからなんです。『古代研究』の写真版のタブのひとつでした。それを僕等に見せておきたいと思ったんですね。ともかく、タブは折口信夫、非常に問題にしていました」(『孤影の人――折口信夫と釈迢空のあいだ』)。

氷見から山を越えて中能登に抜ける地は今も不便だが、この一帯は海沿いに、また山中にもタブが非常に多い。折口や池田たちが見たものとは違うかもしれないが、山越えの途中にある長坂という集落には、「長坂の大いぬぐす」と呼ばれる大きなタブがある。

折口は『古代研究』以降も、タブについてのまとまった論考を書かないままだったが、タブへの思いは失っていなかった。若い弟子たちにタブを見せなくてはと、わざわざ不便なこの地を歩いたのである。

同行した弟子の一人、加藤守雄は、この旅でのタブにまつわるエピソードを書き残している。滞在した藤井春洋の家を出る時、折口は門の脇にある大きなタブに足を止め、「たぶの葉を一枚ちぎると、だまって私に手渡された」(『わが師　折口信夫』)と言う。

そして、「たぶは年のはじめに海彼の国から訪れるまれびと神が、しるしとしてたずさえてくる神聖な樹である、というのが、先生の学説だった。この土地に営まれたはるかに遠い祖先の生活を、身にしみて感じていられるのだろう」と記している。

ただ、こうした話は折口が自ら口にしたわけではない。彼は弟子たちにタブを見せるため、夏の盛りにわざわざ能登の海岸や山の道を歩いた。手が届くところにタブがあると、その葉をちぎって黙って弟子に渡した。しかし、タブについて具体的な話は何もしなかった。池田も折口の言葉は何も記していない。

池田はそんな師の行動と沈黙の重さをひしひしと感じていたのだろう。折口のタブへの並々ならぬ思いを受け止めていただけに、タブが折口の学問の「象徴」というだけではもの足らない思いを持ち続けた。

民俗学、国学とヒューマニズム

民俗学者として当然だろうが、池田が持っていた意識の一つが「民俗学の使命」であり、それは「折口民俗学が追い求めるものは」ということでもあった。これについて、池田は自分なりの結論を述べている。

「特に折口先生の場合の民俗学というものは出発点がヒューマニズムなんですね。人間的な憤りといいますか、公憤(おおやけばら)を立てるといいますか、こうしてはいられないという、そんなことを認めてはいられないというような憤りが心にあって、そしてそれはなぜそうなったんだというところに、そういう現状を説明していこうというところから民俗学という学問は出発してきたように思うんです」(『孤影の人――折口信夫と釈迢空のあいだ』)

この一文はもちろん、折口自身が『古代研究』の「追ひ書き」で述べている古代研究、民俗学への志や、国学への思いを踏まえている。

折口は「追ひ書き」で、自分の志を「新しい国学を興す事である。合理化、近代化せられた古代信仰の、元の姿を見る事である」と言っている。

近代化、合理化の中で希薄になり、ゆがめられ、消滅したかのような古代信仰の原初の姿を取り戻すというのである。それは「民俗学」という言葉からイメージされる過去に重きを置いた学問、趣味的に偏したような学問ではなかった。「新しい国学」と言うように、折口が抱いていたのは、近代日本もしくは日本人を支える精神を改めて打ち立てる学問だとの強い意気込み、気概である。言い換えれば、民俗学は現代性と社会性を意識し、強いパブリック（公＝おおやけ）性を持った学問であるとの信念である。これに類した意識は、柳田国男にも強くあった。

折口には自分の国のかたち、民族の行方に対する強い危機感があった。この意識は、戦後、一層募っていく。池田が「こうしてはいられない、そんなことを認めてはいられない」と記した、焦りにも似た思いである。

折口は近代日本、日本人の拠りどころを古代信仰の中に求めようとした。これを基にした「国学」の「国」は、「くに」「日本」「社会」とでも表現されるべきもので、池田の言う「公憤」の「公」に通じる。

生活の安心を保証した木

様々な人々の評論や感想、また折口の文章の断片や旅をつなぎ合わせるだけでなく、これらと樹木、材としてのタブが持つ豊かで広い世界を重ね合わせてみると、折口が追い求めようとしたタブの姿がもう少し具体的になりそうである。

改めて、折口がタブについて触れた「追ひ書き」や『日本文学啓蒙』の中の「我々の祖たちが、此国に渡って来たのは、……」に始まる文章を、一行ずつ、一語一句追ってみる。

○「海には『たぶ』、山には『つばき』、この信仰の対照を見せたかった……」

自ら「半生を費やした」と言う折口の旅は、熊野に始まり全国に至っているが、その重要な地域の一つが日向・大隅、沖縄、壱岐や能登である。これらの多くが、植生上は「ヤブツバキクラス」と呼ばれる地域で、ツバキとタブやシイが自然植生の中心となっている。折口は各地でツバキとタブの繁る山々を見ていたし、多くの地域でタブやツバキに聖性、霊性を感じる習慣があることを知っていた。

○「常世神の漂著地と、其将来したと考えられる神木、及び『さかき』なる名に当る植木が、一種類ではないこと、古い『さかき』は、今考へられる限りでは『たぶ』『たび』なる、南海から移植せられた熱帯性の木であることを示さう……」

「常世神の漂著地」とは、私たちの祖先が海の彼方から渡り来たった地という意味だし、「熱帯性の木」とは、折口はタブが南方系の木であることを十分に知っていたことを示している。

この海からの渡来を示す風景を、折口は旅の中で数々、見ているのである。例えば、折口が感動した気多大社の風景もそうである。現在では、大社のそばを道路が走り、周辺に人家も多いが、ここから道路や人家を取り去ってみれば、気多大社は大鳥居を通してまっすぐ海に面している。いま私たちは神社から海を望むが、本来の姿を言えば、古代の人々が海からタブの繁る森を目印に舟を向け、「たぶの葉うづむ」渚に上陸し、そこが記念の地として「社」になったのである。鳥居は海からの入口である。折口がよく歩いた日本各地の海沿いの地には、こんな「海神社」とも言える姿をした神社がたくさんある（写真58）。

写真58　海に鳥居が連なる対馬の和多都美神社（対馬市豊玉町）

○「我々の祖《おや》たち」は「波濤を押し分け」、「此国に渡って来た」

私たちの祖々《おやおや》は海を渡り、南の国からやってきた。当然、丸木舟のような小さな舟を連ねて来たのである。丸木舟についての項で述べ、柳田国男や谷川健一も言及しているように、つい数十年前まで、沖縄や南西諸島でタブは丸木舟造りに最も適した船材だった。その系譜は台湾に、さらに南洋諸島にもつながる。彼らが乗って来た舟がタブで造られていた可能性は高い。

万葉の歌人、大伴家持が能登で詠んだ歌に、「鳥総立て　船木伐るといふ　能登の島山　今日見れば木立繁しも　幾代神びそ」（巻十七・四〇二六）という一首がある。「船木」は船材用の木であり、能登がこの船材の産地だったことを示している。この「船木」はタブだった可能性が高いことは何度か記した。『万葉集』に詳しく、さらに家持に格別の想いを抱き、能登をよく歩いた折口である。柳田国男のように、直接、タブと丸木舟のつながりには言及していないが、折口が「丸木舟とタブ」を意識していたことは十分、考えられる。

○「現在までも村々で行はれてゐる、ゆひの組織の強い団結力によって」「来ることが出来たのだらうと考へられる」

折口が考えているのは、意識を持って組織を成し、渡来した人々である。人々は、流されてたどり着いたというより、集団で新天地での生活を切り開こうとやって来たのである。

○「漂著した海岸は、たぶの木の杜に近い処」であり、渚の砂を踏みしめて感じたのは「青海の大きな拡りと妣の国への追慕とであった」

たどり着いたのは、タブが繁る海岸だった。タブは彼らの故郷にもあって、その香りにも材にも慣れ親しんだ懐かしい木だった。というより、彼らは海上から島や陸地を発見し、さらにタブを見つけて喜び、そこに舟を向けて上陸した。何よりも彼らにとって、タブが繁る地は生活の安心を約束してくれる地であったからである。

「黒潮の流れに沿って」の項でも記したが、タブは材として、料として、また魚や鳥を集めはぐくむ木、目印の木であり、人々の営みを保証する木だった。「渚の砂を踏みしめて」感じた「追慕」は、大海原を渡り切り、安心して生活が出来る地にたどり着いた安堵感と感謝の気持ちから生まれたものだった。

こんなことを折口が書き残しているわけではないが、彼の直観は「妣が国」「常世」といった、情緒的、抽象化した概念のみを追い求めていたのではない。その背後にある、渡り来た私たちの祖先の具体的な「生活」の在りように強い思いをはせていた。

短歌の「気多はふりの家」には、繰り返し「たぶ」の言葉が出てくる。この自歌自註には、「遥かなる山や岬から、海を越えて渡って来た人々の、土著して生を営むその順序にどうしても想像をはせないではゐられなかった」と記している。

折口は、タブが「記念」や「郷愁」と言うだけでなく、何よりも古代の人々の生活に密接にかかわり、彼らの生活を保証し、海を越えて渡り来る時の拠りどころとなる木だったということを見通そうとしていたと思える。

「〝ほう〟とした心」

折口を慕った歌人・宮柊二が、折口の生き方というか思想を「人間の生命というものが、希うとも、希うままには律し得ざる生き方を遂げて逝く、そうした庶民の生き方を見守っていた」（『宮柊二集』⑦「「倭をぐな」を通して」）と記している。折口の人間観の根幹には「歴史とは別に在る人間の生き方、心情というものを注目し、いとおしんだ」気持があったと言うのである。

人間の弱さや哀しさに対する思いやり、愛情であり、この「いとおしみ」が池田弥三郎の言うヒューマニズムの根幹ともなってもいるのだろう。「懐郷心（のすたるぢい）」「もの丶あはれ」にも通じる気持ちである。

折口の中で、「古代信仰の原初の姿」「いとおしむ気持」「もの丶あはれ」と「ヒューマニズム」「公の意識」、さらに「国学」や「民俗学の使命」は、分かち難く結びついている。その絆となるのがタブの姿だったように思われる。

そんな風に思わせる文章が、折口の『ほうとする話――祭りの発生　その一』にある。同一とも言える文章が『若水の話』の冒頭にもあって、折口はこの「〝ほう〟とした心」にこだわりを持っていたようである。「〝ほう〟とした心」については長くなるが、折口の文章をそのまま引用する。

「ほうとする程長い白浜の先は、また、目も届かぬ海が揺れてゐる。其波の青色の末が、自づと伸《の》しあがるやうになつて、あたまの上までひろがつて来てゐる空である。ふり顧ると、其が又、地平をくぎる山の外線の立ち塞つてゐるところまで続いて居る。四顧俯仰して、目に入る物は、唯、此だけである。日が照る程、風の吹く程、寂しい天地であつた。さうした無聊の目を睜らせるものは、忘れた時分にひよつくりと、波と空の間から生まれて来る――誇張なしにさう感じる――島と紛れさうな刳り舟の影である」

「どこで行き斃れもよい旅人ですら、妙に遠い海と空とのあはひの色濃い一線を見つめて、ほうとすることがある。沖縄の島も、北の山原など言ふ地方では行っても〳〵、こんな村ばかりが多かった。どうにもならぬからだを打ち煩《あつか》うて、こんな浦伝いを続ける遊子も、おなじ世間には、まだ〳〵ある。其上、気づくか気づかないだけの違いだけで、物音もない海浜に、ほうとして、暮らしつゞけてゐる人々が、まだ其上幾万か生きてゐる」

「ほうとしても立ち止らず、まだ歩き続けてゐる旅人の目から見れば、島人の一生などは、もつともつと深いため息に値する。かうした知らせたくもあり、覚らせるもいとほしい、つれ〴〵な生活は、まだ〳〵薩摩潟の南、台湾の北に列る飛び石の様な島々には、繰り返されている。でも此が、最正しい人間の理法と信じてゐた時代が、曾ては、ほんとうにあつたのだ。古事記や日本紀や風土記などの元の形も、出来たか出来なかつたと言ふ古代は、かういふほうとした気分を持たない人には、しん底までは納得がいかないであらう」

そして、『異郷意識の進展』には、こんな文章がある。

「全体、人間の持ってゐる文芸は、どういふ処に根を据ゑてゐるかといふと、生理的にも、精神的にも、あらゆる制約で、束縛せられてゐる人間の、たとひ一歩でもくつろぎたい、一あがきのゆとりでもつけたいといふ、解脱に対する憧憬が文芸の原初的動機なのである」

「〝ほう〟とした心」とは、一言で言えば、文字を知るよりずっと以前の古代日本人が、つつましい生活の中で、時に感じた「解脱」に近いような純粋な安堵感ということであろうか。

折口が亡くなるまで共に生活をした愛弟子の岡野弘彦は、「『ほうとした心』とは、現代人の合理解から心を解き放って、古代の村びとの世界に心を遊ばせようとする思いにほかならぬであろう」（『折口信夫伝

――その思想と学問』）と言っている。

恐らく、歴史を超えて抱く人間の憧憬が「〃ほう〃とした心」であり、ここに古代信仰の原初の姿があるというのが折口の思いである。声高ではないが、こんな心情、それと共にあった生活を、折口は「最正しい人間の理法」とまで言い切っている。

南の国からやってきた私たちの祖々は、この列島にたどり着き、渚の一歩を踏みしめた。そこに繁るタブを見上げ、振り返っては渡り来た大海原を見た。ささやかであっても、「ここで生活ができる」と心の底からわき上がってくる安堵感が、「ほう」とした気分だった。

折口は浦々を行脚《あんぎゃ》するように歩きながら、「ほう」との思いを大切にして生きる人々を見てきた。自らも修行のような苦しい旅で、「ほう」とひと息つく経験を何度もしたに違いない。その時、渚や海に迫る山々には、青々としたタブがあった。

折口がタブに見たのは、日本人の生活の依りどころであり、そこに生まれる「最（もっとも）正しい人間の理法」とも言える「〃ほう〃とした心」だったのかもしれない。

「新しい国学」と「国の木」

折口が亡くなって二〇年後、池田弥三郎はタブという木を知りたく思い、一九七五年の春、植物学者の宮脇昭を訪ねている。

そのいきさつなどは、宮脇が「タブノキ林と日本人」（『自然』一九七六年一〇月号）や『緑環境と植生学』に書いている。

「国文学者の池田教授がタブノキに執心されていると知り、ちょっと不思議に思うとともに、強く興味をそそられて、はじめて一夕、招かれてゆっくり話を交換する機会を得た」(『自然』)。

池田は『古代研究』のタブの写真について、「なぜ折口先生が戦後の厳しい条件の折、わざわざページを割いて能登のタブノキの大木の写真を載せているのか説明がなかったと、まわりまわって最後に私のところへこられ、いろいろと尋ねられた」(『緑環境と植生学』)というのである。

そして、池田から折口のタブへの強い関心を聞き、「私は逆に、折口信夫という人は、これは凄い人だと思いました。感銘しました」と宮脇は言う。

「植物や生態学、植生学にまったく関係のない、しかし、本物を見分ける能力をもった一民俗学者によって、すでに四十数年前にタブノキと日本文化について深い関心がもたれたことを知った。……日本の文化、民俗を肌で感じ、日本各地を足で確かめた偉大な民俗学者、折口信夫が、すでに私の生まれたころ、タブノキと日本人の心、生活、文化、民俗についての深いつながりに気付いていたことに驚いた。……一見無関係に見える民俗、文化、心と土着の自然――タブノキ――との深底での結びつきを見抜かれていたであろう折口博士の見識と、見えないものを見抜く力に、日本人の英知と本物の自然観に触れた思いがした」(『自然』)と記している。

宮脇は「折口さんはタブにほれ込んでいました。本物の人物がタブを『これは』と思われたんでしょう」と話す。

池田が宮脇の話にどんな感想を持ったのかはわからない。しかし、タブが珍しい木などではなく、かつて列島を覆った日本の代表的な木だったことを聞いただろう。さらに、宮脇がよく口にする「タブは国を代表する木、国の木、『国木』ですよ」「国の守り神です」といった言葉も聞いたかもしれない。

折口が亡くなって半世紀以上が過ぎたが、毎年、命日には羽咋《はくい》市で慰霊の祭が行われているようである。

富岡多恵子は一九九九年の四十六年祭の様子を記している。祭詞の奏上や折口の歌を献詠した後、参加した人々は、「タブの木の小枝を手に手に持って近くの墓地まで歩き、……墓石の前にタブの小枝を供えて拝むのである」（『釈迢空ノート』）。

折口にとって、「古代信仰の元の姿」を復活することが、新しい民俗学、国学を打ち立てることであり、その使命であった。「古代信仰の元の姿」は消えかかっていたが、タブは古代のままの面影を残していた。私たちの祖先が、渡り来たってタブに生活の未来を託したように、折口には、その志、民俗学や国学の未来をタブに託すといったような思いがあったのかもしれない。

池田は慶応大学の退官記念に、大学キャンパス内に数十本のタブのポット苗を植えた。師の志や思いを実感し、若い人にもそれを伝えようとしたに違いない。

二　宮脇昭――「タブノキ教」の教祖

忘れ去られようとしてきたタブだが、この数年、タブを知る人が少しずつ増えているような気がする。環境問題への意識から、また、東日本大震災・津波の後、人々の森林や樹木への関心が少し高まっているからかもしれない。ことタブについて言えば、大きいのは恐らく宮脇昭・横浜国立大学名誉教授の力によるだろう。折口信夫を「タブにこだわった人」とするなら、宮脇は「タブに憑かれた人」である。

二〇〇五年、宮脇はＮＨＫ教育テレビの「知るを楽しむ」という番組で二か月にわたり、森林、樹木についての講座を行った。この数年、様々な人との話の中で話題がタブに及んだ折、「テレビでその木の名を聞いたことがあります」と言う人が何人かいたのは、いずれもこの講座を見てのことだった。宮脇の話でタブを知り、照葉樹、植樹、鎮守の森などへの認識を改めた人はかなりの数にのぼるに違いない。

植物学者としての宮脇の仕事や、世界に広げている植樹活動、さらにいま宮脇が東日本大震災後に取り組んでいる防潮のための「森の長城」構想などについては、『魂の森を行け』や、宮脇自身の『瓦礫を活かす〈森の防波堤〉が命を守る』に詳しい。

若い時に雑草の植生をテーマとした宮脇は、ドイツに留学して恩師から潜在自然植生の概念を学ぶ。一九六〇年に帰国してからは植物社会学的な植物群落調査に取り組み、これが日本の森林植生の全体像を明らかにする仕事へと発展していく。この中で宮脇は日本の森林の原植生の中心をなす木がタブであることに着目するようになった。

私たちが現在見るこの国の森林の風景は、数千年の間に人間の手が様々に加わって残っている森林である。太古の時代に森林を切り開いて田畑を作り、奈良、平安時代以降、千年以上にわたって建築資材、燃料などとして膨大な木を伐り、また時には植えて来た結果である。

いま、日本中の山々は圧倒的にスギに覆われている。これは戦後復興のため、荒廃した山に、国策として建築材用のスギ、ヒノキを植林してきたからである。日本中の山々に、麓から山の頂までスギ、さらにヒノキを植え尽くし、太古どころか、百年余り前のまだ広葉樹も豊富だった山の姿を大きく変えてしまった。

こうした人工的な変化を排し、人の手を加えなければ生育するだろう植物の様子が、原始時代の植生の姿とも言える潜在自然植生（原植生）である。宮脇たちは手分けして全国をくまなく歩き、列島の樹木などの植生を調査し、現在の状況と潜在自然植生を明らかにした。これが一九八九年に完成した全十巻、合わせて五七〇〇ページにもなる『日本植生誌』である。

この調査研究で、宮脇は列島を広く覆い、日本の樹木の原植生の中心となる木の一つがタブであることを示した。

もちろん、それまでの植物学者もタブを知り、照葉樹林を構成する代表樹種であることも知っていた。しかし、日本中をくまなく調査し、その原植生を示して、タブが列島の広範囲に生育し、日本の森林の根幹をなす代表的な木であることを強く唱えたのは、恐らく宮脇が最初であろう。以来、宮脇は様々な場で、タブが日本の代表的な木であることを書き、語ってきた。

大学で教えていた時代、宮脇がタブに特別なこだわりを持っていたことは有名だったようである。「〝タブノキ教の教祖〟などと呼ばれましてね。試験で答がかけなかったような学生も、私のところにタブの木を持って行けば、なんとか及第点をもらえるというような話が広まりました」と笑う。

宮脇はタブを学問の世界だけにとじ込めておかなかった。大学退官後は国際生態学センター長を務めながら、全国に、さらには世界に出かけての植樹活動を続けている。この中で、宮脇は常にその地に合った樹種を植えることの大切さを説き、実践してきた。

指導する国内各地の植樹では、多くの場合、そこにタブを入れている。宮脇は木を植える前、木々の苗を示して説明しながらそれらを掲げ、参加者にも木の名を三度ずつ唱えるように促す。「タブノキ、タブノキ、タブノキ」「スダジイ、スダジイ、スダジイ」といった風に。この宮脇の強い思いがあって、タブは忘れられかけた存在から、少しずつ人々に知られる木へと復権しつつある。

宮脇は自分が関心を持ったタブの植樹を強いているのではない。宮脇はタブの話をしながら、よく「本物の木」といった表現をする。「本物」というのは、科学者、植物学者としての宮脇独特の表現である。

その地の風土に合った木が生育するのが最も自然であり、またよく育つ。無理をせず、自然の植生の通りの森を作ることが、地域の自然環境にも最適であるというのが宮脇の信念である。タブはツバキ、スダジイ、アコウなど、地域ごとに様々な樹木とグループを形成しながら生育している。日本の風土に適し、他の樹種と共生しながら育つ木がタブであり、これを宮脇は「本物の木」と言う。

宮脇が国内で指導した植樹は、これまでに一五〇〇か所を超えているだろうか。教えた横浜国大には宮脇が植えたタブが林を作り、国内には緑化林として植えたタブが大きく育っている工場が幾つもある。海外でも中国、ブラジル、ボルネオ、ケニアなど、宮脇の植樹活動はいまも広がるばかりである。

宮脇が「いつどこで」タブに出会ったかは、本人も「はっきりしない」と言う。「潜在植生を追い求めた中でタブに出会い、気づいたらタブに到達していた」と話す。

ただ、宮脇は幼少時に故郷で備中神楽の舞を見た時、背後に黒々と広がる照葉樹林に「身が震えるような」衝撃を受けた。広島の大学時代には、原爆に被災した街で半ば枯れそうな木が赤い新芽を出しているのを発見、「この木がタブだった」という経験をしている。

宮脇はしばしば、「鎮守の森」の話をする。小さくはあっても、鎮守の森では消え去りかけたタブやアカガシ、アラカシといった木々の姿を見ることができ、ここに日本の原植生の名残があるからである。かつて調査した神奈川県の例を挙げながら、かつて日本列島を覆っていた照葉樹林がいまや〇・六％にも減っていることを嘆きつつも、それでも日本人はかろうじて鎮守の森を守ってきたし、「私たちはこれらの木々が大切であることをまだ忘れてはいない。これは日本人が世界に訴えなくてはいけない文化、知恵である」と言う。海外でも、「CHINJU-NO-MORI」は国際語になっているそうである。

現在の世界の森林や環境などについて話す時、宮脇の表情は鋭く、その口からは厳しい言葉が矢継ぎ早に出てくる。しかし、それがタブの話になると、一転して孫を語るようになごやかになる。

「タブは少し暗いような印象を受ける」というと、「そんなことはない。あんなに青々と見事な木はない」と言い、「新緑の緑も、ひときわ色濃くなった緑も実にいい。何度見ても、一年中見てもあきない。なんと言っても風格がある」と。

和歌や俳句でサクラやウメ、マツやスギは題材になり愛でられるのに、タブは皆無であることを話題にすると、「タブを詠めないようでは、本物の歌詠みではない」とも。

「つき合えばつき合うほど、本当の魅力がある。タブは日本の守り神ですよ」と語る宮脇のタブに対する愛情はあふれんばかりであり、まさに「タブノキ教の教祖」である。

折口信夫の弟子であった池田弥三郎は、折口がタブにこだわった理由がわからず、宮脇を訪ねた。もし、折口と宮脇が同時代に生き、出会ってタブの話をするというようなことが起こっていたら、間違いなくユニークなタブ論が展開されたのであろう。

「守る木、防ぐ木」の項に記したが、二〇一一年の東日本大震災の後、宮脇はすぐに現地に入り、いまは津波などを防ぐ「森の防波堤、森の長城」構想を提唱し、推進している。

第七章　列島各地、そして近隣諸国のタブノキ

一　列島のタブノキ

太古の時代に日本列島の半分以上を覆っていたと言われる照葉樹は、いまや国土の二％足らずとなり、その代表的な木の一つであるタブの姿も減っている。しかし、タブは絶滅危惧種的な木ではない。少し意識すれば、神社の境内、鎮守の森に残るタブを発見できるし、時には街路樹としても、また街中の公園でも見ることがある。沿海部では、海岸近くのこんもりと繁る照葉樹林の中にタブが残っていることもある。各地の紀行文やガイドブックには、「能登は『タブノキ王国』」「隠岐を代表する木はタブノキ」といったような一文がある。これらの地を歩けば、どこかで立派なタブに出会うことができる。

全国の多くの都道府県・市町村では、「県の木」「市の木」などを定めているが、釜石市（岩手）、南三陸町（宮城）、青ヶ島村（東京）、粟島浦村（新潟）、小牧市（愛知）などのシンボルの木はタブである。市町村合併などで変わってしまったが、かつては酒田市（山形）、氷見市（富山）、七尾市（石川）、湖北町（滋賀）などもタブが市・町の木だった。もちろん、これらの地はタブが多い。

表1　タブの全国最大級の巨木10本

所在地	幹周り(cm)	地元の呼称
神奈川・愛甲郡清川村	900	シバノ木
鹿児島・川辺郡大浦町	890	
千葉・香取郡山田町山ノ台	857	府馬の大クス
佐賀・西松浦郡西有田町大木	850	狩場のタブ
茨城・鹿島郡波崎町舎利	824	波崎の大タブ
京都・中郡峰山町	810	
東京・西多摩郡奥多摩町古里附	807	古里附のイヌグス
島根・飯石郡三刀屋町　高尾神社	785	
石川・羽咋郡富来町大福寺　高爪神社	780	
石川・珠洲市宝立町柏原　日枝神社	760	

(環境省「巨樹・巨木林フォローアップ調査報告書」(2001年)から)

環境省の「自然環境保全基礎調査」は全国の大木についても調べ、タブについても言及している。この中の「巨樹・巨木林フォローアップ調査報告書」(二〇〇一年)によると、全国の巨木は約六万四千本。未確認のものも含め、「わが国の巨木の本数は約十三万二千〜十五万六千本程度」と推測している。最も多いのがスギで、ケヤキ、クスノキと続き、六位がタブである。大きなタブは約二千本あって、最大級の十本のタブをみると、各地にまだ大きなタブが残っているのがわかる(表1)。

各地の大きなタブは、巨樹を訪ねる本や、「全国巨樹・巨木林の会」「人里の巨木たち」といった森や樹木に関するwebサイトでもたくさん紹介されている。これらを参考に、列島に残る大きなタブを訪ね、まつわる話やその名残らしきものを拾い集めると、かつて列島の主役をなしていたタブの姿が甦ってくる。

①　九州と南の島々――消えゆくタブノキ

春四月、鹿児島県の薩摩、大隅の半島を回ると、木々の新緑がブロッコリーのように盛り上がり、海岸沿いの山々られた。

はタブ、シイ、カシなどの豊かな生育地で、最南端の佐多や東南の内之浦などは、かつて大きなタブが見

ス）などを含めた照葉樹に覆われている。九州一帯、とりわけ南九州はタブが多く、中でも大隅半島一帯

を覆っている。鮮やかな緑はシイ、タブ、カシ、クスなどの若葉で、半島の多くはツバキやイスノキ（ユ

大隅半島や「綾の森」のタブ

しかし、この地でも大きなタブはすっかり減ってしまった。前述の「フォローアップ調査」が選んだ全国の大きなタブ十本のうち、南九州にあるのは一本だけである。これは「祈り、祀る木」の項で記した薩摩半島北部、南さつま市大浦町にある「原のタブ（大浦のタブ）」で、この地の旧家の守り神であるモイドンの聖なる木として立っている。

南九州で昔からタブを見てきた人たちは、いま口をそろえて「大きなタブは少なくなった」と言う。木材集散地・都城（宮崎県）の材木業者も、「タブやアカガシ、ユスなど、かつて器具材などに使った『堅木（硬木）』と呼ばれる木は、めっきり減った」と話す。

南九州には「椨」「タブ」の付く地名、名字が残り、各地にタブ粉を生産し、炭を焼いたという話が残っている。タブが生活と結びついていたことの証だが、それだけに大きなタブはすっかり切り尽くされてしまった。鹿屋市にある鹿児島銘木市場でこれらの木を扱ってきた毛下《けおろし》勉さんは、「大きなタブが残るのは、モイドンなど個人によって大事にされている森の中か、国有林の中で保護されている木くらい」だと言う。

大隅半島で自然な姿でタブが残っているのは、半島の南東、肝属《きもつき》山地一帯の照葉樹林帯や、北西側の高

隈山一帯である。

肝属山地の稲尾岳（九三〇メートル）を中心とする一帯は「照葉樹の森」と名づけられ、西日本では極相となる照葉樹の原生林が残っている。低い地からタブ、スダジイ、イスノキ、ウラジロガシ、アカガシなどが生育する。山に入るとヤブツバキ、ヤマグルマなどが繁る、昼でも薄暗い山道が続き、稲尾岳近くには大きなタブやイスノキが見られる。

一帯の「大隅照葉樹原生林」は地元や一部識者の間でしか知られていなかったが、いまは一〇〇〇ヘクタール以上が森林生態保護区になっている。

鹿屋《かのや》市と垂水《たるみず》市にまたがる高隈山系もタブが多く、三、四〇年前までは一抱えもあるようなタブの大木がたくさんあったという。二五年ほど前に出版された『大隅半島』に「高隈山は世界の宝」（郷原茂樹）という一文があり、一九七四年に国際植生学会のメンバーが調査旅行にここを訪れ、「バスからおりてきた学者たちは、タブやシイ、カシなどの原生林をみて、口々に感嘆の声をあげた」とある。しかし、八〇年代中ごろには大木が次々に伐られ、「荒れるばかりの高隈山」になっていると嘆いている。

鹿屋市の市街地から北に約二〇キロ、旧輝北町の国道五〇四号沿いに高さ十数メートルのタブがある。病院の前にあって、持ち主は「昔、病院を建てる時に伐ろうとしたが、残してほしいと言われて残した。祖父はこの木を神木《かむぎ》と呼んでいたと思う」と言う。

半島北東の大崎町にある「仮宿《かりじゅく》のタブ」（写真59）は樹齢約四百年、県内で最大級のタブである。一帯では、この北西にある照日神社の社叢、愛宕神社や早馬石祠、北の久木迫霧島神社でもタブが見られる。

鹿児島市内は街路樹も含め圧倒的にクスノキが多いが、城山には様々な照葉樹林が残っていて、シイ、カシ、イスノキなどに混じってタブもある。

写真59　鹿児島県内最大級の「仮宿のタブ」

鹿児島県の宮崎、熊本との県境に近い湧水《ゆうすい》町吉松に川添国有林がある。ここの約八〇ヘクタールの原生林には、幹周り六メートルを超える樹齢数百年のタブの巨木を含め、ほかにもイスノキ、アカガシ、ミズメなどの希少樹種が残り、「林木遺伝資源保護林」に指定されている。

宮崎市から二〇キロほど北西にある綾《あや》町には、綾南川の上流に「綾の照葉の森」がある。早春の晴れた日など、木々の葉が日の光を反射し、「照葉」の名の通り照り輝いている。遊歩道を巡ると、シイ、タブ、カシなど代表的な照葉樹を見ることができる。

南の島々のタブ

鹿児島県の南に浮かぶ黒島、硫黄島や種子島、屋久島からトカラ列島、奄美諸島。さらに沖縄や宮古島などを含む先島諸島に至る南西諸島は「タブの本場」とも言える地域。江戸、明治時代以降に記された様々な本や調査書には、「たブゲキ（タブ木）」「トモンギ（斗文木）」などの表記で、島の主要樹木の一つとしてタブが出てくる。

トカラ列島は十幾つの島で十島《としま》村を構成し、島々を村営フェリーが結ぶ。島々を訪ね記した『名も知らぬ遠き島より』によると、鹿児島港を出た船は、島に近づくと船内放送で「ガジュマル、アコウ、ビロウ、タブノキなどがジャングルのようにおい茂っています」などと、各島の案内をするのだそうである。どの島でも、代表する木の一つとして紹介されるのがタブである。

三島村の一つ黒島は、有吉佐和子の小説『私は忘れない』の舞台となった島である。有吉が島を訪れたのが一九五八年、小説が新聞に連載されたのが五九年である。

東京に住む駆け出しの若い女優が、失意の時、偶然、写真集で黒島の名を知り、気分転換に島に出かける。数日滞在のつもりが、台風のため二〇日間ほどを島で過ごすが、島民とのふれ合いを通じ、「島を忘れない」との思いで東京に帰ってくるという話である。小説の数々の場面にタブが出てくるが、こんなにタブが登場する小説は他にはないだろう。

しかし、こんな時期から二十数年の間に南西諸島の大きなタブはほとんどが伐られてしまったようである。奄美大島でタブの丸木舟を復元しようとした時、島内で大きなタブが見つからず、宮崎県で探し求めたというのが八〇年代半ばの話である。

奄美大島には「金作原《きんさくばる》の原生林」など自然な姿の森が幾つか残り、タブがあるという。しかし、かつて丸木舟のためにタブを伐り出したという島の西南、湯湾《ゆわん》岳一帯に広がる照葉樹の森「フォレストポリス」で、いまタブの姿は見つけにくい。山の案内をする人も「タブは見るかなぁ……」と首をかしげる。

玄界灘のタブ

北九州でタブが多いのは、日本海側の響灘から玄界灘にかけての一帯である。北九州市と福岡市の中間に宗像《むなかた》市がある。本土側に宗像大社本宮（辺津宮）、対岸の大島に中津宮、玄界灘沖合の沖ノ島に沖津宮があって宗像三女神を祀っている。沖津島に残る原生林の主要樹種はタブだと言われ、本宮のある海沿い一帯にもタブが多い。

福岡市の博多湾の北側に「海の中道」と呼ばれる小さな半島が伸び、その先に金印が出たことで有名な志賀島《しかのしま》がある。島の南に「海神の総本社」「龍の都」と称する志賀海神社がある。照葉樹に覆われる境内にタブが見られ、本殿前の楼門の脇に大きなタブがある。

久留米市の高良《こうら》大社がある高良山一帯も、シイやタブが多い豊かな照葉樹に覆われ、本殿への石段を上がりきると、右に大きなタブが立っている。

佐賀県・伊万里市の南、有田町大木にあるタブは、「巨樹・巨木林フォローアップ調査」で大きなタブ十本に選ばれた一つ。「狩り場の楠」と呼ばれ、樹齢は三〇〇～五〇〇年で、幹周りは七メートル以上。高さは記述により違うが、いまの一三～二〇メートルとされる高さは、元の姿の何分の一かで、本来は巨大なタブだったたと言われる。

長崎県でタブが多いのは、松浦、島原半島一帯や五島、壱岐、対馬など玄界灘に浮かぶ島嶼部になる。島原半島の国見町神代《こうじろ》には、「たぶわら」（たぶ原）という地名がある。名の通りかつてはタブ林があった。「ヒノキ林のなかに点々と、伐採を免れた四本のタブノキがある。……、ヒノキ林の前はタブノキの照葉樹林がつづく場所だったことから、『タブわら』あるいは『タブヤマ』の地名で親しまれ……」（『木霊の宿る空間——長崎県の巨樹・巨木を訪ねて』）とある。

江戸時代末期の対馬の様子を記した『楽郊《らっこう》紀聞』に、「大成《おおなる》タブの木、むかし有たり」などとあるが、島を何十回も巡り歩いている郷土史家の永留久恵さんは、いま大きなタブは見ないし、タブについての伝承はあまり聞いたことはないという。対馬には海に面した神社が無数にあって、どれも照葉樹の社叢に覆われている。木坂の海神神社や仁位の和多都美《わたつみ》神社の社叢にタブは見られるが、際立った巨木はない。

熊本県の水俣から鹿児島県の出水《いずみ》一帯もタブが多い。水俣港の沖に浮かぶ恋路島にはタブが繁り、水俣から山に入った人吉一帯はタブ粉の生産が盛んだったから、タブも多い。JR肥薩線の那良口駅の南西、毎床《まいとこ》の集落には「毎床の椨」がある。

熊本市の熊本城内には、旧藤崎宮があった藤崎台球場辺りに「タブノキ坂」と名づけられた小さな坂があった。熊本城の古地図にはこの表記で載っているという。「たぶき坂」「柊木坂《たぶのき》」とも表記したようで、かつてここにあった武士の屋敷に大きなタブがあり、それにちなんだものという。

ただし、現在、この古地図のタブノキ坂がどこに当たるのかははっきりしない。城の管理事務所によると、「球場の西側脇を南北に通る道か、もう一本東側の道ではないでしょうか。今、それを示す標識はありません」と言う。「柊」の字は、一般にはヒイラギの木を指すが、この字をなぜ「たぶ」と読むのかはわからない。

『大日本老樹名木誌』は、熊本県の鹿本郡三玉村久原（現山鹿市久原）にある「天神たぶ」を紹介している。「郷民、之ヲ天神ト称シ毎年十月十五日例祭ヲ行フ」とあるが、いまここにタブは残っていないようである。

『豊後街道を行く』には阿蘇周辺に残る大きなタブを記している。豊後街道は熊本から大分まで一二〇数キロ（三一里）。一里ごとに木を植え、「一里木」「二里木」と呼んだが、いまもその何本かが残っている。阿蘇外輪山に近い新小屋（大津町）が六里木跡で、近くの民家に「六里木」のタブが残る。「回りにある樫などの木々より抜きんでて高々と聳え立っていた。数百年もの間、街道の移り変りを見てきた大木である」と言う。

熊本市の南、宇土半島の耳取山にはタブの純林があり、宇土や八代一帯ではタブを「タビ」と言うようである。

② 北陸――佐渡や能登の豊かなタブノキ

新潟から島根にかけての日本海側はタブが多い。目立つのは対馬暖流に洗われる海岸に沿った地や島で、中でも佐渡は島内全域でタブが見られる。この地に赴任して、「タブの多さにびっくりした」と記している人があるほどである。

佐渡――島の各地に

一九二〇年に佐渡を訪れた柳田国男は、旅のすぐ後に『佐渡の海府』を著し、十数年後にも訪れている。佐渡のタブに直接は言及していないが、戦後に著した『北小浦民俗誌』には「佐渡の海府は、タブの北限線のこちらである」と記している。

北小浦は、佐渡の玄関口、両津から東海岸に沿って二〇数キロ北東にある。集落の北、海に沿った坂道の両側にタブやツバキが繁っている（写真60）。集落の熊野神社の社叢で、説明には「タブのほか、ヤブツバキ、シロダモ、ヤツデ、ヒサカキ、イタビカズラ、ヤブコウジなどからなる。タブの極相林である」とあり、ヤブツバキ――タブ林の典型的な姿である。

「小浦の黒森」と呼ばれ、魚付き林、また船の位置を知る「山あて」の森としても親しまれてきた。地

写真60　佐渡・北小浦の海沿いに繁るタブやツバキ

元では「黒森のタモノキは伐るな」と言い伝えられてきたそうだから、ここはタブを「タモ」と呼ぶ「タモ圏」に入るのだろう。

島の中央部に国中《くんなか》平野が広がる。古代には海がもっと国中平野に入り込んでいたという。ここにある佐渡高校には、校内に二〇〇本以上のタブが繁る群落がある。平野南西部、真野湾一帯もタブは多い。大膳神社の社殿を囲む林のほとんどがタブで、地面からは三〇〜五〇センチの実生のタブの若木がたくさん生えている。真野公園の西側にある白山神社のタブも大きく、神木のように扱われている。

佐渡の植物を記した『佐渡山野植物ノート』は、島の最北端、弾崎《はじきざき》周辺から南端の羽茂《はもち》、小木《おぎ》に至る島内全域の社寺、個人宅にあるタブの大木や群落を紹介している。島の西側、金山のあった相川・大浦の尾平神社には島内第一のタブ林があるという。

能登――半島中に繁るタブ

石川県はタブが多く、中でも県内のタブの八割があると言われる能登半島では、至るところで大切にされている大きなタブを見ることができる。「タブノキ王国」と表現されることもある能登では、タブを「タビ」と呼ぶ。

半島北端の珠洲《すず》市には、市職員が「恐らく珠洲市だけかも」と言う珍しい苗字がある。漢字の表記は「樟」「樟木」で、これを「たびのき」「たびき」と読む。電話帳には珠洲市内で五軒ほどの「樟」「樟木」姓がある。

半島西南の付け根、口能登の中心が羽咋《はくい》市。市街地から四キロほど北に気多《けた》大社がある。神社正面が海を向き、大鳥居の先に海岸が広がる。背後がシイ、タブなどの繁る約一万坪の社叢で、折口信夫が感動し、日本民族が海から渡来したという直観を得たのはこの社叢のタブである。社叢には入れないが、本殿に向かって右の森にもたくさんのタブがある。

この東に末社の大多毘《おおたび》神社がある。「多毘《たび》」は「タビ」の音を写したものでタブを指すのだろう。タビ（タブ）を祀る社だから社殿はなく、小さな茂みが神域である。気多大社の神職氏は「祀っているタブの老木は弱っているが、若いタブが育っている」と話す。

羽咋市と北東の七尾市を結ぶＪＲ七尾線沿線には、タブに鎌を打ち込み、風鎮、五穀豊穣を祈る鎌打ち神事が伝わる二つの神社がある。金丸駅の西にある鎌宮諏訪神社も無社殿神社で、境内中央に立つタブの巨木がご神体である。無数の鎌が打ち込まれた巨木は枯れかけていて、いまは脇にあるタブに鎌を打ち込んでいる。ここから四キロほど東、中能登

写真61　七尾市・日室の諏訪神社の鎌を打ち込まれたタブ

町・藤井の住吉神社には社殿右奥にやはり鎌が打ち込まれたタブがある。

中能登の中心が七尾市で、かつてはタブを「市の木」としていた。七尾駅の西にある小丸山公園や、駅から国道を南に一キロほど行った本府中の道沿いにある住吉神社境内にも立派なタブがそびえている。市の東、七尾南湾に突き出た半島部の山あいに、江泊地区日室の集落がある。集落の南の山中に小さな諏訪神社があり、周りに立つ木々の中で、何本もの錆びた鎌が打たれた大きな木がタブである（写真61）。

七尾・唐島に残るタブの原風景

万葉時代の歌人、大伴家持は七四八年、現在の富山県高岡市にあった越中国府を出て、約二か月の能登巡検の旅に出た。行路については幾つかの説があるが、『大伴家持と越中万葉の世界』（高岡市・万葉のふるさとづくり委員会）などから巡行路を推測すると、以下のようになるのかもしれない（図8）。

高岡市伏木（越中国府）――（雨晴海岸）――氷見市――（布勢の海）――石川県志雄町（志雄路）――羽咋市（気多大社）――（邑知潟平野）――七尾市（香島）――七尾南湾・西湾――中島町（熊来）――富来町――仁岸川・門前町――輪島市――町野――珠洲市――（穴水――中島――七尾）――伏木

能登半島を東から西に横切り、羽咋へ。北東に七尾へ行き、船で能登島を見ながら七尾西湾を横切った。この能登島を詠んだのが「鳥総立て　船木伐るといふ　能登の島山　今日見れば　木立茂しも　幾代神びそ」（『万葉集』巻十七、四〇二六）の歌で、この「船木」がタブだろうと言われる。

七尾西湾の西、家持が着いた中島（熊来）の南に半島のように突き出た唐島がある。楕円形で小さな陸上競技場程度の広さ。島内にはタブの原風景とも思える自然な姿が残っている。

島の入り口に「社叢タブ林」の標識と、大きく枝を広げるタブがある。ツバキ、タブ、シイ、カクレミ

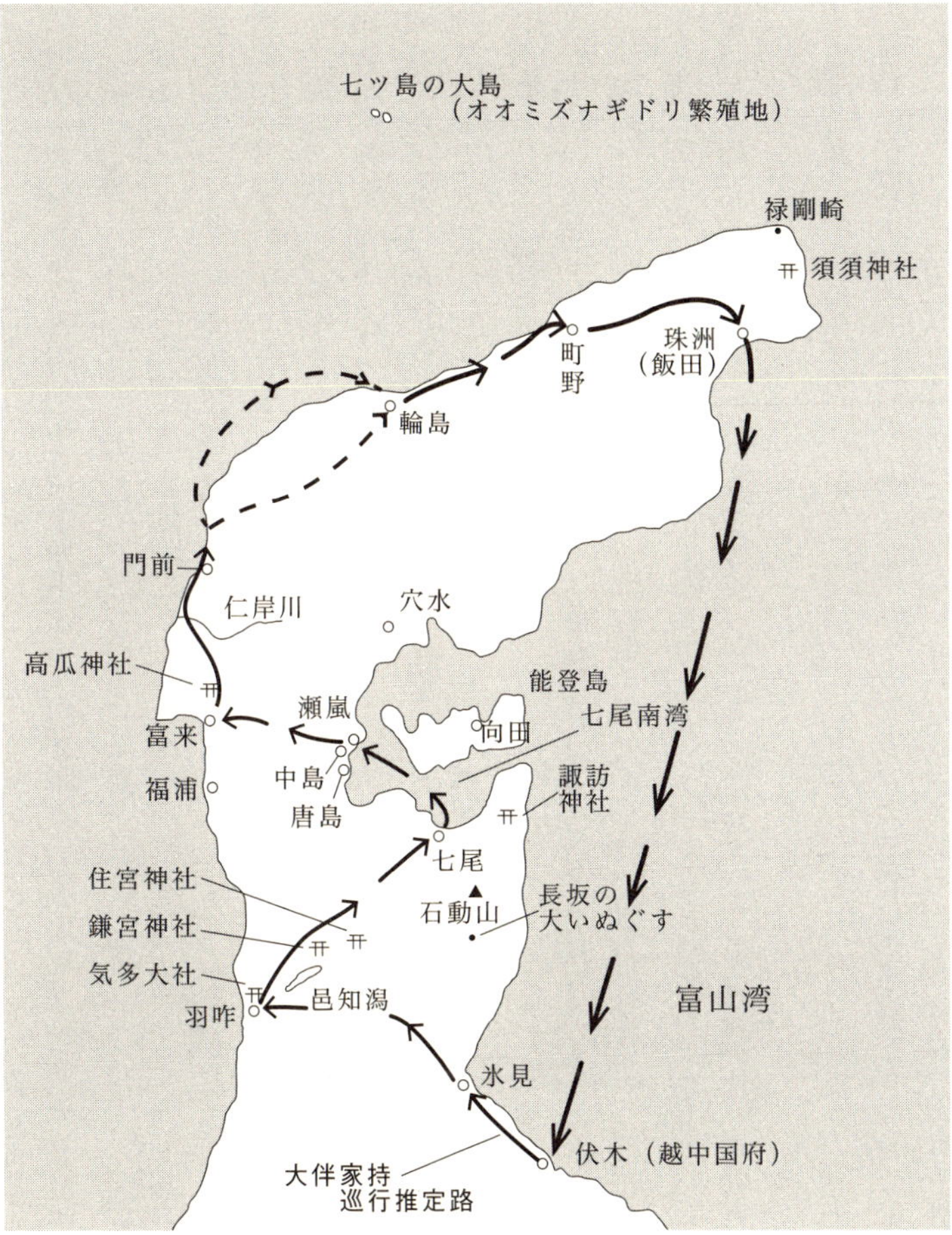

図8　大伴家持による能登巡行路など、能登のタブ関連図

ノなどが繁る典型的な照葉樹林の社叢を抜けると唐島神社がある。社は海に面し、草に覆われた参道が海に伸び、波打ち際に鳥居がある。参道の東、波打ち際に大きなタブが何本も並び、海に枝を広げている（写真62）。数十メートル並ぶだけだが、南西諸島の海岸沿いに繁るマングローブ林を思わせる。

海水が入り込んだ湿地のような地面に、塩分に強いタブが芽を出し、二〇～五〇センチほどの若木が一面に広がっている。海辺のタブが実を落とし、潮に洗われながらも、漂着した地でこんな風に芽を出し、新たなタブ林を形成したことがよくわかる。

奥能登の海沿いは至るところタブである。輪島の北東約一〇キロ、海に面した小高い崖の上にある櫟原《いちはら》北代比古《きたしろひこ》神社には、逞しく枝を伸ばした幹周り三、四メートルほどのタブが五本、社殿を囲んでいる。この北東の町野には江戸時代に建てられた古民家「上時国家《かみときくにけ》」があって、正面階段の両脇にタブの大木が繁っている。近くの曽々木の集落内にある春日神社や、少し内陸に入った金蔵寺にも大きなタブがある。町野から半島最北端の禄剛崎に至るまで、集落の小さな社にはどこにもタブがある。半島北海岸には、ツバキ林の中にたくさんのタブがあり、禄剛崎の灯台付近でも見られる。

禄剛崎を海岸沿いに東南に下ると、海に面した大きな鳥居のある能登一の宮の須須《すず》神社がある。駐車場から奥が国の天然記念物になっている社叢である。入り口に大きなタブが枝を広げ、ここから本殿までの参道は、幹がよじれたような巨大なスダジイ、ツバキが林立する「奇っ怪」な社叢に覆われている。

金沢・兼六園周辺にも

金沢の公園や街並木で目立つのはケヤキやマツだが、常緑の広葉樹も少なくなく、意外にタブも目につく。「タブノキは旧市街ではかつてはごく普通の植物であった……」（『金沢市植物調査報告書』金沢みどり

の調査会編　二〇〇二年）とあるように、兼六園や市内の小さな神社境内ではタブを見ることが出来るし、金沢に赴任して「金沢の木はタブである」と記した人もある。

金沢で最も有名なタブは、繁華街・香林坊近くの日銀・金沢支店にある。敷地の片隅に小さな稲荷社があり、神木のようにタブの老木が立っている（写真63）。樹齢四五〇年と言われ、根周りは六、七メートルもある大木だが、かつての落雷で地面三、四メートルから上は失われている。しかし、残った幹からたくさんの枝が伸び、いまも青々と葉が繁っている。

金沢には葉が大きな地域独特のタブがあったようで、「大きな葉を持つ地元産（この土地に自生する種内群）のタブノキは今日ほとんど見ることができない。都市公園や街路樹の植栽に用いられているタブノキは多いが、そのほとんどは太平洋側の地域を原産地とする種苗によるもので、形態学的特長も葉が小さい

写真62　七尾市中島町・唐島の海際のタブ

写真63　日銀・金沢支店内の老タブ

写真64　みくに龍翔館前のタブとスダジイ（坂井市）

など、地元産のそれと顕著な相違がある」（『金沢市植物調査報告書』）とある。
この五〇年ほどで地元産のタブがすっかり減ってしまい、「近い将来、絶滅も危惧される」としている。数百年前からある日銀のタブは、数少ない土着のタブの一つであろう。

越前・三国のシイとタブ

かつて北前船交易による港町として栄えた福井県坂井市三国は、海岸部中心に各所でタブ、スダジイが見られる。三国神社がある一帯から北の東尋坊を経て雄島、さらに東の越前松島にかけては、緑ある所には必ずといってよいほどタブがある。

えちぜん鉄道・三国神社駅の南六〇〇メートルほどの小さな丘の上に三国神社がある。神社正面の大鳥居の脇に巨大なケヤキがあり、鳥居をくぐって右手にスダジイが、奥にタブが枝を広げている。鳥居正面の門を入った境内の真ん中にも樹齢約四百年と言われるタブの大木がそびえている。本殿奥の桜谷公園の斜面には七、八本のタブが大きな枝を広げている。丘全体が社叢で、麓の住吉神社や廃寺跡、小さな墓地や住宅の裏手にも立派なタブがある。

隣駅の三国駅から山手に上がると、昔の小学校を復元した資料館があり、敷地内中央には樹冠が見事なタブの大木とスダジイが寄り添うように立ち、他にも何本ものタブがある（写真64）。

三国の港から北へ一キロ、海沿いに東尋坊の断崖が連なる。道の両側には枯れかけた松林が続くが、この中で色濃い葉を繁らせているのはほとんどタブである。東尋坊の先に橋で結ばれた雄島がある。島全体が照葉樹に覆われ、ヤブニッケイの純林があり、島の東の崖の上にはタブが繁っている。子供の頃、島で遊んだ経験のある人は、「島に入ると別世界。大きな木に覆われ、恐い所だった」と言う。

③　若狭、丹後から山陰――「タモ圏」の広がり

福井西部の若狭から京都の丹後、さらに西の島根や山口までの山陰地方の海沿いもタブの豊かな地である。新潟から鳥取辺りまでの日本海側や滋賀県の湖北、湖西地域では、能登は別として、タブを「タモ」「ダモ」「ダモノキ」と呼ぶことが多い。「タモ圏」の地である。

枯死した小浜の「九本ダモ」

福井県の敦賀から京都府の北、舞鶴まで日本海に沿って東西約六〇キロの一帯が「若狭」。若狭を代表する木もタブで、地元の呼称は「タモ」である。若狭の中心、小浜は敦賀と舞鶴の中間にある。市街地の西の外れに、町の入り口であることを示すかのように「青井の木の股地蔵尊」があり、ここにタブの大木が立っている。

写真65　小浜神社（小浜市）の枯れた巨木「九本ダモ」

小浜湾に注ぐ二本の川の中州に小浜城跡がある。城跡に小浜神社があり、ここに有名な「九本ダモ」があった。根から九本の枝が分かれたタブの大木である。「あった」というのは、二〇〇〇年に枯死し、地面から四メートルほどを残して伐られてしまったからである。

境内は掃除が行き届き、訪れた日も箒を使っている老宮司がいた。

枯死したのは知っていたが、九本ダモの場所を尋ねると、「いや、まことに申し訳ありません。いまはなくなったんです」と言いながら、神社の右手奥に案内してくれた。

上部がすっかり伐られてしまった「九本ダモ」は痛々しい姿だが、根回りが一一メートルのタブは、思わずため息の出るような巨木である（写真65）。

タブがおかしくなり始めたのは一九九〇年ころからだったという。「昔は夏になると、黒い実が一面に落ちて掃除が大変だった」タブが、この頃から全く実をつけなくなった。

ところが不思議なことに、九七、八年ころには若芽が一斉に出て、葉も生いしげり、この年は驚くほど実をつけた。これが老大木の死の直前の姿で、「それから残っていた幹が一本、一本枯れていった」のだと言う。「子孫を残すため、タブが最後の力を振り絞った。偉いものです。木も自分の最期がわかっていたんでしょう」と話す。

枯れた大きな幹を伐り、最後に残っていた二本の幹も二〇〇〇年に伐った。切り口の樹皮の内側には菌がびっしりと付いていたそうである。「小さいころから見慣れていたから、さほどとも思わなかったのですが、伐ってみたらやはり大きな木でした」と話す。

宮司氏がこのタブで印象に残っているのは、昭和八年（一九三三年）ごろの話である。「子供の時ですが、このタブのあちこちに隠れるように、呪いのワラ人形が十一体打ち付けられていたのが見つかった」と言う。呪いは十二体打ち込まないと成就しないそうで、「十一体だからこれはだめだ、という話を大人たちがしていたのを覚えています」と言う。

境内にはまだ何本かのタブが残っているし、九本ダモが枯死する数年前に落とした実が芽を出し、大木の周囲に新しいタブが成長し始めている。

JR小浜駅から一つ隣の東小浜駅の南に若狭姫神社がある。神々しく静まった若狭姫神社の境内は、立派なタブが林立し、いつも見慣れた神社とは異なる風景である。

小浜湾に浮かぶ蒼島《あお》はタブ、スダジイ、ヤブツバキ、モチノキなどの繁る典型的な照葉樹林に覆われ、湾を北東から囲む内外海《うちとみ》半島も照葉樹が豊かに残り、堅海《かつみ》地区・久須夜《くすや》神社の社叢は数百年を経たスダジイ、タブを主体としている。湾に突き出す常神《つねかみ》半島（若狭町）に点在する常神社、神子神社などの社叢にはタブが繁っているという。

魂が宿る木――ニソの杜

小浜と舞鶴の中ほどにある大島半島もタブが多い。半島とその周辺には、「ニソの杜《もり》」と呼ばれ、死者を供養したこの地独特の聖なる小さな森が三〇ほどある。森で神の依り代となる樹木は一種ではないが、中心はこの地域で「タモ」と呼ぶタブの老木である。

例えば、浦底、西村の集落近くの寺の脇に「ニソの杜」がある。斜面に小さな祠を祀り、前に鳥居があって、そばの大木はタブである。山にも何本かのタブがある。

写真66　青葉山の麓、青海神社参道のタブ（福井県高浜町）

若狭の西端、ＪＲ小浜線の青郷《あおのごう》駅の北東に青海《あおうみ》神社がある。背後にある青葉山を神体山としている。古代に海から渡来した海人族がこの地域に住み着き、青葉山北の内浦湾一帯を含め、古くから青郷《あおのごう》と呼ばれた。

昔の参道を国道が突っ切っているが、この参道の両側に約三〇本の見事なタブが並んでいる（写真66）。とりわけ国道の南西側にあるタブは大きい。

青葉山にもタブが多い。水上勉の推理小説の処女作とも言える『霧と影』は、ここが舞台になっていて、小説では「青峨山」となっている。この山を描いた場面には、「まもなく崖のほうへ行く道の分岐点に来た。ふといたもの木が生えている」といった文章があって、よくタモ（タブ）が出てくる。水上勉はこの隣の町の出身である。

青海神社の西、県境をまたいで京都側に入った所に西国三十三ヶ所巡りの札所、松尾寺がある。青葉山の西南の中腹あたりになるのだが、境内周辺にタブがある。

タブを「タモ」とする呼び方は、「魂」「魂魄」の意からきているとの説がある。時に畏怖を感じさせるような若狭のタブは、この解釈にうなずかせるものがある。

丹後の古社、至るところに

京都市など京都府中南部でタブは少ないが、京都の日本海側、若狭の西に続く丹後はタブが多い。例えば、舞鶴湾の西港に沿って北に向かう海岸沿いにもタブが目立つ。青井という集落に入る道の脇に結城神社があり、神社入り口に、上部は失われているがタブの古木がある（写真67）。市内の海沿いの集落の小さな古社には至る所にタブがある。

舞鶴湾を出て北東十数キロの沖合に冠《かんむり》島がある。ここはオオミズナギドリの繁殖地で、島全体がタブで覆われ、国の天然記念物になっている。

舞鶴から西北に宮津、天橋立を経て、丹後半島を西に横切って兵庫県・豊岡まで北近畿タンゴ鉄道が走る。この車窓からだけでも、多くのタブやタブ林を見ることが出来る。由良川河口にある丹後由良駅の北、小学校の裏手に樹冠の整ったタブがあるし、隣の丹後神前駅の南には天久神社のタブが見える。網野駅の線路脇の小さな社にも大木がある。

天橋立の文殊堂がある智恩寺境内には、「文樹」と名づけられた大きなタブがある（写真68）。説明には「霊木『文樹』は文殊に通う名称で……。タモ又はタブの木と称し……」とある。宮津湾を挟んだ対岸の元伊勢の籠《この》神社にあるタブの大木は、「玉楠《たまぐす》」と呼ばれる。神社の裏手の山にある成相《なりあい》寺にも、三重塔脇に「龍神のタモ」と呼ばれるタブがある。寺には左甚五郎が彫った「真向《まむき》の竜」があって、竜はこのタモを伝い天に昇ったとの伝承がある。

見事なタブ林があるのは、網野の西、木津温泉駅の北、夕日が浦海岸近辺である。海岸に近い福寿禅院の裏山の林は、枝葉の様子、緑の色の濃さで、遠くからでもタブとわかる。数十本のタブは、どれも樹齢は二、三百年を経ているようで、林の中は豊かな枝葉に覆われて暗い。この海岸に沿って志布比《しぶひ》神社があるが、道沿いの山々にもタブが繁っている。

丹後半島の北端、経ヶ崎に近い長延《ちょうえん》の古森神社には「近畿一のタブ」があるという。樹高は一〇メートル以上あり、幹周りは七メートル近くある。昔はこの神社境内中央に、もっと大きなタブがあったと言われている。

写真67　舞鶴湾西岸、結城神社のタブ

写真68　天橋立・文殊堂近くの「文樹」(宮津市)

写真69　円山川河口東岸、絹巻神社付近のタブ（豊岡市）

但馬、因幡も「タモ」の呼称

丹後半島の南を西に横切ると兵庫県の但馬海岸に出て、その西は鳥取県の因幡である。

但馬海岸の城崎《きのさき》周辺は、円山川沿いや海岸にタブが目立つ。河口東側の絹巻神社背後の一帯には暖地性原生林が残り、タブやシイの照葉樹が繁っている。神社南の円山川沿いの道路には、大きなタブが川に向かって枝を広げている（写真69）。

この南、円山川が入りこんだ楽々浦《ささうら》の南に「楽々浦の地蔵尊」がある。境内に高さ七、八メートル、幹周りは三、四メートルある二本の太いタブが立っている。

円山川の河口を海岸沿いに西に行くと、城崎マリンワールドの裏手にある西刀《せと》神社の境内にもタブがたくさんある。この辺りから西の猫崎半島一帯にかけての海岸地帯にもタブは見られ、香美町の帝釈寺にも大きなタブがあるという。余部鉄橋のある余部《あまるべ》から海沿いに北西へ行くと、「御崎のタモ（タブ）」がある。

鳥取県の東部、八頭《やず》町の花諏訪神社（八頭諏訪神社）には県内最大のタブがある。町の天然記念物になっており「大タモの木」と呼ばれている。神社の案内では、樹齢は五五〇年以上、高さは一三・五メートルほどだが、根元の周囲は約八メートルあるという。「タモ」の呼称は因幡まで広がっているということになる。

鳥取市の駅南にある倉田八幡宮の社叢は、タブが多いことで知られている。約一ヘクタールの社叢の高木の七、八割はタブで、一九三四年に国の天然記念物に指定されている。

鳥取市から西、倉吉市との中間あたりにある気高《けたか》町の山宮、殿にも立派なタブがある。とりわけ山宮阿弥陀森の大タブノキは、写真で見ると、周囲に何もない田畑の交差点脇にこの木一本だけが見える。樹冠は丼を伏せたように均整がとれ、旺盛に枝葉を繁らせ、「畑の一本タブ」のようにどっしり立っている。

倉吉市にも打吹《うつぶき》公園などにタブは見られ、倉吉の西、大山の北東山ろく、琴浦町上法万《かみほうまん》には「上法万のはねり」と呼ばれるタブがある。

出雲の築地松のタブ

島根・出雲平野では家一軒一軒をマツ（松）などで囲った「築地松《ついじまつ》」が見られる。元の形態は家を囲った屋敷森、屋敷林である。さらにそれ以前は、大水や季節風を防ぐため、盛り土をして築地を作り、その補強にマダケや潮風に強いタブ、マテバシイを植えた防災林であったことは前述した。

今も古い屋敷林では、スダジイとタブが屋敷林の主木になっているといった風景が見られる。宍道湖《しんじこ》西岸・美南地区（出雲市）の旧家、尾原家の屋敷林はタブ、スダジイが中心で、西側に約三百年を経た大きなタブが六、七本並び、北にあるコブをつけた最も大きな老木は、根の辺りの直径が二メートルほどもあ

写真70　尾原家、屋敷林のタブ（出雲市）

る（写真70）。ただ、タブやスダジイのある屋敷林は、この一帯や斐伊《ひい》川北側の平田市などで少し見られる程度である。

島根県では、出雲、松江平野の北側や島根半島の海岸沿いにタブが多かった。海からの風を防ぐ防風林的な役割を果たし、昔は寺や大きな家には太いタブが残っていたという。

隠岐を代表する木

島根半島の北約五〇キロ、日本海に浮かぶ隠岐の自然を記したガイドブックに、「隠岐を代表する木はタブノキである」との一文がある。隠岐では、タブは「たぶ」と呼び、「たも」とは言わない。七〇年代に訪れた時は樹木に関心がなかったが、その後、改めてタブを意識して島を巡ると、確かにタブは「隠岐を代表する木」だと実感できる。

隠岐は大きく島後《どうご》と島前《どうぜん》に分かれる。南側の島前は、西ノ島、中ノ島、知夫里《ちぶり》島の三島からなる。太古の時代、島前は西ノ島にある焼火《たくひ》山を中心とした火山島だったが、噴火の後、カルデラが陥没して海水が流れ込み、残った外輪部分がいまの三島になった。焼火山の麓には焼火神社があり、ここの鎮守の森はシイ、タブ、カシ、クロモジ、ヤブニッケイなどによる典型的な照葉樹林だという。

西ノ島の東が中ノ島（海士町《あまちょう》）で、海岸に沿った道路の脇や海沿いの斜面には至る所にタブが生え、木の下には実生のタブがたくさん芽を出し、若木も育っている。「島には大人二人で抱えられないようなタブもある」と言う。

中ノ島の隠岐神社社叢はマツやスギや照葉樹林に覆われ、昔は「昼なお暗い」森だったという。境内にはおみくじを結びつけたタブがあり、山陵の背後にはタブの大木が一本立っている。島北東部にある金光寺山に登る道沿いにはタブが並木のように立っている。

島の北に諏訪湾があり、その東部にさらに入り込んだ北分《きたぶ》の美しい入江がある。入江を囲む波打ち際に沿った色濃い緑もタブの林である。折口信夫が言う、我々の祖先が海を渡って来た時、海岸に繁るタブを見て喜び、安心し、そこに上陸したというのは、こんな入江ではなかったかと思わせる穏やかな浜である。

島前のもう一つの島、知夫里島の南の仁夫里《にぶり》浜から少し北に入ると、島前の天然記念物になっているタブがある。

山口県の日本海側、萩市の萩城のあった指月《しづき》山一帯はツバキなどの照葉樹林が残り、タブもある。webサイト「山口県の樹木達」は、萩市市内を流れる橋本川沿いにある県下最大の葵大明神のタブや、沖合の相島にある八幡宮の大タブなどを紹介している。

④　東京と関東――「イヌグス」「モチノキ」と呼んできた

約五、六千年前、日本列島の平均気温は現在より二度ほど、海面水位も五～一〇メートル高く、海岸線はずっと内陸に入り込んでいた。「縄文海進」と呼ばれる現象である。東京湾は関東平野の奥まで入り込み、利根川下流地域は湖沼が多く、現在の千葉県一帯は至る所が川や湖沼で遮られ、房総半島はほとんど島のようだったとされる（図9）。

茨城、千葉、埼玉のうちこれら河川、湖沼の入り組んでいた地域、また東京、千葉、神奈川の東京湾沿岸一帯は、水を好むタブがよく育つ地域で、いまも各地に大きなタブが残っている。

しかし、関東一円では数十年前まで、「タブ」という呼称はなかったと思われる。一般的には、「イヌグス」「タマグス」「シバ」「アオキ」「モチノキ」と呼ばれ、江戸から明治期に記された書物でも、タブを「イヌグス」「モチノキ」などと記している。現在、各地に残る大きなタブにも、「梅沢のイヌグス」（東京都奥多摩町）、「太田のイヌグス」（茨城県八郷町）、「碇神社のイヌグス」（埼玉県春日部市）などの呼称が残っている。

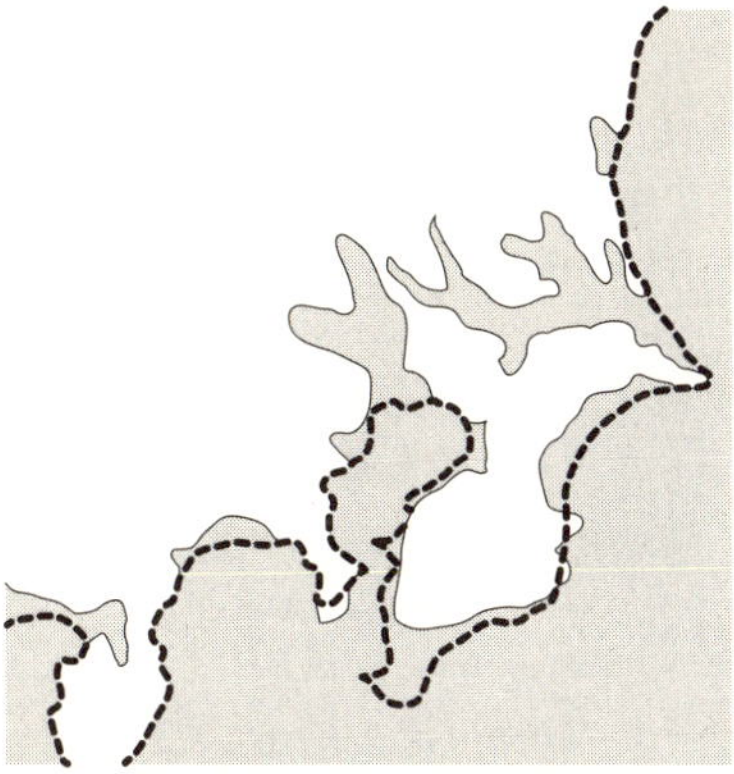

図9　縄文海進時期の関東平野　約6000年前、前期海進最盛期のころの南関東の海岸線（点線が現在の海岸線）（河出書房新社『図説千葉県の歴史』より）

東京——皇居と浜離宮に見事なタブ

東京湾の沿岸部は、内陸部に入り込む海に臨んで七つの台地が立ち、古代よりここを中心に人が住み着いた。皇居はこの台地の一つにあり、皇居内からは縄文式土器片が出ている。

一般にはなかなか見ることができないのだろうが、皇

写真71　東京・浜離宮のタブ

居は、東日本で最もよくタブが残る所かもしれない。皇居内の樹木の様子を詳しく記した『皇居の植物』によると、皇居には千本近いタブが生育している。大正時代に行われた調査を記録した『宮城風致考』（一九二一年）には、タブは「ヤマグス」と記されているようである。

皇居の自然植生はスタジイ、タブノキ、アカガシなどの常緑広葉樹が優占するシイ―タブ帯に属していて、この中でタブは、「モチノキ・スダジイ・マテバシイ・ヤブツバキ・アカガシ・シラカシなどとともに皇居特に吹上御苑・皇居西地区における常緑広葉樹林の主要樹種」とある。約千本のタブは皇居内の樹木の四～五％を占め、皇居内に残るムク、スダジイ、クスノキなど一六〇本ほどの巨木のうち一二本がタブである。

しかし、皇居内の多くの巨木は樹齢が三〇〇年近くで、衰退期を迎えつつあると言われる。また、孤立した環境にあるため、江戸時代から残る木々の後継樹が育ちにくく、いまの巨木たちが枯れると、別の樹種が侵入し、森の様相が変わってしまう恐れがある。二〇〇八年からは改めて本格的な樹林調査に着手し、森の維持を図ることになっている。

一般の人が都心で立派なタブが見られるのは浜離宮庭園で、園内に残る四〇本ほどの巨樹巨木の多くがタブだという。正門手前の駐車場背後に青々と繁るのがタブで、正門を入った正面のすっきりした形の木もタブである（写真71）。園内の北側、築地川に沿った土手にも見事なタブ林が並んでいて、大きな木は二〇〇年〜二五〇年を経ている。

上野公園にも何本かのタブがあるが、タブは江戸時代から目立ったようで、『武江産物志』（一八二四年）には、「上野辺ノ産」の中に「楠（いぬくす）」として記されている。

公園の西郷像の反対側の斜面に枝を広げているのがタブである。「上野の山には、胸高直径六〇センチ以上のタブノキが主に不忍池側の西側斜面に多く残り、そこには幼木の生長も著しい。上野台地の自然植生としてのタブノキ林を象徴しており、沿海地性の森林植生の特徴を示している」（『江戸の自然誌・「武江産物志」を読む』）とある。

大手町の鎌倉橋南東側にもタブがある。大木ではないがオフィス街にあって目立つし、ちゃんと「タブ」の標識がかかっている。文京区の小石川植物園には、タブが何本も林立し、珍しいホソバタブも見ることができる。

モチノキ坂、ヤキモチ坂の「モチ」はタブ

台地に出来た東京の街には、江戸時代に「八百八坂」と言われたほど坂が多い。この坂の名前にタブの名残らしきものがある。「モチ」の名の付いた坂が幾つかあり、そこにはタブがあったというのである。

『江戸東京坂道事典』などによると、いま東京で「モチ」の名のつく坂は九段下（千代田区）の「モチノキ坂（冬青木坂、黐木坂）」、市谷柳町（新宿区）の「ヤキモチ坂」、中里（北区）の「モチ坂（黐坂）」などである。

これらの坂について、「東京にはモチという名のつく坂がいくつかある。白井博士はこのモチはタブノキの方言で、モチノキのでも餅でもないという。ヤキモチ坂はヤケモチの意」(『樹木大図説』)との記述がある。ここにある白井博士とは、幕末に江戸で生まれた植物学者・白井光太郎のことである。『樹木和名考』『植物妖異考』などを著しているが、「モチはタブの方言」との一文が、どこに記されているかはわからない。

九段下にあるホテル・グランドパレスの手前、南側を西に上る坂が「モチノキ坂」である。この坂の名前の由来となっている木はモチノキではなく、白井説の通り、タブである可能性が高い。

坂を上がりきる手前に「冬青木坂」の標識がある。「冬青」を「モチノキ」とは読めないが、中国では冬も青々とした木を「冬青木」と表記することがある。坂の名について、次のように説明している。

「この坂を冬青木坂といいます。〈新編江戸誌〉『此所を冬青木坂ということを、いにしへに古びたるもちの木ありしにより所の名と呼びしといえど左にあらず、此坂の傍に古今名の知れざる唐めきて年ふりたる常磐木ありとぞ。目にはもちの木と見まがえり。この樹、先きの丙午の災に焼けてふたたび枝葉をあらわせじとなん。今は磯野氏の屋敷の中にありて、其記彼の家記に正しく記しありという』とかかれていま す」

説明が拠っている『新編江戸誌』によると、「この坂に老木があり、人々はそれをモチノキだとして〈モチノキ坂〉と呼んだ。しかし、そうではなく、その唐めいた木は昔から名の知れない常緑樹で、モチノキに似ていたので人々が間違えて呼んだ。この木は一七八六年の天明の大火(丙午の災)で焼けてしまい、江戸誌が書かれた時代には、もう枝葉を出さなくなっている。こんな経緯はここに住んでいた磯野家の文書にきちんと書かれている」ということである。

この「唐めきて年ふりたる常磐木《ときわぎ》」は恐らくタブである。「唐めきて」は「韓めきて」との説もあるが、どちらにしても「唐（韓）風である」「異国風」「しゃれている」といった意である。和歌山県田辺市大塔村の大きなタブは「唐楠」と記され、「とーぐす」と呼ぶ。タブは南方の木らしく鬱蒼として緑が濃く、大きなタブは枝を四方八方に伸ばし、竜や蛇が暴れるようで恐ろしげでもある。日本の木々と少し異なる雰囲気のあるタブは、「唐めきて」の形容にふさわしい。

モチノキというのは混乱する木で、モチノキ、クロガネモチノキは同じモチノキ科で、いずれも赤い実。トウネズミモチやネズミモチはモクセイ科で、灰黒色の実をつける。

モチノキの樹皮には粘り気があって鳥モチが採れるから「モチ」の名が付いている。タブの葉や樹皮にも粘性があってモチを採り、山形県などではタブをモチノキと呼んできた。

タブとモチノキはどちらも常緑樹で木としても似たところがある。遠くから見ると、樹幹や色濃い葉の様子、雰囲気も似通っている。冬も青々と葉の繁るタブの老木を、江戸の人々がモチノキと見間違ったとしても不思議はない。中国の「山東省ではこれ（タブ）を『冬青』という」（『同名異木のはなし』）との記述もある。

推測になるが、順序からすると、かつてここを冬青坂と名付けた人は、ここにあった大きな木がタブであり、それを中国で「冬青」と呼ぶことを知っていて「冬青坂」とした。ところが、江戸の人々はタブをモチノキと呼んでいたので、漢字表記の「冬青坂」はそのままに、坂の名を「モチノキ坂」と言うようになった。『江戸誌』の筆者はそれが本当のモチノキではないことを知っていたが、何の木だかはわからなかったから「古今名の知れざる」と記した──ということだろうか。

現在、冬青木坂の上にはフィリピン大使館がある。『江戸誌』にある「磯野氏の屋敷」跡地で、いまも敷地内にはシイなど大きな常緑樹が繁っている様子である。ここにあった「唐めいた」老木をタブだとする見方は、さほど的外れではなさそうである。

ここから二、三キロ西北に「ヤキモチ坂」がある。市谷柳町の交差点から東の飯田橋方面へ向かう二、三〇〇メートルの坂で、「大久保通り」の一部である。坂道の中程に「焼餅坂《やきもちざか》」の案内板がある。「昔、この辺りに焼餅を売る店があったのでこの名がつけられたものと思われる。別名赤根坂ともいわれている。新撰東京名所図絵に『市谷下る坂あり、焼餅坂という。即ち岩戸町箪笥町上り通ずる区市改正の大通りなり』とある。また『続江戸砂子』『御付内備考』にも焼餅坂の名が述べられている」

白井博士はこの「焼餅」の表記は正しくなく、「ヤキモチ」ではなく「ヤケモチ」、さらに「ヤケモチノキ」の意味であり、江戸、東京で言うモチノキとはタブであるという。

「焼餅坂」の別名は「赤根坂」である。これを大火で赤く焼け残った木の根だったと想像しておかしくはない。その木がモチノキ（タブ）と呼ばれていた木であれば「ヤケモチ」になる。白井博士の「焼餅ではなく、焼けたモチノキ」との指摘も無理はなさそうで、ここにも人々の目にとまるような大きなタブがあった可能性は十分ある。

「モチ」の付く坂とタブをことさら結びつける必要はないが、皇居にいまもタブが多く残るように、東京にもタブは少なくない。坂の由来や先人たちの記述を遡っていくと、確かに街中にも、人目につくタブがあったらしいという楽しい想像が生まれてくる。

奥多摩、秩父に残るタブの大木

東京都の伊豆諸島には、どの島にもタブが多い。島を生んだ三島明神が京都・丹後からタミ（タブ）の実をもらって初島に植えたという伝説もある。八丈島の南にある青ヶ島は「村の木」がタブである。島嶼部は別として、意外なのは東京の山中に大きなタブがあることである。ほとんどが「イヌグス」などの名で呼ばれ、いまでもタブとしては認識されていないかもしれない。

ＪＲ青梅線の終点近くに古里《こり》の駅がある。駅の西にある小さな踏切を北に渡ると、斜面があり左奥に青々と葉を繁らせた大きな木がある。すぐにタブとわかる。「古丹波《こたば》のイヌグス」で、説明板にある通り樹勢は旺盛である（写真72）。

写真72　東京・奥多摩「古丹波のイヌグス」（奥多摩町）

写真73　東京・奥多摩「古里附のイヌグス」（奥多摩町）

タブがあるのは原島家という古い家の敷地で、いまの当主は、「タブノキなんですが、私たちは昔からイヌグス、イヌグスと呼んできました」と言う。

この少し西に古里附橋《こりつき》があり、たもとに「古里附のイヌグス」がある。街道と線路に挟まれた幅四、五メートルの場所に小さな春日神社があって、脇にタブの老木がある。東京都の全樹種の中でも五指に入る屈指の巨木と言われる（写真73）。

ただ、この老木の姿は痛々しく、以前の写真と比べても衰えている様子がわかる。

古里の隣、川井駅から南に入った梅沢西平には「梅沢のイヌグス」がある。明治・大正・昭和の林学者・本多静六は、これを「全国有数の『モチノキ』」と記しているという。青梅市には「横吹のイヌグス」がある。

奥多摩の北、埼玉県の秩父地方にも、大きなタブが幾つもある。

樹齢七百年で県下最大のタブと言われるのが飯能市上直竹下分《かみなおたけしもぶん》の富士浅間神社のタブ。「滝の入のタブ」とも言われる。飯能市赤沢の星宮神社にもタブがある。本多静六が作成した『大日本老樹名木誌』は、「赤沢の神木黐《もち》」と紹介しているそうである。飯能の北に朝鮮半島からの渡来人たちの守り神である高麗《こま》川《がわ》神社（日高市）がある。ここではタブは神木とされ、高さは二三メートルあるという。

川口市・桜町の地蔵院のタブは、「かつて楠とされていたが、正式な調査の結果タブノキと訂正されたのだという」（『埼玉巨樹紀行』）。

しかし、これは誤っていたのではない。恐らく、かつて関東一円で、「タブ」という呼び方はほとんどなかったのである。江戸時代からの『物類称呼』『武江産物志』や『宮城風致考』『森林家必携』が記しているのは、「イヌグス」「ヤマグス」「モチノキ」の呼称であり、漢字では「楠」で表わした。埼玉では、ほかにも「碇神社のイヌグス」(春日部市)など、「クス」の名で呼ばれるタブがある。

タブは関東ではなじみの薄い木だと思ってしまうが、そうではなくて、街中にも目に付くようなタブがあり、人々は青々と葉をつけるタブを見知っていたし、正しい漢字(楠)で表記もしていた。ただ、それを「イヌグス」「モチノキ」と呼び習わしてきた。それがここ数十年の調査などにより、植物学的には「タブ(ノキ)」であることがわかってきたということだろう。

房総に「潮玉」の方名

椨多い　安房にて遭へり　春の雪(下田稔)

タブを詠んだ数少ない俳句だが、「椨多い安房」とあるように、東西と南は海に面し、北に利根川が流れる千葉県は、水を好むタブの生育に適した地である。県南の館山付近、東京湾岸の市川、船橋にもタブが残っている。

多くのタブの方言がある中で、千葉の方言に「しほだま」がある。『物類称呼』には「上総にてしほだまといふ　伊豆にてくろだまと云」とある。「しほだま」は「潮玉」、「くろだま」は「黒玉」である。

『都会の木の実・草の実図鑑』の著者は、「小さい時、海岸に打ち上げられた皮のむけたタブの実を『潮玉』といってとって集めた」と言う。

早夏に熟したタブの実は地上に落ち、雨などに打たれると、表面の紫黒色の実の部分がとれて、うす茶色の薄い表皮に覆われた大豆くらいの種子が残る。海岸近くに繁るタブが実を落とし、潮に洗われてこんな種子になり、流され、海岸に打ち寄せられる。それを拾い集めた思い出である。

海沿いの人々は、時にそれが芽を出し育つことを知っていた。タブは潮が運ぶ玉のような実から育つと

写真74　香取市の「府馬の大クス」

の印象が強かったのだろう。だから「潮玉の木」という意味で、タブを「しほだま」と呼んだ。伊豆では紫黒色の実の印象から「黒玉」と呼んだ。いまも千葉県の海沿いの地域で、タブを「潮玉」と呼ぶかどうかはわからないが、一九七〇年代くらいまではこの方名が生きていた。

日本海側の能登や隠岐には、海岸地帯で渚に枝を伸ばすタブ林が見られる。「しほだま＝潮玉」の呼称は、海や南の島々と縁のあるタブを表すのにふさわしい。

「クス」と呼ばれてきた利根川流域の巨木

利根川周辺にも大きなタブがある。千葉県北部、利根川に近いＪＲ小見川駅から南に六キロほどの地に「府馬の大クス」（香取市）がある（写真74）。「山ノ堆《だい》の大楠」とも言い、「大クス」「イヌグス」と呼ばれるが、これもクスノキではなく、国内有数のタブの大木である。大正時代に国の天然記念物に指定された折、誤ってクスとして届け出たが、戦後に学者の指摘でタブであることがわかったという。しかし、地元では今も「大クス」「府馬の大クス」と呼ぶ。

府馬の郵便局から東の小高い丘に宇賀神社があり、奥に数本のタブの大木が並んでいる。「府馬の大クス」と呼ばれる最も大きいタブは幹周りが九・二メートル、樹齢は千三百年と言われる。枝は四方に十数メートル、奔放に張り出している。かつては丘の上一帯が神域で、これらタブがその社叢をなしていたのであろう。

茨城県になるが、利根川河口近くの神善寺には「波崎の大タブ」（神栖《かみす》市）と呼ばれる全国有数の大木がある。写真で見ると、根元の巨大なコブがこの木の特徴で、コブの上から五、六本の太い幹が伸びている。このタブもかつては「クス」と呼ばれていた。一八世紀の天明時代に大火があり、火が寺まで迫ってきたが、タブのおかげで延焼を食い止めたとの言い伝えがある。このタブの別名は「火伏せのクス」である。

鹿島神宮（鹿嶋市）の境内にある照葉樹の森にも、巨木ではないが何本ものタブがある。

茨木県南部の利根町は利根川に沿った町で、二〇〇二年に町民有志で発足した「利根タブノキ会」がある。約二年がかりで町内のタブを中心とする主な樹木の分布を調査し、『利根町の巨木とタブノキ』（二〇〇五年）という本にまとめている。

今に残る「ペリー上陸図」のタブ

横浜市・山下公園の北側に開港資料館がある。一八五三年に米国のペリーが来航、翌年に横浜村に上陸したその場所である。

資料館正面に当時の様子を描いた「ペリー提督横浜村上陸図」の複製（写真75）があり、絵の右側に一本の大木が描かれているが、これがタブである。ここでは「たまくす（玉楠）」と記してある。ここに描かれたタブは関東大震災で焼けたが、その根から新たな芽を吹いた十本近くが育ち、資料館中庭で葉を繁らせてここのシンボルになっている。

タブは三浦半島、相模湾に臨む平塚、小田原、そして伊豆半島にかけての一帯にも多い。

三浦半島は全域に照葉樹林、タブが残っている。鎌倉周辺の山々には照葉樹が繁り、四方から鎌倉に入る「ヤツ」と呼ばれる谷はタブで覆われていたといわれる。鶴岡八幡宮から海岸に伸びる若宮大路の一の鳥居近くには、道路沿いにタブの大木が何本もある。

横須賀市の「よこすかの植生」(二〇〇一年)という報告書によると、市内の海岸に沿った天神島・笠島、猿島、観音崎といった地域は、植生からしてもタブが多い。半島の西側、横須賀市と葉山町の境界近くにある大楠山(標高二四〇メートル)については、「南面地域にイノデ——タブノキ群集、……」とあり、一帯はタブの生育地域である。

山の西、子安という集落から登ると「稲荷森」と呼ばれる森があり、この中心に幹周り七メートルの巨大なタブがある(写真76)。主幹もそこなわれず一抱えもある支幹が四方に張り出している。高さよりも広がりの大きさが際立つタブである。大楠山は「おおくすやま」と呼ぶが、この辺りでクスノキを見ることはなく、市の専門家は、いまもマツが枯れた後などにはタブが芽を出すという。大楠山の「楠」はタブを指しているのだろう。

半島の東端、浦賀湾に臨む西浦賀の叶《かのう》神社背後の社叢にひときわ目立つタブがある。いまは住宅地が社叢背後まで迫っているが、かつて一帯にはタブが繁っていたに違いない。

相模湾に臨む小田原に住んでいた作家の尾崎一雄は自宅のタブを愛し、『玉樟』『自宅のタブノキ』『蜜蜂が降る』など、タブを主役のようにした短編小説や随筆を幾つか書いている。『木登り』は、尾崎らしい主人公が初老にさしかかって、昔登ったタブに登るという作品である。尾崎もこのタブを「たぶ」ではなく、「玉樟(たまぐす)」と呼んでいる。幹周りは目通りで三・五メートル、根元で五メートル近くあって、尾崎がこれらの作品を書いていた一九六〇、七〇年代に「樹齢は二百五十年から三百年くらい」と推定している。

写真75　「ペリー提督横浜村上陸図」に「玉楠」として描かれているタブ

写真76　子安の稲荷森（横須賀市）のタブ

神奈川県ではタブをタマグスと呼ぶほかに、「相州大磯及び小田原にはこのシバというタブノキの方言名がある」（『樹木と方言』）。県北丹沢山地の東端の清川村・煤ケ谷《すすがや》には、「煤ケ谷のシバノキ」と呼ばれるタブの大木がある。「巨樹・巨木林フォローアップ調査」では、国内で最も大きなタブとなっているが、一本の木ではなく合体木である。

⑤ 東北――市や町の木に、震災後新たな注目

タブは南方系の木だが、東北地方の黒潮、対馬暖流に洗われる太平洋、日本海側の沿岸部にも多い。北限は青森県の日本海側の南部、深浦町辺りと言われる。

たくさん生育しているというだけでなく、タブは地域の人々に親しまれてきた木でもある。現在、釜石市（岩手県）と南三陸町（宮城県）の市、町の木がタブであり、かつては酒田市（山形県）の市の木もタブだった。面白いことに、東北では太平洋側も日本海側も、少なくとも現在のタブの主たる呼び方はタブ（ノキ）である。

三陸海岸一帯はタブ地帯

太平洋側では、入り組んだ三陸海岸やその周辺に点在する島々に自然植生の姿をとどめたタブが多い。二〇一一年の東日本大震災・大津波で壊滅的な被害を出した地域は、そのまま東北・太平洋岸のタブの生育地帯でもある。

宮城県の最北にある南三陸町は志津川湾を囲む町である。旧志津川町の漁港の北側、海岸から二〇〇メートルほど沖に小さな荒島《あれしま》がある。島に渡る海岸の砂浜には、震災復旧のため数多くのテトラポッドを並

べている。ポッドの脇から高さ三〇センチほどの実生のタブが伸びているが、恐らく、震災後、ここに実が流れ着いたものであろう。

島全体を針・広混交林が覆うが、多いのは常緑広葉樹で、目立つのはタブである。島に渡って坂道を数分登ると、頂に通じる平坦な場所に出る。道の正面に、島の主のようなタブがまっすぐ立っている（写真77）。この周辺には直径一メートル前後のタブが何本も立ち、それぞれの枝が空を覆い、自然のタブ林の姿をよく残している。

海岸側の山手には、島を見下ろすように荒沢神社がある。本殿奥に巨大な太郎坊杉があるが、入口の鳥居脇にはタブが繁っている。湾の北側には歌島半島がある。半島西南端の集落の海辺に近い墓地の中央にも巨大なタブが立っている。

写真77　南三陸町・荒島のタブ

写真78　南三陸町・戸倉で魚介類を売る「タブの木直販所」

志津川湾の南側に戸倉地区があって、沖合に浮かぶのが椿島である。かつてはツバキの老木が主だったといわれるが、いま島を覆うのはタブである。照葉樹林を中心とした自然植生を残していて、許可なくては入れない。

陸側には地元漁協が産品の魚介類を売る直売所を設けているが、その名は「タブの木直販所」である(写真78)。タブを「たぶ」と呼ぶことについて、地元の人は「小さい時から『タブ(ノキ)』と呼んできたなぁ」と言う。

防潮堤「森の長城」構想

南三陸町の北は岩手県になり、ここから陸前高田、気仙沼、大船渡、釜石、大槌、山田といった海に面した町は、震災・津波の大きな被害を受けた。どこも豊かにタブが繁り、太平洋側でタブの北限は、山田町の船越半島辺りとも言われる。半島周辺や山田湾、船越湾に浮かぶ大島や三貫島などにはタブが多い。この辺りはヤブツバキの太平洋岸での北限でもあり、ヤブツバキとタブが一緒になった樹林はこの一帯までということである。

震災後の調査などによると、釜石市、南三陸町などでは、津波被害の跡にも残っているタブがあると報告されている。

この一帯では、タブを防災の木として見直そうとの動きがある。宮脇昭博士などが提唱する、森の防潮堤作りである。津波で被災した海岸地域に南北数百キロに渡って、ガレキを利用してタブなどを植栽し、防災ベルト地帯「森の長城」を作ろうとの構想である。

現在の国や地域の知恵や経済力で、どんな規模で実現するのかはわからないが、既に大槌町(岩手県)

など幾つかの被災地では、タブやヤマザクラなどの植樹を行っている。この地域では、改めて、タブを「ふるさとの木」として認識するかもしれない。

日本海側にはタブの純林

東北の日本海側には秋田県の南から新潟にかけての海岸地帯にタブがある。

タブは山形、秋田一帯では「モチノキ」と呼ばれ、トリモチ（鳥糯）を作る木として知られていた。トリモチを通じての親しみが大きいのかもしれない。また、東北から山陰まで日本海沿岸部一帯は海からの西風が強い。古くからタブは防風林としても知られ、やがて人々の生活に近いところにタブが入ってきたのではないだろうか。

山形県酒田市では一九七五年に市民になじみあったタブを「市の木」にした。二〇〇六年に周辺町村と合併し、いまの市の木はケヤキになっている。酒田市は、タブを市の木とした翌年、大火に見舞われ、被災家屋は千軒を超えた。この時に、江戸時代の豪農・豪商であった本間家の旧本邸は、西側にあった大きな二本のタブによって延焼をまぬがれた。

被災後、市は防火の木としてタブなどの常緑樹を見直し、「タブノキ一本、消防車一台」というかけ声でタブ、モチノキ、シイなどを植える運動を始めた。復興地域には千本の常緑樹を植え、市民は家の新築時や子供の誕生祝いにタブを贈ってもらえたという。

酒田の隣の鶴岡市もタブが多く、『樹木の伝説』は、市内の馬場町にある大きな二本のタブが、夜な夜な男と女に化けて逢引きをするという伝説を紹介している。かつての庄内藩時代、「上級の侍屋敷にタブノキが植えこまれた関係か、鶴岡の旧藩士の家にはタブノキが好んで植えられています」とある。市内の荘内神社にも枝葉を豊かに繁らせたタブがある。

鶴岡市には南の新潟県に近い温海《あつみ》町の小岩川、五十川など海沿いの地にタブ林がある。小岩川・住吉神社には境内にタブの純林が残り、約三〇〇本の林の上半分は「タブノキ――ヤブツバキ林相」を、下半分は「タブノキ――ヤダケ林相」を成している。

市教育委員会の案内板には、境内一ヘクタール余りに「平均胸高直径約五〇センチ、樹高平均約一五メートル、樹形がいずれもほぼ直幹の見事な林相を形成している」として、「……かつてはタブノキの一大樹林地帯であったことがわかる。……このタブノキ純林は、庄内地方のタブノキ林でも、本数、太さ、成育地の広さ、極相林の立派さは随一といえる」とある。

山形県には、北の秋田との県境にある遊佐《ゆざ》町の三崎山一帯にも見事なタブ林が残っているという。

飛島はタブの島

酒田市の港から日本海を北西に約四〇キロ、対馬暖流に洗われる飛島がある。山形県では最も温暖な地で、島全体にタブ林がある。かつての調査には、「飛島のタブノキは昭和二六年、山大農学部の佐藤正巳博士と二人で一本一本調べて見ましたが、四メートルを越えるものはありませんでした」（『樹木の伝説』）とある。いま、島でのタブの呼称は「たぶ」。「古い人たちはよくわからないが、いまの人は『たぶ』と呼んでいる」と言う。

島を訪れた人は、タブの多さに強い印象を受けるようである。「タブの森は法木《ほうき》（地名）に多い。が、中村も勝浦も集落の背後の台地に上がる道がついている谷筋には、かならず、タブの深い森があった。そして、そこは例外なく古い墓地である。……うっそうとした森は先祖が眠る地としてはいかにもふさわしく思える」(『舟と港のある風景　日本の漁村あるくみるきく』)と記している。

地元の人によると、タブ林は必ずしも墓地にあるのではなく、島全体に生育しているという。若狭の「ニソの杜」に似た風景なのだろうか。

『山野河海まんだら』によると、タブが神木とされているわけでもないが、島の五つの神社はどれもタブの群生林の中にある。「神域にある木だからタブの伐採は禁じてきた」。タブの森は水の豊かな森であり、地元では「タブの木の根元には水があるから井戸を掘るといいと教えられてきた」という。

山形県から海岸沿いに、北の秋田県に入ると、芭蕉が「奥の細道」の中でも歌に詠んだ象潟《きさがた》がある。ここから北の、にかほ市金浦《このうら》町に至る一帯が、秋田県でタブが生育する地域である。この地域では、「タブは別名を〝モチの木〟ともよばれ、……」、国道七号から見える勢至山の上には「樹齢約一五〇年前後のタブの樹が、日本海側の強風にもめげずに美しく群生している」(『秋田県の歴史散歩』)。

⑥　東海――迫力ある「ドガの森」

岐阜県大垣市から揖斐《いび》川を北西に遡り、国道三〇三号の久瀬や樫原のトンネルを抜ける。樫原バス停の北東に峯山神社があり、小さな本殿までの間にケヤキ、スギ、タブの大木が林立する。参道の左手奥には、根が隆起し、幹周りが四、五メートルはある背の高いタブがあり、右手にはスギの巨木と根を一つにするかのように、やはり大きなタブが斜めに生えている。

タブ、ケヤキの巨木が林立

最も大きいタブは、本殿の裏手、左側にある。このタブを「高さ四〇メートル、幹周り七メートル」とする記述もある。四〇メートルはないだろうが、間違いなく数百年を経たタブである（写真79）。樹勢は盛んで青々と枝葉が繁っている。森には大きなものだけで、六、七本のタブがある。

畑仕事をしていた老夫婦によると、この辺りでは、タブを「ドガ」（ドンガ、ドゥンガ）、「ドガの木」と呼ぶ。この一帯の神社や寺院にドガの木は多いのだが、ここからさらに北西に行くと、もうドガは見られないという。以前、県からこの鎮守の森を文化財指定にしたいという話があったが、小さな集落では維持が出来ないので断ったそうである。

樫原の東、乙原の白髭神社境内にもタブがある。古びた案内には「ドンガの集落」とあるが、『岐阜県の天然記念物』は、このタブを「イヌグス」と表記している。かつては十数本のタブがあったようだが、いま大きなタブは一本しかない。

一般に、岐阜地域でタブは「イヌグス」と呼び、「ドガ」「ドンガ」という呼称は珍しい。多分、「イヌグス」の呼称より古い時代からの呼び名なのだろうが、その由来はわからない。

平野部の瑞穂市巣南・居倉《いくら》にある居倉天神神社に樹高二四メートルの高いタブがある。これは上に伸びている珍しいタブで、最も背丈の高いタブかもしれない。県の天然記念物で、ここの案内表記は「居倉天神神社のクス」である。

名古屋市繁華街に神木

名古屋市の中心部・伏見にある御園座《みそのざ》の向かいに、太い道路をはさんで一本のタブが立っている。「御園のタブノキ」で、樹齢は二五〇年。昔から白蛇の宿る神木として、また川の船着場の守り神として大事にされてきた（写真80）。戦争中に空襲で焼けたが、数年で芽が出てきたという。愛知県では小牧市の

写真79　揖斐川町・樫原のドガ（ドンガ）の森、最大のタブ（岐阜県）

写真80　名古屋市の繁華街に立つ「御園のタブノキ」

「市の木」がタブである。これは市中心部にある小牧山にタブが自生していることにちなんだものである。県北東部、設楽《したら》町田口には、高さ一一メートルのタブがあるが、案内板には「いぬくす」とあり、地元の人たちは、タマノキと呼んでいる（『愛知の巨木』）。

ここから東の県境を越えた静岡県浜松市佐久間町峯にある大きなタブも「タマノキ」と呼ばれる。浜松市天竜区熊には県内最大の「柴のタブノキ」がある。いずれも山深い地にある。

⑦ 近畿――琵琶湖周辺と南紀

近畿地方でタブが目につくのは、日本海側の丹後（京都府）、北但馬（兵庫県）を除けば、和歌山県南部の南紀と滋賀県の琵琶湖周辺。やはりこれらの海岸、湖岸地域に多い。

奈良、京都など畿内と呼ばれる地域は、奈良・平安時代の大々的な都の建設、寺社建築のため、周辺を含め広大な地域の山林が伐採され、古い時代からその植生は大きく変わってしまったと言われる。社叢や鎮守の森などの中にタブやカシがかろうじて残っているが、京阪神の都市部には目立つものは少ない。

滋賀は「タモ」圏

滋賀県でタブがあるのは、主に琵琶湖周辺の古い神社である。神木扱いされているタブには「ダモノキ」「ダマ」との呼び方もある。北陸から鳥取県あたりまでは、タブを「タモ」と呼ぶが、越前や若狭に近い滋賀もこの「タモ圏」に入るのかもしれない。

滋賀県で最も古びて大きなタブは、湖西北の高島市新旭にある森神社のタブだろう。ＪＲ新旭駅から七、八〇〇メートルほど北東、昔の街道沿いに森神社がある。境内にはケヤキ、イチョウ、スダジイなどの大木があってタブは見つけにくいが、小さな本殿裏にある（写真81）。
タブがわかりにくいのは、本殿の真後ろにあって隠れているのと、二本の主幹のうち一本は高さ七、八メートルの部分から折れ、もう一本も途中から幹が細くなっているからである。しかし、このタブは巨大で、樹齢は一二〇〇年と言い、幹周りは約六メートルもある。小さな本殿がこのタブを背負うように建っているのは、タブを神体、神木として祀ってきたからではないだろうか。神社の説明には「タブ」とあるが、「ダモノキ」とも添え書きしている。

森神社の南東の畑の一角にもタブがある。すらりと三本が直立している様子はスギかヒノキのように見えるが、タブである。この一角もかつては森神社の社域だったと思われる。

この新旭町の南、安曇川《あどがわ》には中江藤樹を祀る藤樹神社があって、ここにあるタブは「ダマの木」と呼ばれている。また北にあるマキノ町（高島市）の石庭八幡神社にもタブがある。湖西ではJR蓬莱駅近くの八所神社（志賀町）の社叢も様々な照葉樹が多くタブもある。

写真81　新旭・森神社のタブ（高島市）

琵琶湖に浮かぶ竹生島《ちくぶ》は照葉樹林の自然な姿が残っている。ここにある都久夫須麻《つくぶすま》神社や宝厳寺の周囲にはタブが散在している。

湖北では北の長浜市湖北町の朝日山神社に「願の木」と呼ばれるタブがある。本殿に向かって右奥に、幹周り約五メートル、根元に腰掛けになりそうな大きなコブのあるタブが立っている。鎌倉時代の武将、新

写真82　国道１号のタブの街路樹
（大阪・京橋駅近辺）

田義貞がここに立ち寄って武運を祈って植えたと言われ、以来、地元では「満願成就の木」として伝えている。合併前の旧湖北町の町の木はタブだった。

湖東の南、彦根市南西部にある荒神山神社にも神木のタブがある。荒神山の奥山寺建立の折、行基が伊勢神宮に参拝し、「外宮の神木、宇賀璞（ウガタマ）の実を持ち帰って社頭に植えられたという木があり、御神木になっている。この木はタブノキで……」（『近江の鎮守の森――歴史と自然』）とある。荒神山の北東を流れる犬上川河口近辺のタブは特定植物群落「犬上川河畔林のタブノキ林」として保全されている。

タブの街路樹

京都のタブは日本海側に多く、京都市内で大きなタブがあるのは植物園くらいである。京都市の南、八《や》幡《わた》市の男山八幡宮には神木扱いされているタブがある。京阪電鉄・八幡市駅のすぐ南に摂社の高良神社があり、神社に向かって左側、高く立つのがそれである。

大阪の市街地には、珍しいタブの街路樹がある。環状線の京橋駅から東に伸びる国道一号の駅近くの五〇〇メートルほどは両側の街路樹がタブである（写真82）。数十年前からここを通りながらそのことに気づかなかった。こんなに長い距離に並ぶ立派なタブの街路樹は珍しい。

大阪と京都の中間、茨木市の安威《あい》川沿いに溝咋《みぞくい》神社という小さな古社がある。この境内にあるタブが私が初めて知ったタブで、この社の神木である。根回りは四、五メートル、隆起した根が四方に伸びている。主幹は高さ五メートルほどのところで折れているが、その他の枝はいつも青々と葉を繁らせている。上流の阿為《あい》神社本殿脇にも古いタブがある。

兵庫県でタブが目立つのは日本海側の北但馬で、瀬戸内海側でタブがあるのは、主に淡路島などの島々である。

神戸市内には、新幹線・新神戸駅の裏手のロープウェーの駅から西に石段を上がると、神戸の街中では数少ない大きなタブが枝を広げている。かつて市内の徳清寺という寺に、「名なしの木」と呼ばれていた大木があったそうで、植物学者の牧野富太郎が見て、タブであることがわかった、という話がある。この寺が現在、どこにあるのかはわからない。

JR明石駅の南口には二〇本ほどのタブが街路樹として植えてある。駅に近い明石城公園には何本ものタブがある。

淡路島では島の南端にある諭鶴羽《ゆづるは》山一帯に生育している。諭鶴羽神社への参道にはタブ、アカガシ林があるという。この沖合にある沼島の中央部にある沼島八幡神社の社叢もタブやシイに覆われている。

神戸市の西端から七〇キロほど北の多可町に岩座神《いさりかみ》という集落があり、ここの五霊神社には、全国でも珍しいホソバタブの老木がある。

奈良県にはタブは少ない。奈良公園内でも春日山の原始林でもタブは見ない。しかし、県中南部、吉野町にある国指定天然記念物の「妹山樹叢」にはタブがあるという。吉野川に面した大名持《おおなもち》神社の社叢である妹山は、全山、人の出入りを禁じてきた。このため、テンダイウヤク（天台烏薬）やカゴノキなど珍しい暖地性樹林がそのまま残っている。「原始林的樹叢を今に残す」（『週刊　日本の樹木26』）とあって、地元の調査で「タブノキの存在は確認されている」という。

和歌山・紀三井寺の「応同樹」

「紀州の森林をなせる主要な樹木には……」として、『紀州植物誌』（一九二九年）はシイ類やウバメガシ、アラカシなど殻斗類、そして、「クスノキ、イヌグス、ヤブニッケイ、カゴノキ等の如き樟科のもの」を挙げる。

早春の南紀の海岸沿いにはこれら照葉樹の葉が陽光に光っている。山側には圧倒的にスギが多いが、これは戦後の植林の結果である。戦前から熊野地方の山に入り、炭を焼いていた作家の宇江敏勝さん（一九三七年生まれ）の話だと、「かつて熊野の山は、様々な常緑、落葉広葉樹が多く、それらが炭の材料になった。戦後、山の頂上までスギを植え、これらの山の風景は変わった」と言う。植生からしても、南紀はタブが繁る地域である。

『紀州植物誌』に「イヌグス」と記しているのがタブで、タブは「……山地殊に紀南地方に多し。古座川奥一枚岩附近にありて『名ナシノキ』といふもの及び紀三井寺なる『応同樹』といふものはこの種なり」とある。

紀三井寺の「応同樹」と名づけられたタブは、楼門から石段を登ると、左側にある。主幹は失われているが、横に伸びた太い支幹が枝葉をつけている。戦前の絵はがき（和歌山大学・紀州経済史文化史研究所所蔵）には、主幹が高く立つ応同樹の写真がある。

これは紀三井寺の「霊木」で、言い伝えでは、この木は紀三井寺開基の為光《いこう》上人が竜宮に説法に赴き、そのお礼に竜神から贈られたものである。応同樹の葉を煎じて、または葉を浮かべた水を飲み、また、葉を首から懸ければ病に応じて薬となると伝えられている。龍神からの贈り物ということは、タブが海と縁のあったことを示している。

寺の案内には、創建時（七七〇年）の応同樹から落ちた実がここで芽を出し、成長を繰り返し「今日に及んだものとみられ」とある。現在の応同樹は樹齢約二〇〇年である。

紀三井寺から南に有田を過ぎ、白崎、煙樹《えんじゅ》といった海岸が続く。照葉樹の一帯で、ここでも海沿いの山々にタブ、ヤブニッケイが見られる。御坊市の東にある道成《どうじょうじ》寺には、参道から山門に向かう石段の左脇に立派なタブがある。樹形も整い、青々と葉を繁らせている。

南方熊楠、切り株から粘菌の新種を発見

ＪＲ田辺駅の西、小高い丘の上に高山寺がある。広い境内の一角に墓地があり、ここに民俗学者・南方熊楠の墓がある。

高山寺の境内には猿神社と呼ばれる小社があって、南方熊楠が愛したタブの古木の切り株がある場所である。南方はこの切り株からいくつもの新しい粘菌を発見し、「明治四十年余が発見したほとんど唯一の緑色粘菌アルクリア・グラウカは、この木に限って生ず」（『紀伊田辺湾の生物』）と書いている。

記述にはあっても、猿神社の位置はわかりにくく、結局、住職氏に案内してもらった。墓地の南の端を降りて線路に近い一角に五、六メートル四方の空き地があり、ここが猿神社跡である。片隅におもちゃのような小さな社があるだけで、神社名などについての案内はない。ここに、南方の時代には「高さ一丈に満たぬものなるに」というタブの切り株があったはずだが、その痕跡もない。南方の時代には村人によっ

写真83　タブなど自然林の残る田辺市の神島（農山漁村文化協会『熊楠の森――神島』より）

て祭りが行われ、人々は「旧社地の木の切り株へ小さな霊屋を構えてそれに額づいていた」とある。この片隅にある小さな社がここに言う霊屋で、ここにタブの切り株があったのかもしれない。

寺域内には貝塚があって、かつては高山寺のふもとまで海が寄せていたという。海に臨む小さな崖の上に、この幻のタブが立っていたということになる。

寺から真南、市街の先に広がる田辺湾に浮かぶ低い島が神島《かしま》である（写真83）。その名の通り神の島であり、タブの巨木など貴重な自然林の残る島である。かつて南方は、この島の自然保護に奔走した。後に神島を訪れた昭和天皇は、その南方に思いをはせ、「雨にけぶる神島を見て、紀伊の国の生みし南方熊楠を思ふ」と詠んでいる。

南方熊楠は神島の保護を訴えるために島をくまなく調査した。主だった樹木を記した「田辺湾神島顕著樹木所在図」（一九三四年）を作成し、ここに四〇本ほどのタブを記録している。

それから約五〇年後に再調査が行われ、『熊楠の森――神島』は、その比較を記しているが、熊楠が記録した四〇本はそのほとんどが消滅していた。かつては「太いもので（直径）二・五メートルを超すのが十本近くもあったことは確実」だが、「熊楠らの記録したタブノキの巨木は、ほとんどが枯れて朽ち果ててしまい、すでに土になってしまっていたのだった」とある。台風などを含めた生育環境の変化によるとされている。

南方熊楠とタブの関係で言えば、タブと最も身近な南紀に住み、タブについて多くを記しておかしくない民俗学の巨人がタブについて詳しい記述を残していない。南方の周囲にはたくさんタブがあり、専門の粘菌の分野では、タブの切り株から新種を発見している。神島を調査し、また、地元ではタブを「トウグス」と呼ぶことなども記し、タブはよく知っているにもかかわらずである。著作の「巨樹の翁の話」では古今東西の書から巨樹伝説を取り上げ、クスノキ、スギ、クリ、カシワ、クワなど紹介しているがタブは出てこない。タブが南方の関心をひかなかったというしかない。

田辺市の大塔村・安川には市の指定文化財になっている「唐楠」がある。「とーぐす」と呼び、これはタブである。那智勝浦から北西に上ると西国三十三カ所の札所一番となる青岸渡寺《せいがんとじ》があり、この本堂脇には神木とされているタブがある。紀伊半島は南の紀伊大島や、志摩までに点在する幾つもの無人島がタブなどの照葉樹に覆われている。

⑧　瀬戸内と南四国——宇和海、土佐湾一帯に多く

雨の少ない瀬戸内海一帯はタブの発芽が難しく、タブは少ないとされる。しかし、沿岸や島々にタブがないわけではない。広島県・厳島《いつくしま》の弥山《みせん》、山口県の山口市、宇部市の海岸近くや市内の常磐公園、周防大島、岡山県の真鍋島（笠岡市）や香川県の財田《さいた》町にはタブがある。

かつて瀬戸内海地方は、「巨木が茂っていて、現在、岩山の因島《いんのしま》などでは五〇〇年前はシイ、タブ、クスなどの巨木が、海岸の岩山にはウバメガシが多かったと言う」（『樹木にまつわる物語』）。しかし、製塩のため大量の木が必要で、沿海部のタブ、シイ、カシなどの大きな木は、格好の燃料、塩木として伐り尽くされた。その後にマツが生え、「白砂青松」の風景を生んだのだと言われる。

真鍋島のタブは、「真鍋大島のイヌグス」と呼ばれ、樹齢は約四〇〇年。市の案内は、かつて一帯は

写真84　海岸沿いにタブ、マテバシイ、ツバキなどが繁る（愛媛県愛南町須の川公園）

「このイヌグスの原生林だったと思われる」と記している。

山口県大島町の志度石《しどいし》神社の社叢はタブ、スダジイなどで構成され、神社の案内には「本県の瀬戸内海沿岸の植生は、ほとんどがアカマツの二次林となっているが、本樹林は、神社林として保護されてきたため極相の自然植生として残ったものです」とある。

香川県三豊市のＪＲ讃岐財田駅前には樹齢七、八百年といわれるタブがある。樹高は約九メートル、幹周りが約四・八メートル。四方に枝を伸ばしている。台風などの被害が大きいため、地元有志たちが「タブの木会」を立ち上げ、樹勢回復を図っているという（『四国新聞』二〇一二年九月三日付）。周辺の神社にはほかにもタブ林が残っている。

自然な姿が残る南四国

愛媛県中部の佐田岬半島周辺から南の宇和海、高知県の足摺岬から東の室戸岬までの土佐湾一帯、また徳島県の阿南地域は黒潮に洗われ、豊かにタブが繁る地である。

百年ほど前に著された『大日本老樹名木誌』には、愛媛県にある二本の大きなタブが載っている。「川之石の大たぶ」と「観自在寺の大たぶ」である。前者は八幡浜市保内町の金刀比羅神社に、後者は愛南町・御荘《みしょう》の観自在寺にある。

いま八幡浜の金刀比羅神社を預かる人の話では、社叢は照葉樹に覆われ、タブもあるが、『老樹名木誌』

にあるような大木ではなく、「老木は消滅しているようです」と言う。観自在寺にも本堂のそばにタブがあるが、これも記された木ではなさそうである。

宇和海の入り組んだ海岸部や島々は、タブなど暖温帯樹木が繁る地域で、宇和島市の南、愛南町の須ノ川公園には、ヤマモモ、マテバシイなどと共にタブが繁っている（写真84）。

宿毛《すくも》市の沖合にある沖ノ島の暖温帯樹林はタブとスダジイが主体であり、ここから南の足摺岬一帯の照葉樹林はツバキ・シイ・タブ林が中心である。東の四万十川河口の初崎には県内でも有数のタブがある。

百数十キロに及ぶ土佐湾の沿岸部、岬や小さな島々の各所でもタブは見られるようである。『樹木風土記』は、一九七〇年代の風景だろうが、高知市南の浦戸湾内にある玉島に「亜熱帯性の樹木であるタブと、暖帯性のシイが水際までびっしりと茂っている」と記している。

高知市から室戸岬を経て徳島県の牟岐《むぎ》に向かう土佐浜街道は人家も少ない。かつてここを通った時の印象は、太平洋の海の青さと山々にムクムクと盛り上がる緑の濃さだけである。当時はタブを知らなかったが、この色濃い緑がタブなどなのであろう。

牟岐から北東の阿南市、さらに東の小松島市辺りまでシイ、タブ、カシなどが生育する地域が続く。様々な案内を見ると、海に近い古社や島はどこもこれらの樹木に覆われている。

阿南市周辺ではタブは神社などの神木として大切にされてきたという。阿南市横見町の春日神社には樹齢が四百年以上、高さ一五メートル、県下最大級と言われる「横見のタブ」がある。長生《ながいけ》町の王子神社社叢は、ヤマモモガシ、イスノキ、タブなど五十種以上の樹木が生育する代表的な常緑広葉樹林である。橘港に浮かぶ小さな弁天島もこれら熱帯性植物群落が残り、国の天然記念物に指定されている。

『阿波名木物語』は、珍しいタブとして海部町（現海陽町）野江の祖父《おじ》の木神社にある「夫婦タブ」を紹介している。高さ一二メートルほどの二本のタブが並んで立ち、真ん中で付着し、四方に枝を伸ばしている。「長寿の木」とも呼ばれているとある。記されたのが半世紀以上前だから、この木が現存するかどうかはわからない。

二　台湾・韓国・中国のタブノキ

南方系の木であるタブやその仲間の木は、朝鮮半島南部や台湾、中国南部にも生育し、タブに関する文化も残っている。タブにかかわる文化は、順序から言えば中国南部や台湾から日本に伝わってきたものが多いと思われるが、力不足のため、これら地域のタブ文化をきちんと調べることができなかった。また、これら地域でどの程度、タブについての資料などが残り、調査や研究が行われているのかもよくわからないままである。

しかし、台湾、韓国、中国のタブにまつわる断片的な見聞と、そこからイメージを膨らませるだけでも、これらの地にもタブの豊かな世界が広がっていたことが想像できる。

①　台湾——「タブ文化」の源流

台湾ではタブの仲間を「南方系の木」という意味で「楠」の字で表す。日本の植物事典があげるタブは、「タブ」「ホソバタブ」の二種だが、台湾には幾種類もの楠がある。

台湾のタブについてまとめた陳運造の「台湾低海抜森林要角——楠木」(『台湾花芸』二〇〇五年五月号)によると、いわゆるクスノキ(樟)科と呼ばれる二八五〇〜三五〇〇種の木の中で、六八〜一〇〇種が一般に言われる楠属＝タブ属。これが広く東・東南アジアで見られ、特色ある樹群を形成している。台湾にはほぼ全域に見られ、北部だと海抜約五〇〇メートルまで、南部だと海抜二〇〇〜七〇〇メートルほどの地帯に楠、樟が多く、樟楠林と呼ばれている。

しかし、『楠』と称する木は種類も変異も多く、初学者を悩ませる木である」という。種類が多く、タブに似た様々な常緑広葉樹が多いせいか、台湾の人でも林業関係者など専門家以外では、タブをきちんと知る人は少ないという。

台湾で主立ったタブとして挙げられるのは、オオバタブ、タブ、ニオイタブなどで、「大葉楠」「紅楠」「香楠」と記す。日本で言うタブに当たるのは「紅楠」。紅楠は、ほかに「猪脚楠」「紅潤楠」「鼻涕楠」「臭屎楠」「烏（樹）楠」などの別名もある。

「紅楠」「猪脚楠」はタブの特徴をよくとらえた呼称である。種から発芽したばかりの芽や茎、春に若葉が出る前の新芽は鮮やかな紅色だし、タブの良材は赤味が強い。独特の赤い色はタブの特徴で「紅楠」はこれに由来する。

新芽が伸びて三〜八センチほどに枝から直立した姿は、豚の脚を逆さにした形に似ているから「猪（＝豚）脚楠」。豚足は台湾の人々に親しみのある食べ物で、女性の太い足も「猪脚」と呼ぶ。

ニオイタブは独特のにおいがあって、線香の材料として珍重されるから「香楠」。産地の名をとって「瑞芳楠」とも表す。

観音山や陽明山を覆うタブ

台湾のタブが繁っている様子を比較的見やすいのは台北の北、淡水河の河口にある観音山や、その東の

写真85　台北の北、観音山中腹、福徳宮脇の「楠樹」

陽明山である。『台湾老樹地図――台湾老樹400選』は都市近郊の老木、巨樹を紹介した本で、この中で一本だけ挙げているタブが観音山のタブである。

観音山には至る所にタブがあり、中腹にある福徳宮という祠の脇にこのタブがある。標識には「楠樹」とあって、樹齢は一二〇年、樹高は約一六メートルである（写真85）。

このタブの木陰で休んでいたハイカーは、「タブはこの一帯に多い。鳥がこの木の実を食べ、フンと一緒に種を落として育つ。だからこの木の別名は『鳥樹楠』です」と言う。この辺りは霧の多い所だが、タブは湿気にも潮風にも強いという。

タブと食のかかわりの項にも記したが、福徳宮の隣の農家ではシイタケを栽培しており、そのホダ木にタブを使っていた。

淡水河をはさんで観音山の東に照葉樹に覆われた陽明山国立公園が広がる。ここを巡るドライブウェイの両側や、ビジターセンターの周辺にはあちこちにタブがある。ガイドブックは、この典型的な照葉樹林を代表する木がタブであるとしている。

昔の『台湾全誌　淡水庁誌』（一九二二年）も淡水地域の代表的樹種として「楠」を挙げる。「有香楠虎皮楠又有石楠性堅重……」とあり、香楠、虎皮楠、石楠などと呼ばれるタブ属の木々を記している。

台湾南部、高雄市には「楠仔坑」「楠仔渓」と呼ぶ地名がある。ここは三、四〇〇年前、中国・福建省から移民した人々が住み着き、開拓した地である。くぼ地の谷（渓）に沿ったような地形のため、水土保持のため盛んにタブ（楠）を植えたのだという。

戦前の日本人研究者による優れた調査研究

台湾のタブをきちんと観察して記述に残したのは、一八九五年の日本による統治以降、台湾に入った日本人研究者たちである。台湾統治を始めた日本は、台湾の地理情勢、資源状況を把握する目的から、各分野の学者たちを動員して台湾全土の調査に着手した。

多くの植物学者も台湾に入り、彼らはここで豊かなタブを目にしたに違いない。当時のタブの植物学的研究という意味では、日本国内以上に台湾での研究が優れていただろう。中でも、金平亮三の『台湾有用樹木誌』（一九一八年）、『台湾樹木誌（増補改版）』（一九三六年）は、当時の台湾樹木研究の集大成とも言える書で、台湾のタブについても詳しい。

『台湾有用樹木誌』では「樟科」の中の「いぬぐす属（MACHILUS）」として数種類のタブを取り上げている。「ありさんたぶ」「おほばたぶ」等を挙げ、「材ハ淡紅灰褐ヲ呈シ……。建築、車輪、器具、橋梁、棺、彫刻、版木、菓子型等トシ広ク使用ス」とある。

『台湾樹木誌（増補改版）』はアリサンタブ、オホバ（大葉）タブ、タブ、ニホヒ（匂い）タブの枝、葉、花、実、子房などの詳密な図を載せ、現地呼称「蕃名」も記している。

タブを「本島潤葉樹ノウチ利用上最モ価値アル」と記したのは、タブが身近に豊富で、実際に様々な分野で使われ、その魅力を十分に知ることが出来た台湾だからこそ生まれた記述である。このタブ研究は、当時の最高水準にあっただろう。

また、農商務省山林局が編纂した『日本樹木名方言集』（一九一五年）も、台湾の楠属を現地呼称と共に幾つもあげている。「トアヒョーラム（大葉楠）」「トウカアラム（猪脚楠）」「リャムトチャー（粘柴）」や「チョラム（石楠）」「トオラム（土楠）」などである。猪脚楠が日本で言うタブ。石楠は「コニシグス」との呼称もあり、土楠と共に月桂樹の仲間で楠属に近い木であるという。

台湾のタブの特徴は、台湾の樹木の中で「利用上最モ価値アルモノトス」（『台湾有用樹木誌』）と記されているように、実用性の高い木としてあらゆる分野で用いられたことである。建築・土木（橋梁）・器具材のほか牛車や人力車の車輪、棺材として、また彫刻、版木、菓子型などにも使われ、線香材料、整髪料などの原料ともなった。

「湧き立つ」ように繁っていたタブ

一六世紀に初めて台湾を見たポルトガル人たちは、緑の美しい台湾を「美しき島」「美麗島」と呼んだ。確かに船で台湾海峡を通過すると、しばらくの間、東側に見え続ける台湾は豊かな緑に覆われている。

一九〇〇年代初期に台湾の山に入った日本人は、研究者や林業関係者を問わず、豊かな照葉樹林と、見たこともない紅檜（ベニヒ）、扁柏（タイワンヒノキ）など針葉樹の巨木が林立する姿に圧倒的な印象を受けたようである。

豊かな森林の構成要素の一つがタブだった。日本の近代登山家の一人で「台湾に魅せられたナチュラリスト」とも言われた鹿野忠雄は、台湾の山をくまなく歩き、訪れた森林、さらにタブやクスノキの様子を『山と雲と蕃人と』（初版は一九四一年）に記している。

「台車の軌道はほどよいカーブを描きながら、河に沿い、山間を縫って奥へ奥へと続いている。……車窓近く両側には台湾中部の華やかな熱帯の風光が走馬燈のように展開される。山を埋める樹は、クスやタブが主だ。燃えるような陽に照らされて、湧き立つように茂った様子は、ちょうどムク犬の毛並を見るようだ」

これは西海岸からトロッコ列車で中央部奥地の卓社大山に向かう折の風景である。

台湾最高峰である玉山（新高山）地域では、海抜数百メートル一帯を湧き立つようにクス、タブが覆う姿に感動して、「……原生林についてみるにイヌビワ、クス、タブを主とする常緑の照葉樹林が山麓一帯を濃緑の一色で塗りつぶし、その樹冠をむく犬の毛並を見るように繁らせ、これを常夏の太陽が目もまばゆく照り返しているのは壮観である」と記している。

彼が「湧き立つ」と表現したようなタブなどの光景が、いまも見られるかどうかはわからないが、台湾中部の嘉義から阿里山に向かうと、山々にはタブらしき木々が繁っている。

日本の統治時代以降、台湾の森林資源の多くは、建築・土木材、パルプ材、樟脳材として伐採された。中華民国となってからの台湾にとっても木材は外貨を得るための貴重な輸出品だった。巨大な針葉樹やタブ、クスはいまではなかなか見ることができない。

ただ、台湾の造林事業協会の黄明秀名誉会長によると、これまで台湾では植林、造林と言えばベニヒ、タイワンスギ、タイワンヒノキだったが、広葉樹も見直されつつあって、中でも、生育が比較的早いオオバタブの植林を始めているという。

タブ文化を育んだ島

日本におけるタブ利用のほぼすべての例が台湾にはある。材としてだけでなく、線香原料（タブ粉）や整髪料、薬用としての利用があり、古代に遡れば丸木舟もある。これら今に多少とも残るタブの痕跡を知るだけで、台湾には豊かなタブ文化があったことがわかる。その源は、古くから台湾に住み続けた人々の生活にあったと考えるのが自然である。

タブを追っていくと、自ずと黒潮を遡るように南へ南へと下りて行く。台湾のタブ文化は日本のタブ文化の大きな源流だったのだろうし、さらに言えば、タブの世界は台湾より南のフィリピンやインドネシアの島々にまで続くはずである。

台湾の南部や東部の海岸地帯、さらに中部の山地を訪ね歩けば、今でもタブ文化の名残や伝承がたくさん残っているに違いない。街中でも、木工や線香作りの古い職人たちに話を聞けば、思いがけない話が聞けるかもしれない。

かつては身近な木として親しまれ、利用された台湾のタブは、日本の植民地時代を含めた複雑な歴史と、ここ数十年で進んだ近代化の中で、急速に忘れられてきた。タブ文化源流の島と呼んでもよい台湾だが、若い人たちなどは「紅楠」の名もほとんど知らない。

近年になって、まだ残る原住民族の生活文化などについて調査研究や保存などが始まっている。いずれ豊かだった台湾のタブ文化の姿がもう少し明らかになるに違いない。

②　韓国──薬の木、経板の木

韓国ではタブを「フバンナム」と言う。漢字で表すと「厚朴木」。「厚朴」が「フバク」で「木」が「ナム」である。「ナンナム（楠木）」と記す辞典類もある。「薬」の項で述べたが、韓国では漢方薬の「厚朴」の代用としてタブを用いたため、タブを厚朴木と呼ぶ。韓国でタブは日本以上に知られていないが、専門誌はタブをこんな風に紹介している。

「厚朴はわが国常緑樹の代表的樹種の一つで、樟木科に属し、樹高二〇メートル、胸高直径一メートルになり、幹は比較的通直で樹形は完円形をなす。材は船舶材、建築内装材、及び彫刻材、樹皮は薬用、染料及び香料（線香）に利用するため大部分が伐採され、今は稀貴樹種となり、南海岸及び島嶼地方で見ることができるだけである」（『山林』一九九二年八月号）

戦前に著された『朝鮮森林樹木鑑要』（一九二三年）には、韓国には二種のタブがあるとして簡潔に以下のように記している。

「常緑喬木〇済州島、莞島、大黒山島、梅加島、巨文島、鬱陵島、外烟島ニ産ス。低地帯ニ生ズ〇日本内地ニ分布ス〇伽耶山ノ大蔵経ノ版木ハ主トシテ本樹ノ材ナリ〇鮮医ハ樹皮ヲ厚朴ト称シ虚労、喘息、冒傷ヲ治スルニ用ウ」

ここに挙げている済州島、莞島、巨文島などが韓国の南海岸一帯の島嶼地域であり、済州島ではタブを「トルクッナム」と呼んでいるとある。「トルクッ」は「石球」もしくは「石状の」と言う意味だろうか。

写真86　韓国・三千浦の対岸、昌善島の「ワンフバンナム」

雑誌『山林』には、タブは韓国の「代表的樹種の一つ」とあるが、一般にはなじみがない。韓国の代表的な木として歌や詩によく登場するのはマツやウメ、ヤナギである。だから韓国では専門家を別にすれば、ほとんどの人は「フバンナム」を知らない。木工や家具などにかかわる人も、「名前は聞いたことがある」という程度である。

「龍王の贈り物」「李舜臣の木」

韓国の釜山から海岸沿いを西に約一〇〇キロ、泗川市三千浦の一帯は「閑麗水道」と呼ばれ、リアス式海岸が入り組み、無数の島が浮かぶ。三千浦から架かる橋の向こうに昌善（チャンソン）島があり、ここに「ワンフバンナム」と呼ばれる大きなタブがある（写真86）。

このタブは一応、地域の名所でタクシーの運転手も知っている。橋を渡り、島の西海岸に出ると、前方の畑の中に一本、堂々と枝を広げているのがワンフバンナムである。漢字で書けば「王厚朴木」（タブの王様）。かつては高さが一〇メートル、見事な円錐形の樹冠をなしていたようだが、いまは主幹が折れ、やや平らな半円形をしている。

韓国各地の三〇種ほどの巨木を取り上げた『この地の巨樹』は、その一本としてこのワンフバンナムを紹介している。タイトルは「龍王の贈り物が大きく育った昌善面のワンフバンナム」。五百年前、釣り上げた大きな魚の腹から出てきた木の実を、海の神・龍王からの贈り物として育てたのがこのタブであるという話である。

「この村の老夫婦が、ある時、大きな魚を獲った。大きいので村人を呼び、宴会を開くことにした。皆が集まり、魚を開くと腹の中から一粒の木の実が出てきた。魚が木の実を食べているのを不思議に思い、村人は『これは龍王から村への贈り物』だとして、老夫婦の家の前に植え、神聖な木として大切に育てた」

ワンフバンナムには別名があって、「李舜臣（イ・スンシン）の木」とも呼ばれる。李舜臣は一六世紀末、豊臣秀吉が朝鮮に侵攻した時、これを撃退した韓国の英雄である。

李舜臣は秀吉の軍勢とこの海域一帯で最後の戦い（一五九七年）を繰り広げるのだが、「李舜臣の軍がこの海岸を通過する時、このタブの下で昼食をとり、休んだ。この時から『李舜臣の木』とも呼ばれるようになった」という。

釜山で韓国の人たちと食事をした折、「フバンナム」が話題になった。二〇代の若い女性はもちろん、六〇を過ぎた大学教授も知らず、高校・大学時代を釜山で過ごし、フバンナムを知っていると言っていた友人も、実際にワンブバンナムを見て「知っているのとは違う」と首をかしげていた。南の釜山でもタブ

写真87　韓国・釜山、東莱の街路樹のタブ

は知られていない。

ところが、同席していた年配の水産学者だけはタブを知っていた。彼はワンフバンナムのある三千浦近くの出身で、「三千浦や忠武の人はフバンナムを知っている」と言う。「李舜臣将軍は、三千浦から昌善島に渡る橋の辺りで戦死したと伝えられている」と付け加えた。この地域の人たちは、李舜臣の名前と共にフバンナムの名を覚えているのだろう。

その後、釜山では市内の東莱地区で街路樹に植えられているタブ（写真87）を見たが、釜山の海岸一帯や周辺の島々を巡れば、たくさんのタブを見ることができるのだろう。

『この地の巨樹』は、他にも韓国のタブにまつわる興味深い話を記している。韓国の北東、日本海に浮かぶ孤島、ウルルン（鬱陵）島に残るタブの飴の話である。

「いまは探すことも難しくなったが、かつて『ウルルン（鬱陵）島ホバク飴』というものがあった。おやつが少なかった時代、甘い飴は最高のおやつだった。中でも一番がウルルン島ホバク飴だった。……飴屋さんは『ウルルン島ホバク飴はいらんかね』と言って現れた。しかし、もともとウルルン島で産する飴は『ホバク飴』ではなく『フバク飴』である。ウルルン島に自生するフバク（タブ）の木の表皮を、飴を煮詰める時に加えたからこの名がついた。しかし、フバクは海岸地方に生える木だから、内陸部の人たちはフバクをよく知らず、『フバク』の発音が、似た『ホバク』に変えられてしまったのである」

タブは古くから胃痛や咳に効くとされてきた。その言い伝えがウルルン島に残っていて、タブの成分を加えたこの飴が作られたのだろう。現在の「のど飴」のようなものである。ホバク飴が売られていたというのは韓国本土でのことだが、孤島の飴が本土に広がり、いまから数十年前まで庶民のおやつとして親しまれていたという話である。

世界遺産の経板の材

韓国でタブは忘れられた木だが、韓国文化とは深い関係がある。「工芸・器具材」の項に記した「高麗八万大蔵経」の経板にタブは使われている。

大蔵経版木を保存する海印寺は釜山の北西、伽耶山中にあって、ここの蔵経板殿に経板が収められている。この版木で刷った経典は、日本にも幾度となくもたらされ、現在知られている最も古いものは京都・南禅寺にあって、一八〇〇巻あるという。もたらされた経典は、字が鮮やかに印刷されているし、字の大きさ、形も見事にそろっている。

かつて海印寺を訪れた時、経板とタブとの関係は知らなかった。言葉の問題もあったが、一言も経板について尋ねることなく、見るだけだったのは情けなく残念なことである。

③ 中国――「棟梁の木」、棺、船、高級建築に

いまタブの学名にその名を残すオランダの植物学者チュンベルギー（ツンベルグ）が、タブを知ったのは一八世紀である。しかし、中国の人々は、その二、三千年も前からタブをよく知り、タブやその仲間の木を「枏」「柟」「楠」という漢字で表わし、材としても高く評価してきた。

中国には様々なタブの種類があり、有用な樹種として古代より多方面で利用してきたし、タブやその仲間については詳しく分類している。中国の事典類によっても楠属の解釈には相違があり、それを説明する能力はないが、大まかな理解だと次のようになる。

日本と同じで、タブはクスノキ科に属し、表記は「樟科」。樟科は樟属、楠属などを含んだ大きなグループで、タブは楠属の一員。正式には「紅楠」もしくは「紅潤楠」と表わす。

例えば、比較的新しい『中国樹木志』は樟科を一九属に分け、このうち楠属は「楠属」「潤楠属」など六属である。この中の「潤楠属」に約七〇種あって、その一つがタブ（紅楠）である。一九二〇～三〇年頃に出版された『中国樹木分類学』では、樟科の「楨楠属」の一つとしてタブ（「紅楠」）を分類している。

タブの仲間は、漢字（楠）を「木＋南」で表わし、字典に「江南出枏、梓、桂……」とあるように、江南地方など中国南方に多く生育し、いまも上海から福州など東シナ海の沿岸部ではよく見られるようである。道元が修行をした寧波・天童寺がある天童国立森林公園一帯は照葉樹に覆われ、タブの仲間もたくさ

んあるという。

古いものも含め、どの事典、辞書類にも、楠属の木は大きく成長し、良材であり、建築、家具、船材等の用途があると記している。

古代より棺の主要材

少し以前だが、中国・四川省の戦国時代の「船棺遺跡」（約二五〇〇年前）についてこんな新聞記事があった。この船棺遺跡は有名な三星堆遺跡の一〇〇〇年ほど後になる。

「船棺遺跡は、長さが二十メートル近い巨大なタブノキを船形にくりぬいて棺とした、これも前代未聞の墓葬様式が異様だ」（『日本経済新聞』二〇〇四年九月一日付）

ここに記された「タブノキ」が日本で言うタブそのものかどうかは別として、中国ではタブもしくはその仲間は、古くから棺材として用いられてきた。

古代中国人の死生観や葬送様式、舟・船棺、さらに丸木舟、タブ（楠）との関係については、「舟・船棺起源と舟・船棺葬送に見る刳舟」（「大阪府立大学・人文学論集／二〇一〇」）に詳しい。

これによると、古代人は死者の埋葬後、死者が「死（者）の国」に行くことを真剣に考えたようで、古代中国にも「死者の国が海あるいは大河の向こうにあるという概念」があった。そこにたどり着くには舟が必要だと思い、棺を舟・船形にしたのだという。日本にも、遺跡から船形棺の出土例はある。

当時の舟は丸木舟、刳舟であり、現在の樹木鑑定の結果からしても、この船材は「たいてい楠木と樟木で……」、とりわけ楠木（タブ類）が多かったという。このため舟・船棺にも楠を用いた。楠が丈夫で水や湿気に強いということを十分知っていたのである。

「〝船形〟の棺で黄泉路を渡る」という本来の思いは消えていったのだろうが、「棺を楠（タブ）で造る」との意識、習俗は残り、中国ではこれが近代まで続いてきた。

一七世紀から二〇世紀の半ばまで、英国やオランダなどで活躍したプラントハンターと呼ばれる人たちがいる。彼らは香料、薬用などの有用植物や、珍しい観賞用植物の種子や標本を求めて世界中を歩き回った。『植物巡礼——プラントハンターの回想』は二〇世紀前半に活躍した英国人プラントハンター、F・キングドン・ウォードの記録である。

彼は種子や標本採集だけでなく、高級材の伐採・販売などもしていたのだろう。中国とミャンマーの国境地帯でも活動し、ここでタブ（もしくはその仲間）の巨木を見ている。タブの主な用途は中国人向けの棺材である。

彼は、中国人は葬儀を重要なこととし、とりわけ金持ちは立派な棺材をほしがったと言う。棺にする木として、「……樹脂のある木はあらゆる条件下で耐久性があり、これが最高品質をもたらす特性なのである。二、三の堅材——これはつまり広葉樹だが——もまた長持ちするし、著名な「香木」のタブノキ属、熱帯中国に見られるクスノキ科の木は、特に長持ちする。……この木はナン・スーと呼ばれている。これは「南の木」という意味である。ナン・スーはより有名な中国のクスノキ科の木、ニッケイ属のクスノキに近縁である。……私はナン・スーほど（棺材に）よく使われた木を他に知らない……」と記している。

古代から中国人は立派な棺材を求め続け、その代表的な材がナン・スー、つまり「楠」と表されるタブやその仲間の木だった。これを東南アジアにまで求めたが、二〇世紀の前半には、「棺にする木は多くのものよりさらに急速に消失している」状態となっていた。

代表的木造建築物もタブ類で

この「楠」という木を好んだのは、唐代の詩人杜甫である。八世紀の半ば、杜甫は各地を放浪し、ようやく四川省の成都にたどり着く。冬にもかかわらずこの成都に緑が多いことに感激し、中でもタブの仲間である枏（＝柟、楠）の木に強く惹かれ、川辺に立つ大きな枏の樹の脇に居を定めた。

「高枏」と題した詩で、この枏の木を賞め、自慢している。『杜甫全詩集』（鈴木虎雄訳注）では、「高枏」は「高楠」であり「こうなん」と読んでいる。

　枏樹、色冥冥たり　江辺、一蓋青し
　根に近く薬圃を開き、葉に接して茅亭を製す
　落景にも陰猶合し、微風にも韻聴くべし
　尋常はなはだ酔困するも、此に臥すれば片時に醒む

「色冥冥たり」は色濃い葉が繁っている姿。「一蓋青し」は、青々とした樹冠が傘のようであり、「陰猶合し」は、葉が密に重なり合い夕日をさえぎっている様子を言う。水を好むタブらしく川辺に立っていることといい、どれもタブの特徴をよくとらえている。

杜甫はこの樹の葉先に接するように、草堂（茅亭）を建てた。微風に鳴る葉音を楽しみ、酒に悪酔いしても樹の下に横になれば酔いは醒めた。タブは杜甫のお気に入りだった。

ところが、杜甫が新居を建てて一年ほどで、この大きなタブが大嵐で倒れてしまう。杜甫はこのことを

嘆き悲しんだ詩を作っているし、ほかにも枯れたタブを「枯枏」という詩に詠んでいる。このタブは「楩楠」であると記している。

杜甫が楠に触れた詩句の中に、楠を「棟梁の木」と表現した言葉がある。『漢語大詞典』は「楠」の語句例として、「焦桐は琴を作るが、棟梁にはならない。楠木は棟梁になるが、琴にならない」という禅の言葉を挙げている。参禅する人間の基本、資質を問うたものだが、材としてのタブへの高い評価を表すものである。

中国では古くから楠（タブ）は使われていたが、とりわけ盛んに利用され始めたのは、南方地域の開発が進んだ明代からと言われる。明代に李時珍が著した『本草綱目』の「楠」の項には、「木材は堅密で芳香があり、貴重な建築材であり、造船にも使われる」とある。『本草衍義』には「縁水性堅而善居水……」とあって、水に強く堅いということで、「江南では造船には皆この木を使用している」という。丸木舟の時代から船材として用いられた楠（タブ）は、中国・大航海時代の明代に船材として欠かせない材になっていた。

当時の有名な建築物に、一五世紀初めに作られた「明の十三陵」の一つ長陵がある。長陵の案内によると、中の稜恩殿を支えるのは三二本の楠の大柱で、その直径は一メートルを超え、高さは一二、三メートルある。材は現在の四川、貴州、雲南といった地域から集めたという。

この楠を「金絲楠である」とする記述がある。金糸楠は「紫禁楠」「黄心楠」などとも表わし、楠属の中では「タブに近い楠」と言ってよい。宮殿や邸宅に使われ、「古代から明代まで皇帝専用とされた楠」「神木視された楠」といった説明もある。楠類の中でひときわ良材とされたが、現在の中国ではほとんど絶滅種と言われる。

金糸楠の名は木目の美しさに由来し、仏壇や高級工芸品にも用いられた。金糸楠製の「漆沙硯」と呼ばれる硯は、硯箱、蓋を一つの木で一緒に彫り、墨を磨る面には漆を塗った。携帯に重宝された。

清朝最盛期、康熙帝は北京に紫禁城太和殿を建て、材は四川、雲南、貴州などから楠木を集めた。「紫禁楠」という名の由来だろう。その後、乾隆帝は北京の北東、河北省承徳市に、夏の政務を執るための「避暑山荘」を建てた。材は太和殿を建てた時に残った楠木で、建物すべてに楠木が使われていることから別名「楠木殿」とも言う。現存する中国の代表的な木造建築の一つである。

蘇州の名園「留園」にある建物「五峰仙館」の別名は「楠（木）庁」で、建物、家具に楠木が用いられている。中国の建築関連書などに登場するのは、「樟」よりも「楠」が圧倒的に多い。

三千、四千年前の古代、黄河一帯も豊かな森林に覆われていた。しかし、数千年の人間の営みはこの豊かな森林を消滅させてしまった。近世まで楠属が豊かに生育していた中国南部でも、二〇世紀前半には大きな木はあらかた伐られてしまった。

中国の森や木の文化が衰微する中で、タブを含めた楠属とその周辺文化も薄れ、忘れ去られ、埋もれたままである。木の文化への関心が高まり、新たな発掘調査や研究が進めば、中国にあった壮大な「楠（タブ）文化」の全貌が明らかになるはずである。

あとがき

タブを知ってから、気ままにタブを追い求めてきた。といっても、知りえたことのほとんどは、訪れ、話を聞き、教示いただいたことばかりであり、既に先人たちが記していることでもある。

それらのきっかけが偶然だったことも多い。例えば、タブ粉については、長年、付き合ってきた知人から、彼の亡くなる数年前、初めて彼がかつてタブ粉づくりに携わっていたと聞いた。大きな驚きだった。仕事で縁があった鹿児島・大隅半島は、たまたまタブの故郷と言ってもよい地だった。

何気なく「タブ」という木の名を口にしたことから生まれる、たくさんの出会いがタブとの縁を深めてくれた。

それに加えて、植物や樹木の素人にも、この木には魅力と謎があった。こんなに役立った木、「国の木」と言ってもおかしくない木が、なぜよく知られず、忘れられてきたのか。折口信夫のような人が、なぜこの木にこだわり続けたのか。次々に新たな興味がわいてきた。タブの面白さである。ただ、タブは多彩な側面を持つだけに、その全体像を十分にとらえるには至らなかった。自分の非力というほかはない。

それでもあえて文章にまとめようと挑戦したのは、話をうかがった多くの方が高齢だったためである。実際にタブの幹・枝葉に触れ、伐り、挽き、搗いた、といった話は、彼らのほかにはなしえないし、彼らがいなくなれば消滅してしまう。なんとか記録に残したいとの思いがあった。快く語ってくれた彼らの話は、どれも新鮮で魅力があった。しかし、この一〇年ほどの間に、何人もの方が亡くなった。怠惰な私のせいでこの本をお見せできず、誠に申し訳ないことである。

一冊にまとめるに至るまで、実に数多くの方にお世話になった。民俗学の野本寛一先生には、筆者のタブへの関心と執筆に、長年、暖かい理解と激励をいただいた。たくさんの友人、知人たちに、写真や資料などの面で、また台湾、韓国、中国の事情などを知る上で助力を得た。

そして法政大学出版局には、素人の提案を受け入れ、一冊の本に取り上げていただいた。編集担当の奥田のぞみさん、松永辰郎氏には、辛抱強く原稿を待っていただき、助言をいただいた。

これらの方々すべてに、心よりお礼を申し上げたい。

柳田国男の『神樹篇』に、クロモジについて記した「祭の木」という文章がある。クロモジはつま楊枝の材に用いられるが、これはかつて香りを放つ木として神木のように崇められた名残だろうという。その最後の一文である。

「(クロモジという木は) 他にも色々の大切な用途を持つ木だけれども、それが発見せられたのも、本来は忘れ難い木の香があった為で、今日はたった一寸五分ばかりのつま楊枝になって、町に住む人たちの間に名を知られて居るのも、この古い古い伝統の残形であったとも想像し得られる。歴史は決して復古すべきものではないけれども、それが少しづつ判って来る毎に、人々の心は柔かくなり、又際限も無く物悲しくなる。小さき児童のやうに無知であって、愚かに威勢よく活きて行かうといふ人の多いといふことも、困ったことのようだが、時としては必要かもしれない。忘れられるといふ部分の加はって行くのを、完全に防ぐことは私たちには出来ない」

柳田国男は、この「際限のないもの悲しさ」の所以を記してはいない。想像をすれば、人々が、自然や大いなるものへの畏敬の念や謙虚さを忘れつつあること、先人たちが営々と学び、蓄え、伝えてきた智慧を失いつつあることへの無念さ、寂しさ、諦めのようなものであろうか。

私などは、彼の言う「愚かに威勢よく活きて行かう」という類に入る。それでも、タブという木を知ったことで、確かに心が柔らかくなったような気がする。

十数年のタブとの付き合いは実に楽しく、多くのことを学ばせてもらった。黙然と立つタブにもお礼を言わなくてはいけない。

二〇一三年一二月

山形健介

主な参考図書・資料

（書名50音順）

【あ】
『愛知の巨木』（中根洋治／風媒社：2005）
『秋田県の歴史散歩』（秋田県の歴史散歩編集委員会／山川出版社：1984）
『あすを植える』（宮脇昭／毎日新聞社：2004）
『奄美郷土研究会報・第11号』（奄美郷土研究会／：1970）
『奄美生活誌』（恵原義盛／木耳社：1973）
『奄美民俗』（大島高校郷土研究部／1964〜69）
『阿波名木物語』（横山春陽／徳島新聞出版部：1960）

『池田敏雄台湾民俗著作集』（池田敏雄／緑蔭書房：2003）
『伊豆諸島・小笠原諸島民俗誌』（伊豆諸島・小笠原諸島民俗誌編纂委員会／東京都島嶼町村一部事務組合：1993）
『出雲国風土記』（荻原千鶴訳注／講談社〈学術文庫〉：1999）
『伊能図大全』（渡辺一郎監修／河出書房新社：2013）
『いのちを守るドングリの森』（宮脇昭／集英社〈新書〉：2005）

『海暗（うみくら）』（有吉佐和子／新潮社〈文庫〉：1972）
『海と列島文化①〜⑩』（小学館：1990〜93）
『海の宗教』（桜田勝徳／淡交社：1970）

『江戸東京坂道事典』（石川悌二／新人物往来社：1998）
『江戸の自然誌・「武江産物志」を読む』（野村圭佑／どうぶつ社：2002）

『大隅半島』（郷原茂樹／大隅半島カルチャーロビー：1986頃）
『大伴家持と越中万葉の世界』（高岡市・万葉のふるさとづくり委員会／雄山閣：1986）
『近江の鎮守の森』（滋賀植物同好会編／サンライズ出版：2000）
『岡山の巨樹』（立石憲利・難波浩／山陽新聞社：1993）
『折口信夫全集』（中央公論社：1965〜68）
『折口信夫伝――その思想と学問』（岡野弘彦／中央公論新社：2000）

『折口信夫必携』（岡野弘彦・西村亨編／学燈社：1987）

【か】
『柿渋〈ものと人間の文化史〉』（今井敬潤／法政大学出版局：2003）
『鹿児島県木炭史』（鹿児島県木炭史編纂委員会編／鹿児島県：1976）
『鹿児島の木材産業』（松田健一・遠矢良太郎／春苑堂出版：2002）
『鹿児島の民俗暦』（小野重朗／海鳥社：1992）
『鹿児島方言大辞典』（橋口満／高城書房：2004）
『鹿児島民俗植物記』（内藤喬／青潮社：1991）
『鰹節〈ものと人間の文化史〉』（宮下章／法政大学出版局：2000）
『鰹節考』（山本高一／筑摩書房：1987）
『角川日本地名大辞典』（角川書店：1978〜90）
『神々の風景――信仰環境論の試み』（野本寛一／白水社：1990）
『神の森　森の神』（岡谷公二／東京書籍：1987）
『瓦礫を活かす〈森の防波堤〉が命を守る』（宮脇昭／学研パブリッシング：2011）

『木々の風貌』（牧野和春／牧野出版社：1976）
『魏志倭人伝』（石原道博編訳／岩波書店〈文庫〉：1985）
『魏志倭人伝の世界』（山田宗睦／教育社：1979）
『魏志倭人伝の考古学』（佐原真／岩波書店：2003）
『魏志倭人伝を読む』（佐伯有清／吉川弘文館：2000）
『紀州植物誌』（宇井縫蔵／高橋南益社：1929）
『樹と森のものがたり』（西口親雄／柘植書房新社：1999）
『木に刻まれた八万大蔵経の秘密』（朴相珍／キムヨン社：2007）
『木にならう　種子・屋久・奄美のくらし』（三輪大介・盛田満二編／ボーダーインク：2011）
『樹に登る海鳥――奇鳥オオミズナギドリ』（吉田直敏／汐文社：1981）
『木の匠――木工の技術史』（成田寿一郎／鹿島出版会：1984）
『木の大百科』（平井信二／朝倉書店：1996）
『木の伝説』（石上堅／宝文館出版：1969）
『木の名の由来』（深津正・小林義雄／東京書籍：1993）
『木の文化をさぐる』（小原二郎／日本放送出版協会：2003）
『樹の文化史』（足田輝一／朝日新聞社：1985）
『黄八丈　その歴史と製法』（荒関哲嗣／二月社：1974）
『岐阜県の天然記念物』（教育出版文化協会：1981）

『木偏百樹』（中川藤一／中川木材店：1986）
『共生のフォークロア　民俗の環境思想』（野本寛一／青土社：1994）
『京都発見④』（梅原猛／新潮社：2002）
『巨樹と日本人』（牧野和春／中央公論社〈新書〉：1998）

『熊楠の森――神島』（後藤伸・玉井済夫・中瀬喜陽／農山漁村文化協会：2011）
『球磨の植物民俗誌』（乙益正隆／地球社：1978）
『黒潮のフォークロア』（日高旺／未来社：1985）

『原色台湾薬用植物図鑑』（邱年永・張光雄／南天書局：1998）
『原色和漢薬図鑑』（難波恒雄／保育社：1980）

『皇居の植物』（生物学御研究所編／保育社：1989）
『孤影の人――折口信夫と釈迢空のあいだ』（池田弥三郎／旺文社：1981）
『語源辞典・植物編』（吉田金彦／東京堂出版：2001）
『語源をさぐる』（新村出／講談社〈文芸文庫〉：1995）
『古事記』（『新編日本古典文学全集 1』／小学館：1997）
『古代日韓交渉史断片考』（中田薫／創文社：1956）
『木霊の宿る空間』（宮崎正隆／長崎新聞社：2001）
『古典の植物を探る』（細見末雄／八坂書房：1992）
『この地の巨樹』（コ・キュホン（高圭洪）／ヌルワ社：2003）

【さ】
『最後の丸木舟』（鳥越皓之／御茶の水書房：1981）
『最新・邪馬台国への道』（安本美典／梓書院：1998）
『埼玉巨樹紀行』（大久根茂／幹書房：2004）
『桜田勝徳著作集』（名著出版：1980～82）
『佐渡山野植物ノート』（伊藤邦男／佐渡の植物刊行会：2001）
『山林』（韓国山林組合：1992 年 8 月号）

『滋賀の巨木めぐり』（滋賀の名木を訪ねる会編／新評論：2009）
『自然（1976 年 10 月号）』（中央公論社）
『時代別国語大辞典』（三省堂：1983～2001）
『自動車工学全書 14　トラック、バスの車体構造』（自動車工学全書編集委員会編／山海堂：1980）

『島の考古学　黒潮圏の伊豆諸島』（橋口尚武／東京大学出版会：1988）
『釈迢空歌抄』（山本健吉／角川書店：1966）
『釈迢空ノート』（富岡多恵子／岩波書店：2000）
『週刊　日本の樹木 26』（学習研究社：2004）
『樹木三十六話』（上原敬二・本田正次・三浦伊八郎／地球出版：1966）
『樹木大図説』（上原敬二／有明書房：1961）
『樹木と方言』（倉田悟／地球出版：1962）
『樹木にまつわる物語』（浅井治海／フロンティア出版：2007）
『樹木の伝説』（若松多八郎／東北出版企画：1975）
『樹木百話』（上村勝爾／八重樫良暉訳／日本林業調査会：1995）
『樹木風土記』（姫田忠義／未来社：1980）
『樹木民俗誌』（倉田悟／地球社：1975）
『樹木和名考』（白井光太郎／内田老鶴圃：1933）
『樹霊』（司馬遼太郎など／人文書院：1976）
『正倉院宝物にみる家具・調度』（木村法光編／紫紅社：1992）
『正倉院宝物　5　中倉Ⅱ』（正倉院事務所編／毎日新聞社：1995）
『正倉院の木工』（正倉院事務所編／日本経済新聞社：1978）
『照葉樹林の生態学』（千葉県立中央博物館：1997）
『植物古漢名図考』（高明乾主編／大象出版社：2006）
『植物巡礼』（F・キングドン・ウォード、塚谷裕一訳／岩波書店〈文庫〉：2001）
『植物世相史』（松田修／社会思想社：1971）
『植物と人間』（宮脇昭／日本放送出版協会：1970）
『植物と民俗』（倉田悟／地球出版：1969）
『植物の漢字語源辞典』（加納喜光／東京堂出版：2008）
『植物和名語源新考』（深津正／八坂書房：1976）
『新訂　和漢薬』（赤松金芳／医歯薬出版：1970）
『新南島風土記』（新川明／朝日新聞社〈文庫〉：1987）
『新編日本古典文学全集』（小学館：1994～2002）

『図説草木辞苑』（木村陽二郎監修／柏書房：1988）
『［図説］日本の植生』（福島司・岩瀬徹編著／朝倉書店：2005）
『諏訪大社の御柱と年中行事』（宮坂光昭／郷土出版社：1992）

『正史三国志 4』（今鷹真・小南一郎訳／筑摩書房〈学芸文庫〉：1993）
『生態と民俗』（野本寛一／講談社〈学術文庫〉：2008）

【た】
『大日本有用樹木　効用編』（諸戸北郎著／嵩山房：1905）
『大日本老樹名木誌』（本多静六編纂／大日本山林会：1913）
『台湾重要農産物累年比較表』（台湾総督府編／台湾総督府：1916）
『台湾樹木誌・増補改版』（金平亮三／台湾総督府中央研究所：1936）
『台湾線香製造業調査』（台湾総督府民政部殖産局／1910）
『台湾全誌 3　淡水庁誌』（鈴木譲編／台湾経世新報社：1922）
『台湾低海抜森林要角――楠木』（陳運造／「台湾花芸」2005 年 5 月号）
『台湾風俗誌』（片岡巌／台湾日日新報社：1921）
『台湾有用樹木誌』（金平亮三／晃文館：1918）
『台湾林業史』（賀田直治編著／台湾総督府殖産局：1929）
『台湾老樹地図』（張蕙芬撰文、潘智敏撮影／大樹文化：2002）
『種子島今むかし』（井元正流／八重岳書房：1994）
『種子島の民俗 1, 2』（下野敏見／法政大学出版局：1982、90）
『玉樟』（『尾崎一雄全集・6』／筑摩書房：1982）
『魂の森を行け』（一志治夫／集英社インターナショナル：2004）
『探求「鎮守の森」――社叢学への招待』（上田正昭編／平凡社：2004）

『中国建築・名所案内』（中国建築工業出版社編、尾島俊雄監訳／彰国社：1983）
『中国樹木志』（中国樹木志編輯委員会編／中国林業出版：1983）
『中国樹木分類学』（陳嶸：1923 ころ）
『中国正史　倭人・倭国伝全釈』（鳥越憲三郎／中央公論新社：2004）
『迢空・折口信夫事典』（勉誠出版：1999）
『朝鮮森林樹木鑑要』（石戸谷勉、鄭台鉉共編／朝鮮総督府林業試験場：1923）
『鎮守の森』（宮脇昭／新潮社〈文庫〉：2007）

『築地松と民家』（有田宗一／斐川町教育委員会：1990）

『定本　柳田国男集』（筑摩書房：1962〜71）

『同名異木のはなし』（満久崇麿／思文閣出版：1987）
『燈用植物〈ものと人間の文化史〉』（深津正／法政大学出版局：1983）
『都会の木の実・草の実図鑑』（石井桃子／八坂書房：2006）
『トビウオ招き』（下野敏見／八重岳書房：1984）
『杜甫全詩集』（鈴木虎雄訳注／日本図書センター：1978）

【な】
『苗木三〇〇〇万本　いのちの森を生む』（宮脇昭／NHK 出版：2006）
『渚の思想』（谷川健一／晶文社：2004）
『名も知らぬ遠き島より』（日高恒太朗／三五館：2006）
『南島の自然誌』（山田孝子／昭和堂：2012）
『南島雑話の世界』（名越護／南日本新聞社：2002）
『南嶋探験 1, 2』（笹森儀助／東喜望校注／平凡社〈東洋文庫〉：1981〜82）

『日葡辞書』（亀井孝解説／勉誠社：1978）
『日本古典文学大系』（岩波書店：1957〜67）
『日本主要樹木名方言集』（倉田悟／地球出版：1963）
『日本樹木誌・一』（日本樹木誌編集委員会編／日本林業調査会：2009）
『日本樹木名方言集〈復刻版〉』（農商務省山林局編／海路書院：2006）
『日本書紀』（『新編日本古典文学全集 2』／小学館：1994）
『日本植生誌』（宮脇昭編著／至文堂：1980〜89）
『日本植生便覧（改訂新版）』（宮脇昭、奥田重俊／至文堂：1994）
『日本植物方言集成』（八坂書房編／八坂書房：2001）
『日本の遺跡出土木製品総覧』（島地謙・伊東隆夫編／雄山閣出版：1988）
『日本の神々』（谷川健一編／白水社：1984〜87）
『日本の巨樹・巨木林（全国版）』（環境庁編：1991）
『日本の樹木』（辻井達一／中央公論社〈新書〉：1995）
『日本の地名』（谷川健一／岩波書店〈新書〉：1997）
『日本の森を支える人たち』（中沢和彦／晶文社：1992）
『日本丸木舟の研究』（川崎晃稔／法政大学出版局：1991）
『日本歴史地名大系』（平凡社：1979〜2005）
『日本列島の自然史』（国立科学博物館編／東海大学出版会：2006）

『能登燦々』（藤平朝雄／中日新聞社：2003）
『能登　寄り神と海の村』（小林忠雄、高桑守史／日本放送出版協会：1973）

【は】
『花　古事記』（山田宗睦／八坂書房：1989）
『花と木の漢字学』（寺井泰明／大修館書店：2000）

『東アジアと高麗版大蔵経』（仏教大学宗教文化ミュージアム：2012）
『人づくり風土記・46　ふるさとの人と知恵・鹿児島』（農山漁村文化協会：

1999)

『福岡県の歴史散歩』（福岡県高等学校歴史研究会／山川出版社：1989）
『仏典の植物』（満久崇磨／八坂書房：1977）
『物類称呼』（越谷吾山／東條操校訂／岩波書店〈文庫〉：1994）
『風土記』（秋本吉郎校注、岩波書店：日本古典文学大系：1969）
『風土記日本・1／九州・沖縄篇』（／平凡社：1960）
『舟・船棺起源と舟・船棺葬送に見る刳舟』（辻尾栄市／大阪府立大学学術情報リポジトリ・人文学論集第28集：2010）
『舟と港のある風景』（森本孝／農山漁村文化協会：2006）
『豊後街道を行く』（松尾卓次／弦書房：2006）

『本朝巨木伝』（牧野和春／工作舎：1990）

【ま】
『牧野新日本植物図鑑』（牧野富太郎／北隆館：1989）
『牧野富太郎選集第2巻』（牧野富太郎／東京美術：1970）
『町野今昔物語』（藤平朝雄／あえの郷しんこう会：2002）
『丸木舟〈ものと人間の文化史〉』（出口晶子／法政大学出版局：2001）
『万葉植物抄』（梶井重雄／紅書房：1997）
『万葉植物事典　万葉植物を読む』（山田卓三・中嶋信太郎／北隆館：1993）
『万葉植物新考』（松田修／社会思想社：1970）
『万葉の里』（犬養孝／和泉書院：2007）

『蜜蜂が降る』（尾崎一雄／新潮社：1976）
『緑環境と植生学』（宮脇昭／NTT出版：1997）
『南方熊楠全集』（平凡社：1974〜79）
『南からの日本文化』（佐々木高明／日本放送出版協会：2003）
『宮柊二集⑦』（岩波書店：1990）
『宮本常一著作集』（未来社：1967〜2012）

『宗像大社・古代祭祀の原風景』（正木晃／日本放送出版協会：2008）

『木材ノ工芸的利用』（農商務省山林局編纂／大日本山林会：1912）［＊（『明治後期産業発達史資料』竜渓書舎：2000）より］
『森の神々と民俗』（金田久璋／白水社：1998）

『森を読む』(大場秀章／岩波書店：1991)

【や】
『屋久島　巨木の森と水の島の生態学』(湯本貴和／講談社：1995)
『屋久島の民話　緑の巻』(下野敏見／南方新社：2005)
『屋久島の森のすがた』(金谷整一・吉丸博志編／文一総合出版：2007)
『屋久島民俗誌』(宮本常一／日本常民生活資料叢書 20：1973)
『(定本) 柳田国男集』(筑摩書房：1962〜71)
『柳田国男と折口信夫』(池田弥三郎、谷川健一／岩波書店：1994)
『柳田国男の世界　北小浦民俗誌を読む』(福田アジオ編／吉川弘文館：2001)
『日本の樹木　山渓カラー名鑑』(山と渓谷社：1985)
『邪馬台国植生考』(苅住昇／「林業技術」1970 年 1 月号)
『山と雲と蕃人と　台湾高山紀行』(鹿野忠雄／文遊社：2002)
『大和本草』(貝原益軒／白井光太郎考注／春陽堂：1932)
『山野河海まんだら』(赤坂憲雄／筑摩書房：1999)

『有用樹木図説』(林弥栄／誠文堂新光社：1969)

『甦る詩学』(藤井貞和／まろうど社：2007)

【ら】
『楽郊紀聞　対馬夜話』(中川延良／鈴木棠三校注／平凡社〈東洋文庫〉：1977)

『琉球列島植物方言集』(天野鉄夫／新星図書出版：1979)
『琉球列島有用樹木誌』(天野鉄夫／琉球列島有用樹木誌刊行会：1982)
『リンネとその使徒たち』(西村三郎／人文書院：1989)

【わ】
『和漢古典植物考』(寺山宏／八坂書房：2003)
『和漢三才図会』(寺島良守／島田勇雄・竹島淳夫訳注／平凡社〈東洋文庫〉：1985〜91)
『わが奄美』(長田須磨／海風社：2004)
『わが師　折口信夫』(加藤守雄／文芸春秋：1967)
『和紙の源流』(久米康生／岩波書店：2004)
『和紙の道しるべ』(町田誠之／淡交社：2000)

『和船〈ものと人間の文化史〉』（石井謙治／法政大学出版局：1995）
『私は忘れない』（有吉佐和子／新潮社〈文庫〉：1969）

▼Webサイトなど
「愛知の巨木・銘木」
「赤煉瓦倶楽部舞鶴」
「奄美群島生物資源Webデータベース」
「紀州里域植物方言集（梅本信也）――京都大学フィールド科学教育センター」
「佐渡広場」
「自然環境保全基礎調査」（環境省自然環境局生物多様センター）
「第6回基礎調査『巨樹・巨木林フォローアップ調査報告書』」（環境省生物多様センター）
「鎮守の森だより」（社叢学会）
「全国タブノキ巨樹MAP」
「大阪府立大学学術情報リポジトリ」
「山口県の樹木達」

著者略歴

山形健介（やまがた けんすけ）

1948年生まれ．福岡県出身．1972年早稲田大学法学部卒業，日本経済新聞社入社．「日経レストラン」編集長，岡山支局長などを経て，編集委員．2011年退職．現在，筆耕社代表．

ものと人間の文化史　165・タブノキ

2014年３月20日　初版第１刷発行

発行所　一般財団法人 法政大学出版局
〒102-0071 東京都千代田区富士見2-17-1
電話03(5214)5540／振替00160-6-95814
印刷／三和印刷　製本／誠製本

Printed in Japan

ISBN978-4-588-21651-0

ものと人間の文化史

★第9回梓会出版文化賞受賞

人間が〈もの〉とのかかわりを通じて営々と築いてきた暮らしの足跡を具体的に辿りつつ文化・文明の基礎を問いなおす。手づくりの〈もの〉の記憶が失われ、〈もの〉離れが進行する危機の時代におくる豊穣な百科叢書。

1 船　須藤利一編
海国日本では古来、漁業・水運・交易はもとより、大陸文化も船によって運ばれた。本書は造船技術、航海の模様の推移を中心に、漂流、船霊信仰、伝説の数々を語る。四六判３６８頁 '68

2 狩猟　直良信夫
人類の歴史は狩猟から始まった。本書は、わが国の遺跡に出土する獣骨、猟具の実証的考察をおこないながら、狩猟をつうじて発展した人間の知恵と生活の軌跡を辿る。四六判２７２頁 '68

3 からくり　立川昭二
〈からくり〉は自動機械であり、驚嘆すべき庶民の技術的創意がこめられている。本書は、日本と西洋のからくりを発掘・復元・遍歴し、埋もれた技術の水脈をさぐる。四六判４１０頁 '69

4 化粧　久下司
美を求める人間の心が生みだした化粧—その手法と道具に語らせた人間の欲望と本性、そして社会関係。歴史を遡り、全国を踏査して書かれた比類ない美と醜の文化史。四六判３６８頁 '70

5 番匠　大河直躬
番匠はわが国中世の建築工匠。地方・在地を舞台に開花した彼らの造型・装飾・工法等の諸技術、さらに信仰と生活等、職人以前の独自で多彩な工匠的世界を描き出す。四六判２８８頁 '71

6 結び　額田巌
〈結び〉の発達は人間の叡知の結晶である。本書はその諸形態および技法を作業・装飾・象徴の三つの系譜に辿り、〈結び〉のすべてを民俗学的・人類学的に考察する。四六判２６４頁 '72

7 塩　平島裕正
人類史に貴重な役割を果たしてきた塩をめぐって、発見から伝承・製造技術の発展過程にいたる総体を歴史的に描き出すとともに、その多彩な効用と味覚の秘密を解く。四六判２７２頁 '73

8 はきもの　潮田鉄雄
田下駄・かんじき・わらじなど、日本人の生活の礎となってきた伝統的はきものの成り立ちと変遷を、二〇年余の実地調査と細密な観察・描写によって辿る庶民生活史　四六判２８０頁 '73

9 城　井上宗和
古代城塞・城柵から近世代名の居城として集大成されるまでの日本の城の変遷を辿り、文化の各領野で果たしてきたその役割を再検討。あわせて世界城郭史に位置づける。四六判３１０頁 '73

10 竹　室井綽
食生活、建築、民芸、造園、信仰等々にわたって、竹と人間との交流史は驚くほど深く永い。その多岐にわたる発展の過程を個々に辿り、竹の特異な性格を浮彫にする。四六判３２４頁 '73

11 海藻　宮下章
古来日本人にとって生活必需品とされてきた海藻をめぐって、その採取・加工法の変遷、商品としての流通史および神事・祭事での役割に至るまでを歴史的に考証する。四六判３３０頁 '74

12 絵馬 岩井宏實

古くは祭礼における神への献馬にはじまり、民間信仰と絵画のみごとな結晶として民衆の手で描かれ祀り伝えられてきた各地の絵馬を豊富な写真と史料によってたどる。四六判３０２頁 '74

13 機械 吉田光邦

畜力・水力・風力などの自然のエネルギーを利用し、幾多の改良を経て形成された初期の機械の歩みを検証し、日本文化の形成における科学・技術の役割を再検討する。四六判２４２頁 '74

14 狩猟伝承 千葉徳爾

狩猟には古来、感謝と慰霊の祭祀がともない、人獣交渉の豊かで意味深い歴史があった。狩猟用具、巻物、儀式具、またけものたちの生態を通して語る狩猟文化の世界。四六判３４６頁 '75

15 石垣 田淵実夫

採石から運搬、加工、石積みに至るまで、石垣の造成をめぐって積み重ねられてきた石工たちの苦闘の足跡を掘り起こし、その独自な技術の形成過程と伝承を集成する。四六判２２４頁 '75

16 松 高嶋雄三郎

日本人の精神史に深く根をおろした松の伝承に光を当て、食用、薬用等の実用の松、祭祀・観賞用の松、さらに文学・芸能・美術に表現された松のシンボリズムを説く。四六判３４２頁 '75

17 釣針 直良信夫

人と魚との出会いから現在に至るまで、釣針がたどった一万有余年の変遷を、世界各地の遺跡出土物を通して実証しつつ、漁撈によって生きた人々の生活と文化を探る。四六判２７８頁 '76

18 鋸 吉川金次

鋸鍛冶の家に生まれ、鋸の研究を生涯の課題とする著者が、出土遺品や文献・絵画により各時代の鋸を復元・実験し、庶民の手仕事にみられる驚くべき合理性を実証する。四六判３６０頁 '76

19 農具 飯沼二郎／堀尾尚志

鍬と犂の交代・進化の歩みとして発達したわが国農耕文化の発展経過を世界史的視野において再検討しつつ、無名の農民たちによる驚くべき創意のかずかずを記録する。四六判２２０頁 '76

20 包み 額田巌

結びとともに文化の起源にかかわる〈包み〉の系譜を人類史的視野において捉え、衣・食・住をはじめ社会・経済史、信仰、祭事などにおけるその実際と役割とを描く。四六判３５４頁 '77

21 蓮 阪本祐二

仏教における蓮の象徴的位置の成立と深化、美術・文芸等に見る人間とのかかわりを歴史的に考察。また大賀蓮はじめ多様な品種とその来歴を紹介しつつその美を語る。四六判３０６頁 '77

22 ものさし 小泉袈裟勝

ものをつくる人間にとって最も基本的な道具であり、数千年にわたって社会生活を律してきたその変遷を実証的に追求し、歴史の中で果たしてきた役割を浮彫りにする。四六判３１４頁 '77

23-I 将棋I 増川宏一

その起源を古代インドに、我国への伝播の道すじを海のシルクロードに探り、また伝来後一千年におよぶ日本将棋の変化と発展を盤、駒、ルール等にわたって跡づける。四六判２８０頁 '77

23-Ⅱ 将棋Ⅱ　増川宏一

わが国伝来後の普及と変遷を貴族や武家・豪商の日記等に博捜し、遊戯者の歴史をあとづけると共に、中国伝来説の誤りを正し、将棋宗家の位置と役割を明らかにする。　四六判３４６頁　'85

24 湿原祭祀　第2版　金井典美

古代日本の自然環境に着目し、各地の湿原聖地を稲作社会との関連において捉え直して古代国家成立の背景を浮彫にしつつ、水と植物にまつわる日本人の宇宙観を探る。　四六判４１０頁　'77

25 臼　三輪茂雄

臼が人類の生活文化の中で果たしてきた役割を、各地に遺る貴重な民俗資料・伝承と実地調査にもとづいて解明。失われゆく道具のなかに、未来の生活文化の姿を探る。　四六判４１２頁　'78

26 河原巻物　盛田嘉徳

中世末期以来の被差別部落民が生きる権利を守るために偽作し護り伝えてきた河原巻物を全国にわたって踏査し、そこに秘められた最底辺の人びとの叫びに耳を傾ける。　四六判２２６頁　'78

27 香料　日本のにおい　山田憲太郎

焼香供養の香から趣味としての薫物へ、さらに沈香木を焚く香道へと変遷した日本の「匂い」の歴史を豊富な史料に基づいて辿り、我国風俗史の知られざる側面を描く。　四六判３７０頁　'78

28 神像　神々の心と形　景山春樹

神仏習合によって変貌しつつも、常にその原型＝自然を保持してきた日本の神々の造型を図像学的方法によって捉え直し、その多彩な形象に日本人の精神構造をさぐる。　四六判３４２頁　'78

29 盤上遊戯　増川宏一

祭具・占具としての発生を『死者の書』をはじめとする古代の文献にさぐり、形状・遊戯法を分類しつつその〈進化〉の過程を考察。〈遊戯者たちの歴史〉をも跡づける。　四六判３２６頁　'78

30 筆　田淵実夫

筆の里・熊野に筆づくりの現場を訪ねて、筆匠たちの境涯と製筆の由来を克明に記録しつつ、筆の発生と変遷、種類、製筆法、さらには筆塚、筆供養にまで説きおよぶ。　四六判２０４頁　'78

31 ろくろ　橋本鉄男

日本の山野を漂移しつづけ、高度の技術文化と幾多の伝説とをもたらした特異な旅職集団＝木地屋の生態を、その呼称、地名、伝承、文書等をもとに生き生きと描く。　四六判４６０頁　'79

32 蛇　吉野裕子

日本古代信仰の根幹をなす蛇巫をめぐって、祭事におけるさまざまな蛇の「もどき」や各種の蛇の造型・伝承に鋭い考証を加え、忘れられたその呪性を大胆に暴き出す。　四六判２５０頁　'79

33 鋏（はさみ）　岡本誠之

梃子の原理の発見から鋏の誕生に至る過程を推理し、日本鋏の特異な歴史的位置を明らかにするとともに、刀鍛冶等から転進した鋏職人たちの創意と苦闘の跡をたどる。　四六判３９６頁　'79

34 猿　廣瀬鎮

嫌悪と愛玩、軽蔑と畏敬の交錯する日本人とサルとの関わりあいの歴史を、狩猟伝承や祭祀・風習、美術・工芸や芸能のなかに探り、日本人の動物観を浮彫りにする。　四六判２９２頁　'79

35 鮫　矢野憲一

神話の時代から今日まで、津々浦々につたわるサメの伝承とサメをめぐる海の民俗を集成し、神饌、食用、薬用等に活用されてきたサメと人間のかかわりの変遷を描く。四六判２９２頁 '79

36 枡　小泉袈裟勝

米の経済の枢要をなす器として千年余にわたり日本人の生活の中に生きてきた枡の変遷をたどり、記録・伝承をもとにこの独特な計量器が果たした役割を再検討する。四六判３２２頁 '80

37 経木　田中信清

食品の包装材料として近年まで身近に存在した経木の起源を、こけら経や塔婆、木簡、屋根板等に遡って明らかにし、その製造・流通に携った人々の労苦の足跡を辿る。四六判２８８頁 '80

38 色　染と色彩　前田雨城

わが国古代の染色技術の復元と文献解読をもとに日本色彩史を体系づけ、赤・白・青・黒等におけるわが国独自の色彩感覚を探りつつ日本文化における色の構造を解明。四六判３２０頁 '80

39 狐　陰陽五行と稲荷信仰　吉野裕子

その伝承と文献を渉猟しつつ、中国古代哲学＝陰陽五行の原理の応用という独自の視点から、謎とされてきた稲荷信仰と狐との密接な結びつきを明快に解き明かす。四六判２３２頁 '80

40-Ⅰ 賭博Ⅰ　増川宏一

時代、地域、階層を超えて連綿と行なわれてきた賭博。――その起源を古代の神判、スポーツ、遊戯等の中に探り、抑圧と許容の歴史を物語る。全Ⅲ分冊の〈総説篇〉。四六判２９８頁 '80

40-Ⅱ 賭博Ⅱ　増川宏一

古代インド文学の世界からラスベガスまで、賭博の形態・用具・方法の時代的特質を明らかにし、夥しい禁令に賭博の不滅のエネルギーを見る。全Ⅲ分冊の〈外国篇〉。四六判４５６頁 '82

40-Ⅲ 賭博Ⅲ　増川宏一

聞香、闘茶、笠附等、わが国独特の賭博を中心にその具体例を網羅し、方法の変遷に賭博の時代性を探りつつ禁令の改廃に時代の賭博観を追う。全Ⅲ分冊の〈日本篇〉。四六判３８８頁 '83

41-Ⅰ 地方仏Ⅰ　むしゃこうじ・みのる

古代から中世にかけて全国各地で作られた無銘の仏像を訪ね、素朴で多様なノミの跡に民衆の祈りと地域の願望を探る。宗教の伝播、文化の創造を考える異色の紀行。四六判２５６頁 '80

41-Ⅱ 地方仏Ⅱ　むしゃこうじ・みのる

紀州や飛騨を中心に草の根の仏たちを訪ねて、その相好と像容の魅力を探り、技法を比較考証して仏像彫刻史に位置づけつつ、中世地域社会の形成と信仰の実態に迫る。四六判２６０頁 '97

42 南部絵暦　岡田芳朗

田山・盛岡地方で「盲暦」として古くから親しまれてきた独得の絵解き暦を詳しく紹介しつつその全体像を復元する。その無類の生活暦は、南部農民の哀歓をつたえる。四六判２８８頁 '80

43 野菜　在来品種の系譜　青葉高

蕪、大根、茄子等の日本在来野菜をめぐって、その渡来・伝播経路、品種分布と栽培のいきさつを各地の伝承や古記録をもとに辿り、畑作文化の源流とその風土を描く。四六判３６８頁 '81

44 **つぶて** 中沢厚

弥生投弾、古代・中世の石戦と印地の様相、投石具の発達を展望しつつ、願かけの小石、正月つぶて、石こづみ等の習俗を辿り、石塊に託した民衆の願いや怒りを探る。四六判３３８頁 '81

45 **壁** 山田幸一

弥生時代から明治期に至るわが国の壁の変遷を壁塗＝左官工事の側面から辿り直し、その技術的復元・考証を通じて建築史・文化史における壁の役割を浮き彫りにする。四六判２９６頁 '81

46 **箪笥**（たんす） 小泉和子

近世における箪笥の出現＝箱から抽斗への転換に着目し、以降近現代に至るその変遷を社会・経済・技術の側面からあとづける。著者自身による箪笥製作の記録を付す。四六判３７８頁 '82

47 **木の実** 松山利夫

山村の重要な食糧資源であった木の実をめぐる各地の記録・伝承を集成し、その採集・加工における幾多の試みを実地に検証しつつ、稲作農耕以前の食生活文化を復元。四六判３８４頁 '82

48 **秤**（はかり） 小泉袈裟勝

秤の起源を東西に探るとともに、わが国律令制下における中国制度の導入、近世商品経済の発展に伴う秤座の出現、明治期近代化政策による洋式秤受容等の経緯を描く。四六判３２６頁 '82

49 **鶏**（にわとり） 山口健児

神話・伝説をはじめ遠い歴史の中の鶏を古今東西の伝承・文献に探り、特に我国の信仰・絵画・文学等に遺された鶏の足跡を追って、鶏をめぐる民俗の記憶を蘇らせる。四六判３４６頁 '83

50 **燈用植物** 深津正

人類が燈火を得るために用いてきた多種多様な植物との出会いと個個の植物の来歴、特性及びはたらきを詳しく検証しつつ「あかり」の原点を問いなおす異色の植物誌。四六判４４２頁 '83

51 **斧・鑿・鉋**（おの・のみ・かんな） 吉川金次

古墳出土品や文献・絵画をもとに、古代から現代までの斧・鑿・鉋を復元・実験し、労働体験によって生まれた民衆の知恵と道具の変遷を蘇らせる異色の日本木工具史。四六判３０４頁 '84

52 **垣根** 額田巖

大和・山辺の道に神々と垣との関わりを探り、各地に垣の伝承を訪ねて、寺院の垣、民家の垣、露地の垣など、風土と生活に培われた生垣の独特のはたらきと美を描く。四六判２３４頁 '84

53–Ⅰ **森林Ⅰ** 四手井綱英

森林生態学の立場から、森林のなりたちとその生活史を辿りつつ、産業の発展と消費社会の拡大により刻々と変貌する森林の現状を語り、未来への再生のみちをさぐる。四六判３０６頁 '85

53–Ⅱ **森林Ⅱ** 四手井綱英

森林と人間との多様なかかわりを包括的に語り、人と自然が共生するための森や里山をいかにして創出するか、森林再生への具体的な方策を提示する21世紀への提言。四六判３０８頁 '98

53–Ⅲ **森林Ⅲ** 四手井綱英

地球規模で進行しつつある森林破壊の現状を実地に踏査し、森と人が共存する日本人の伝統的自然観を未来へ伝えるために、いま何が必要なのかを具体的に提言する。四六判３０４頁 '00

54 海老（えび）　酒向昇

人類との出会いからエビの科学、漁法、さらには調理法を語り、めでたい姿態と色彩にまつわる多彩なエビの民俗を、地名や人名、詩歌・文学、絵画や芸能の中に探る。四六判４２８頁 '85

55-Ⅰ 藁（わら）Ⅰ　宮崎清

稲作農耕とともに二千年余の歴史をもち、日本人の全生活領域に生きてきた藁の文化を日本文化の原型として捉え、風土に根ざしたそのゆたかな遺産を詳細に検討する。四六判４００頁 '85

55-Ⅱ 藁（わら）Ⅱ　宮崎清

床・畳から壁・屋根にいたる住居における藁の製作・使用のメカニズムを明らかにし、日本人の生活空間における藁の役割を見なおすとともに、藁の文化の復権を説く。四六判４００頁 '85

56 鮎　松井魁

清楚な姿態と独特な味覚によって、日本人の目と舌を魅了しつづけてきたアユ――その形態と分布、生態、漁法等を詳述し、古今のアユ料理や文芸にみるアユにおよぶ。四六判２９６頁 '86

57 ひも　額田巌

物と物、人と物とを結びつける不思議な力を秘めた「ひも」の謎を追って、民俗学的視点から多角的なアプローチを試みる。『結び』、『包み』につづく三部作の完結篇。四六判２５０頁 '86

58 石垣普請　北垣聰一郎

近世石垣の技術者集団「穴太」の足跡を辿り、各地城郭の石垣遺構の実地調査と資料・文献をもとに石垣普請の歴史的系譜を復元しつつ石工たちの技術伝承を集成する。四六判４３８頁 '87

59 碁　増川宏一

その起源を古代の盤上遊戯に探ると共に、定着以来二千年の歴史を時代の状況や遊び手の社会環境との関わりにおいて跡づける。逸話や伝説を排して綴る初の囲碁全史。四六判３６６頁 '87

60 日和山（ひよりやま）　南波松太郎

千石船の時代、航海の安全のために観天望気した日和山――多くは忘れられ、あるいは失われた船舶・航海史の貴重な遺跡を追って、全国津々浦々におよんだ調査紀行。四六判３８２頁 '88

61 篩（ふるい）　三輪茂雄

臼とともに人類の生産活動に不可欠な道具であった篩、箕（み）、笊（ざる）の多彩な変遷を豊富な図解入りでたどり、現代技術の先端に再生するまでの歩みをえがく。四六判３３４頁 '89

62 鮑（あわび）　矢野憲一

縄文時代以来、貝肉の美味と貝殻の美しさによって日本人を魅了し続けてきたアワビ――その生態と養殖、神饌としての歴史、漁法、螺鈿の技法からアワビ料理に及ぶ。四六判３４４頁 '89

63 絵師　むしゃこうじ・みのる

日本古代の渡来画工から江戸前期の菱川師宣まで、時代の代表的絵師の列伝で辿る絵画制作の文化史。前近代社会における絵画の意味や芸術創造の社会的条件を考える。四六判２３０頁 '90

64 蛙（かえる）　碓井益雄

動物学の立場からその特異な生態を描き出すとともに、和漢洋の文献資料を駆使して故事・習俗・神事・民話・文芸・美術工芸にわたる蛙の多彩な活躍ぶりを活写する。四六判３８２頁 '89

65-I **藍**（あい）Ⅰ　風土が生んだ色　竹内淳子

全国各地の〈藍の里〉を訪ねて，藍栽培から染色・加工のすべてにわたり，藍とともに生きた人々の伝承を克明に描き，風土と人間が生んだ〈日本の色〉の秘密を探る．四六判４１６頁 '91

65-II **藍**（あい）Ⅱ　暮らしが育てた色　竹内淳子

日本の風土に生まれ，伝統に育てられた藍が，今なお暮らしの中で生き生きと活躍しているさまを，手わざに生きる人々との出会いを通じて描く．藍の里紀行の続篇．四六判４０６頁 '99

66 **橋**　小山田了三

丸木橋・舟橋・吊橋から板橋・アーチ型石橋まで，人々に親しまれてきた各地の橋を訪ねて，その来歴と築橋の技術伝承を辿り，土木文化の伝播・交流の足跡をえがく．四六判３１２頁 '91

67 **箱**　宮内悊

日本の伝統的な箱（櫃）と西欧のチェストを比較文化史の視点から考察し，居住・収納・運搬・装飾の各分野における箱の重要な役割とその多彩な文化を浮彫りにする．四六判３９０頁 '91

68-I **絹Ⅰ**　伊藤智夫

養蚕の起源を神話や説話に探り，伝来の時期とルートを跡づけ，記紀・万葉の時代から近世に至るまで，それぞれの時代・社会・階層が生み出した絹の文化を描き出す．四六判３０４頁 '92

68-II **絹Ⅱ**　伊藤智夫

生糸と絹織物の生産と輸出が，わが国の近代化にはたした役割を描くと共に，養蚕の道具，信仰や庶民生活にわたる養蚕と絹の民俗，さらには蚕の種類と生態におよぶ．四六判２９４頁 '92

69 **鯛**（たい）　鈴木克美

古来「魚の王」とされてきた鯛をめぐって，その生態・味覚から漁法，祭り，工芸，文芸にわたる多彩な伝承文化を語りつつ，鯛と日本人とのかかわりの原点をさぐる．四六判４１８頁 '92

70 **さいころ**　増川宏一

古代神話の世界から近現代の博徒の動向まで，さいころの役割を各時代・社会に位置づけ，木の実や貝殻のさいころから投げ棒型や立方体のさいころへの変遷をたどる．四六判３７４頁 '92

71 **木炭**　樋口清之

炭の起源から炭焼，流通，経済，文化にわたる木炭の歩みを歴史・考古・民俗の知見を総合して描き出し，独自で多彩な文化を育んできた木炭の尽きせぬ魅力を語る．四六判２９６頁 '93

72 **鍋・釜**（なべ・かま）　朝岡康二

日本をはじめ韓国，中国，インドネシアなど東アジアの各地を歩きながら鍋・釜の製作と使用の現場に立ち会い，調理をめぐる庶民生活の変遷とその交流の足跡を探る．四六判３２６頁 '93

73 **海女**（あま）　田辺悟

その漁の実際と社会組織，風習，信仰，民具などを克明に描くとともに海女の起源・分布・交流を探り，わが国漁撈文化の古層としての海女の生活と文化をあとづける．四六判２９４頁 '93

74 **蛸**（たこ）　刀禰勇太郎

蛸をめぐる信仰や多彩な民間伝承を紹介するとともに，その生態・分布・捕獲法・繁殖と保護・調理法などを集成し，日本人と蛸との知られざるかかわりの歴史を探る．四六判３７０頁 '94

75 曲物（まげもの） 岩井宏實

桶・樽出現以前から伝承され、古来最も簡便・重宝な木製容器として愛用された曲物の加工技術と機能・利用形態の変遷をさぐり、手づくりの「木の文化」を見なおす。 四六判３１８頁 '94

76-I 和船Ⅰ 石井謙治

江戸時代の海運を担った千石船（弁才船）について、その構造と技術、帆走性能を綿密に調査し、通説の誤りを正すとともに、海難と信仰、船絵馬等の考察にもおよぶ。 四六判４３６頁 '95

76-II 和船Ⅱ 石井謙治

造船史から見た著名な船を紹介し、遣唐使船や遣欧使節船、幕末の洋式船における外国技術の導入について論じつつ、船の名称と船型を海船・川船にわたって解説する。 四六判３１６頁 '95

77-I 反射炉Ⅰ 金子功

日本初の佐賀鍋島藩の反射炉と精練方＝理化学研究所、島津藩の反射炉と集成館＝近代工場群を軸に、日本の産業革命の時代における人と技術を現地に訪ねて発掘する。 四六判２４４頁 '95

77-II 反射炉Ⅱ 金子功

伊豆韮山の反射炉をはじめ、全国各地の反射炉建設にかかわった有名無名の人々の足跡をたどり、開国か攘夷かに揺れる幕末の政治と社会の悲喜劇をも生き生きと描く。 四六判２２６頁 '95

78-I 草木布（そうもくふ）Ⅰ 竹内淳子

風土に育まれた布を求めて全国各地を歩き、木綿普及以前に山野の草木を利用して豊かな衣生活文化を築き上げてきた庶民の知られざる知恵のかずかずを実地にさぐる。 四六判２８２頁 '95

78-II 草木布（そうもくふ）Ⅱ 竹内淳子

アサ、クズ、シナ、コウゾ、カラムシ、フジなどの草木の繊維から、どのようにして糸を採り、布を織っていたのか——聞書きをもとに忘れられた技術と文化を発掘する。 四六判２８２頁 '95

79-I すごろくⅠ 増川宏一

古代エジプトのセネト、ヨーロッパのバクギャモン、中近東のナルド、中国の双陸などの系譜に日本の盤雙六を位置づけ、遊戯・賭博としてのその数奇なる運命を辿る。 四六判３１２頁 '95

79-II すごろくⅡ 増川宏一

ヨーロッパの鵞鳥のゲームから日本中世の浄土双六、近世の華麗な絵双六、さらには近現代の少年誌の附録まで、絵双六の変遷を追って時代の社会・文化を読みとる。 四六判３９０頁 '95

80 パン 安達巖

古代オリエントに起ったパン食文化が中国・朝鮮を経て弥生時代の日本に伝えられたことを史料と伝承をもとに解明し、わが国パン食文化二〇〇〇年の足跡を描き出す。 四六判２６０頁 '96

81 枕（まくら） 矢野憲一

神さまの枕・大嘗祭の枕から枕絵の世界まで、人生の三分の一を共に過す枕をめぐって、その材質の変遷を辿り、伝説と怪談、俗信と民俗、エピソードを興味深く語る。 四六判２５２頁 '96

82-I 桶・樽（おけ・たる）Ⅰ 石村真一

日本、中国、朝鮮、ヨーロッパにわたる厖大な資料を集成してその豊かな文化の系譜を探り、東西の木工技術史を比較しつつ世界史的視野から桶・樽の文化を描き出す。 四六判３８８頁 '97

82-II 桶・樽（おけ・たる）II　石村真一

多数の調査資料と絵画・民俗資料をもとにその製作技術を復元し、東西の木工技術を比較考証しつつ、技術文化史の視点から桶・樽製作の実態とその変遷を跡づける。　四六判３７２頁 '97

82-III 桶・樽（おけ・たる）III　石村真一

樹木と人間とのかかわり、製作者と消費者とのかかわりを通じて桶樽と生活文化の変遷を考察し、木材資源の有効利用という視点から桶樽の文化史的役割を浮彫にする。　四六判３５２頁 '97

83-I 貝I　白井祥平

世界各地の現地調査と文献資料を駆使して、古来至高の財宝とされてきた宝貝のルーツとその変遷を探り、貝と人間とのかかわりの歴史を「貝貨」の文化史として描く。　四六判３８６頁 '97

83-II 貝II　白井祥平

サザエ、アワビ、イモガイなど古来人類とかかわりの深い貝をめぐって、その生態・分布・地方名、装身具や貝貨としての利用法などを豊富なエピソードを交えて語る。　四六判３２８頁 '97

83-III 貝III　白井祥平

シンジュガイ、ハマグリ、アカガイ、シャコガイなどをめぐって世界各地の民族誌を渉猟し、それらが人類文化に残した足跡を辿る。参考文献一覧／総索引を付す。　四六判３９２頁 '97

84 松茸（まつたけ）　有岡利幸

秋の味覚として古来珍重されてきた松茸の由来を求めて、稲作文化と里山（松林）の生態系から説きおこし、日本人の伝統的生活文化の中に松茸流行の秘密をさぐる。　四六判２９６頁 '97

85 野鍛冶（のかじ）　朝岡康二

鉄製農具の製作・修理・再生を担ってきた農鍛冶の歴史的役割を探り、近代化の大波の中で変貌する職人技術の実態をアジア各地のフィールドワークを通して描き出す。　四六判２８０頁 '98

86 稲　品種改良の系譜　菅　洋

作物としての稲の誕生、稲の渡来と伝播の経緯から説きおこし、明治以降主として庄内地方の民間育種家の手によって飛躍的発展をとげたわが国品種改良の歩みを描く。　四六判３３２頁 '98

87 橘（たちばな）　吉武利文

永遠のかぐわしい果実として日本の神話・伝説に特別の位置を占めて語り継がれてきた橘をめぐって、その育まれた風土とかずかずの伝承の中に日本文化の特質を探る。　四六判２８６頁 '98

88 杖（つえ）　矢野憲一

神の依代としての杖や仏教の錫杖に杖と信仰とのかかわりを探り、人類が突きつつ歩んだその歴史と民俗を興味ぶかく語る。多彩な材質と用途を網羅した杖の博物誌。　四六判３１４頁 '98

89 もち（糯・餅）　渡部忠世／深澤小百合

モチイネの栽培・育種から食品加工、民俗、儀礼にわたってそのルーツと伝承の足跡をたどり、アジア稲作文化という広範な視野からこの特異な食文化の謎を解明する。　四六判３３０頁 '98

90 さつまいも　坂井健吉

その栽培の起源と伝播経路を跡づけるとともに、わが国伝来後四百年の経緯を詳細にたどり、世界に冠たる育種と栽培・利用法を築いた人々の知られざる足跡をえがく。　四六判３２８頁 '99

91 珊瑚（さんご） 鈴木克美
海岸の自然保護に重要な役割を果たす岩石サンゴから宝飾品として知られる宝石サンゴまで、人間生活と深くかかわってきたサンゴの多彩な姿を人類文化史として描く。 四六判370頁 '99

92-I 梅I 有岡利幸
万葉集、源氏物語、五山文学などの古典や天神信仰に表れた梅の足跡を克明に辿りつつ日本人の精神史に刻印された梅を浮彫にし、梅と日本人の二〇〇〇年史を描く。 四六判274頁 '99

92-II 梅II 有岡利幸
その植生と栽培、伝承、梅の名所や鑑賞法の変遷から戦前の国定教科書に表れた梅まで、梅と日本人との多彩なかかわりを探り、桜との対比において梅の文化史を描く。 四六判338頁 '99

93 木綿口伝（もめんくでん） 第2版 福井貞子
老女たちからの聞書を経糸とし、厖大な遺品・資料を緯糸として、母から娘へと幾代にも伝えられた手づくりの木綿文化を掘り起し、近代の木綿の盛衰を描く。 増補版 四六判336頁 '00

94 合せもの 増川宏一
「合せる」には古来、一致させるの他に、競う、闘う、比べる等の意味があった。貝合せや絵合せ等の遊戯・賭博を中心に、広範な人間の営みを「合せる」行為に辿る。 四六判300頁 '00

95 野良着（のらぎ） 福井貞子
明治初期から昭和四〇年までの野良着を収集・分類・整理し、それらの用途と年代、形態、材質、重量、呼称などを精査して、働く庶民の創意にみちた生活史を描く。 四六判292頁 '00

96 食具（しょくぐ） 山内昶
東西の食文化に関する資料を渉猟し、食法の違いを人間の自然に対するかかわり方の違いとして捉えつつ、食具を人間と自然をつなぐ基本的な媒介物として位置づける。 四六判292頁 '00

97 鰹節（かつおぶし） 宮下章
黒潮からの贈り物・カツオの漁法から鰹節の製法や食法、商品としての流通までを歴史的に展望するとともに、沖縄やモルジブ諸島の調査をもとにそのルーツを探る。 四六判382頁 '00

98 丸木舟（まるきぶね） 出口晶子
先史時代から現代の高度文明社会まで、もっとも長期にわたり使われてきた刳り舟に焦点を当て、その技術伝承を辿りつつ、森や水辺の文化の広がりと動態をえがく。 四六判324頁 '01

99 梅干（うめぼし） 有岡利幸
日本人の食生活に不可欠の自然食品・梅干をつくりだした先人たちの知恵に学ぶとともに、健康増進に驚くべき薬効を発揮する、その知られざるパワーの秘密を探る。 四六判300頁 '01

100 瓦（かわら） 森郁夫
仏教文化と共に中国・朝鮮から伝来し、一四〇〇年にわたり日本の建築を飾ってきた瓦をめぐって、発掘資料をもとにその製造技術、形態、文様などの変遷をたどる。 四六判320頁 '01

101 植物民俗 長澤武
衣食住から子供の遊びまで、幾世代にも伝承された植物をめぐる暮らしの知恵を克明に記録し、高度経済成長期以前の農山村の豊かな生活文化を愛惜をこめて描き出す。 四六判348頁 '01

102 箸（はし） 向井由紀子／橋本慶子

そのルーツを中国、朝鮮半島に探るとともに、日本人の食生活に不可欠の食具となり、日本文化のシンボルとされるまでに洗練された箸の文化の変遷を総合的に描く。 四六判334頁 '01

103 採集 ブナ林の恵み 赤羽正春

縄文時代から今日に至る採集・狩猟民の暮らしを復元し、動物の生態系と採集生活の関連を明らかにしつつ、民俗学と考古学の両面から山に生かされた人々の姿を描く。 四六判298頁 '01

104 下駄 神のはきもの 秋田裕毅

古墳や井戸等から出土する下駄に着目し、下駄が地上と地下の他界を結ぶ聖なるはきものであったという大胆な仮説を提出、日本の神々の忘れられた側面を浮彫にする。 四六判304頁 '02

105 絣（かすり） 福井貞子

膨大な絣遺品を収集・分類し、絣産地を実地に調査して絣の技法と文様の変遷を地域別・時代別に跡づけ、明治・大正・昭和の手づくりの染織文化の盛衰を描き出す。 四六判310頁 '02

106 網（あみ） 田辺悟

漁網を中心に、網に関する基本資料を網羅して網の変遷と網をめぐる民俗を体系的に描き出し、網の文化を集成する。「網に関する小事典」「網のある博物館」を付す。 四六判316頁 '02

107 蜘蛛（くも） 斎藤慎一郎

「土蜘蛛」の呼称で畏怖される一方「クモ合戦」など子供の遊びとしても親しまれてきたクモと人間との長い交渉の歴史をその深層に遡って追究した異色のクモ文化論。 四六判320頁 '02

108 襖（ふすま） むしゃこうじ・みのる

襖の起源と変遷を建築史・絵画史の中に探りつつその用と美を浮彫にし、衝立・障子・屏風等と共に日本建築の空間構成に不可欠の建具となるまでの経緯を描き出す。 四六判270頁 '02

109 漁撈伝承（ぎょろうでんしょう） 川島秀一

漁師たちからの聞き書きをもとに、寄り物、船霊、大漁旗など、漁撈にまつわる〈もの〉の伝承を集成し、海の道によって運ばれた習俗や信仰の民俗地図を描き出す。 四六判334頁 '03

110 チェス 増川宏一

世界中に数億人の愛好者を持つチェスの起源と文化を、欧米における膨大な研究の蓄積を渉猟しつつ探り、日本への伝来の経緯から美術工芸品としてのチェスにおよぶ。 四六判298頁 '03

111 海苔（のり） 宮下章

海苔の歴史は厳しい自然とのたたかいの歴史だった――採取から養殖、加工、流通、消費に至る先人たちの苦難の歩みを史料と実地調査によって浮彫にする食物文化史。 四六判172頁 '03

112 屋根 檜皮葺と柿葺 原田多加司

屋根葺師一〇代の著者が、自らの体験と職人の本懐を語り、連綿として受け継がれてきた伝統の手わざを体系的にたどりつつ伝統技術の保存と継承の必要性を訴える。 四六判340頁 '03

113 水族館 鈴木克美

初期水族館の歩みを創始者たちの足跡を通して辿りなおし、水族館をめぐる社会の発展と風俗の変遷を描き出すとともにその未来像をさぐる初の〈日本水族館史〉の試み。 四六判290頁 '03

114 **古着**（ふるぎ） 朝岡康二

仕立てと着方、管理と保存、再生と再利用等にわたり衣生活の変容を近代の日常生活の変化として捉え直し、衣服をめぐるリサイクル文化が形成される経緯を描き出す。四六判２９２頁 '03

115 **柿渋**（かきしぶ） 今井敬潤

染料・塗料をはじめ生活百般の必需品であった柿渋の伝承を記録し、文献資料をもとにその製造技術と利用の実態を明らかにして、忘れられた豊かな生活技術を見直す。四六判２９４頁 '03

116-Ⅰ **道Ⅰ** 武部健一

道の歴史を先史時代から説き起こし、古代律令制国家の要請によって駅路が設けられ、しだいに幹線道路として整えられてゆく経緯を技術史・社会史の両面からえがく。四六判２４８頁 '03

116-Ⅱ **道Ⅱ** 武部健一

中世の鎌倉街道、近世の五街道、近代の開拓道路から現代の高速道路網までを通観し、道路を拓いた人々の手によって今日の交通ネットワークが形成された歴史を語る。四六判２８０頁 '03

117 **かまど** 狩野敏次

日常の煮炊きの道具であるとともに祭りと信仰に重要な位置を占めてきたカマドをめぐる忘れられた伝承を掘り起こし、民俗空間の壮大なコスモロジーを浮彫りにする。四六判２９２頁 '04

118-Ⅰ **里山Ⅰ** 有岡利幸

縄文時代から近世までの里山の変遷を人々の暮らしと植生の変化の両面から跡づけ、その源流を記紀万葉に描かれた里山の景観や大和・三輪山の古記録・伝承等に探る。四六判２７６頁 '04

118-Ⅱ **里山Ⅱ** 有岡利幸

明治の地租改正による山林の混乱、相次ぐ戦争による山野の荒廃、エネルギー革命、高度成長による大規模開発など、近代化の荒波に翻弄される里山の見直しを説く。四六判２７４頁 '04

119 **有用植物** 菅 洋

人間生活に不可欠のものとして利用されてきた身近な植物たちの来歴と栽培・育種・品種改良・伝播の経緯を平易に語り、植物と共に歩んだ文明の足跡を浮彫にする。四六判３２４頁 '04

120-Ⅰ **捕鯨Ⅰ** 山下渉登

世界の海で展開された鯨と人間との格闘の歴史を振り返り、「大航海時代」の副産物として開始された捕鯨業の誕生以来四〇〇年にわたる盛衰の社会的背景をさぐる。四六判３１４頁 '04

120-Ⅱ **捕鯨Ⅱ** 山下渉登

近代捕鯨の登場により鯨資源の激減を招き、捕鯨の規制・管理のための国際条約締結に至る経緯をたどり、グローバルな課題としての自然環境問題を浮き彫りにする。四六判３１２頁 '04

121 **紅花**（べにばな） 竹内淳子

栽培、加工、流通、利用の実際を現地に探訪して紅花とかかわってきた人々からの聞き書きを集成し、忘れられた〈紅花文化〉を復元しつつその豊かな味わいを見直す。四六判３４６頁 '04

122-Ⅰ **もののけⅠ** 山内昶

日本の妖怪変化、未開社会の〈マナ〉、西欧の悪魔やデーモンを比較考察し、名づけ得ぬ未知の対象を指す万能のゼロ記号〈もの〉をめぐる人類文化史を跡づける博物誌。四六判３２０頁 '04

122-Ⅱ もののけⅡ　山内昶

日本の鬼、古代ギリシアのダイモン、中世の異端狩り・魔女狩り等々をめぐり、自然＝カオスと文化＝コスモスの対立の中で〈野生の思考〉が果たしてきた役割をさぐる。　四六判２８０頁　'04

123 染織（そめおり）　福井貞子

自らの体験と厖大な残存資料をもとに、糸づくりから織り、染めにわたる手づくりの豊かな生活文化を見直す。創意にみちた手わざのかずかずを復元する庶民生活誌。　四六判２９４頁　'05

124-Ⅰ 動物民俗Ⅰ　長澤武

神として崇められたクマやシカをはじめ、人間にとって不可欠の鳥獣や魚、さらには人間を脅かす動物など、多種多様な動物たちと交流してきた人々の暮らしの民俗誌。　四六判２６４頁　'05

124-Ⅱ 動物民俗Ⅱ　長澤武

動物の捕獲法をめぐる各地の伝承を紹介するとともに、全国で語り継がれてきた多彩な動物民話・昔話を渉猟し、暮らしの中で培われた動物フォークロアの世界を描く。　四六判２６６頁　'05

125 粉（こな）　三輪茂雄

粉体の研究をライフワークとする著者が、粉食の発見からナノテクノロジーまで、人類文明の歩みを〈粉〉の視点から捉え直した壮大なスケールの〈文明の粉体史観〉　四六判３０２頁　'05

126 亀（かめ）　矢野憲一

浦島伝説や「兎と亀」の昔話によって親しまれてきた亀のイメージの起源を探り、古代の亀卜の方法から、亀にまつわる信仰と迷信、鼈甲細工やスッポン料理におよぶ。　四六判３３０頁　'05

127 カツオ漁　川島秀一

一本釣り、カツオ漁場、船上の生活、船霊信仰、祭りと禁忌など、カツオ漁にまつわる漁師たちの伝承を集成し、黒潮に沿って伝えられた漁民たちの文化を掘り起こす。　四六判３７０頁　'05

128 裂織（さきおり）　佐藤利夫

木綿の風合いと強靭さを生かした裂織の技と美をすぐれたリサイクル文化として見なおす。東西文化の中継地・佐渡の古老たちからの聞書をもとに歴史と民俗をえがく。　四六判３０８頁　'05

129 イチョウ　今野敏雄

「生きた化石」として珍重されてきたイチョウの生い立ちと人々の生活文化とのかかわりの歴史をたどり、この最古の樹木に秘められたパワーを最新の中国文献にさぐる。　四六判３１２頁〔品切〕　'05

130 広告　八巻俊雄

のれん、看板、引札からインターネット広告までを通観し、いつの時代にも広告が人々の暮らしと密接にかかわって独自の文化を形成してきた経緯を描く広告の文化史。　四六判２７６頁　'06

131-Ⅰ 漆（うるし）Ⅰ　四柳嘉章

全国各地で発掘された考古資料を対象に科学的解析を行ない、縄文時代から現代に至る漆の技術と文化を跡づける試み。漆が日本人の生活と精神に与えた影響を探る。　四六判２７４頁　'06

131-Ⅱ 漆（うるし）Ⅱ　四柳嘉章

遺跡や寺院等に遺る漆器を分析し体系づけるとともに、絵巻物や文学作品の考証を通じて、職人や産地の形成、漆工芸の地場産業としての発展の経緯などを考察する。　四六判２１６頁　'06

132 まな板　石村眞一

日本、アジア、ヨーロッパ各地のフィールド調査と考古・文献・絵画・写真資料をもとにまな板の素材・構造・使用法を分類し、多様な食文化とのかかわりをさぐる。　四六判372頁　'06

133-I 鮭・鱒（さけ・ます）I　赤羽正春

鮭・鱒をめぐる民俗研究の前史から現在までを概観するとともに、原初的な漁法から商業的漁法にわたる多彩な漁法と用具、漁場と社会組織の関係などを明らかにする。　四六判292頁　'06

133-II 鮭・鱒（さけ・ます）II　赤羽正春

鮭漁をめぐる行事、鮭捕り衆の生活等を聞き取りによって再現し、人工孵化事業の発展とそれを担った先人たちの業績を明らかにするとともに、鮭・鱒の料理におよぶ。　四六判352頁　'06

134 遊戯　その歴史と研究の歩み　増川宏一

古代から現代まで、日本と世界の遊戯の歴史を概説し、内外の研究者との交流の中で得られた最新の知見をもとに、研究の出発点と目的を論じ、現状と未来を展望する。　四六判296頁　'06

135 石干見（いしひみ）　田和正孝編

沿岸部に石垣を築き、潮汐作用を利用して漁獲する原初的漁法を日・韓・台に残る遺構と伝承の調査・分析をもとに復元し、東アジアの伝統的漁撈文化を浮彫りにする。　四六判332頁　'07

136 看板　岩井宏實

江戸時代から明治・大正・昭和初期までの看板の歴史を生活文化史の視点から考察し、多種多様な生業の起源と変遷を多数の図版をもとに紹介する〈図説商売往来〉。　四六判266頁　'07

137-I 桜I　有岡利幸

そのルーツと生態から説きおこし、和歌や物語に描かれた古代社会の桜観から「花は桜木、人は武士」の江戸の花見の流行まで、日本人と桜のかかわりの歴史をさぐる。　四六判382頁　'07

137-II 桜II　有岡利幸

明治以後、軍国主義と愛国心のシンボルとして政治的に利用されてきた桜の近代史を辿るとともに、日本人の生活と共に歩んだ「咲く花、散る花」の栄枯盛衰を描く。　四六判400頁　'07

138 麴（こうじ）　一島英治

日本の気候風土の中で稲作と共に育まれた麴菌のすぐれたはたらきの秘密を探り、醸造化学に携わった人々の足跡をたどりつつ醱酵食品と日本人の食生活文化を考える。　四六判244頁　'07

139 河岸（かし）　川名登

近世初頭、河川水運の隆盛と共に物流のターミナルとして賑わい、船旅や遊廓などをもたらした河岸（川の港）の盛衰を河岸に生きる人々の暮らしの変遷としてえがく。　四六判300頁　'07

140 神饌（しんせん）　岩井宏實／日和祐樹

土地に古くから伝わる食物を神に捧げる神饌儀礼に祭りの本義を探り、近畿地方主要神社の伝統的儀礼をつぶさに調査して、豊富な写真と共にその実際を明らかにする。　四六判374頁　'07

141 駕籠（かご）　櫻井芳昭

その様式、利用の実態、地域ごとの特色、車の利用を抑制する交通政策との関連から駕籠かきたちの風俗までを明らかにし、日本交通史の知られざる側面に光を当てる。　四六判294頁　'07

142 **追込漁**（おいこみりょう） 川島秀一

沖縄の島々をはじめ、日本各地で今なお行なわれている沿岸漁撈を実地に精査し、魚の生態と自然条件を知り尽した漁師たちの知恵と技を見直しつつ漁業の原点を探る。 四六判３６８頁 '08

143 **人魚**（にんぎょ） 田辺悟

ロマンとファンタジーに彩られて世界各地に伝承される人魚の実像をもとめて東西の人魚誌を渉猟し、フィールド調査と膨大な資料をもとに集成したマーメイド百科。 四六判３５２頁 '08

144 **熊**（くま） 赤羽正春

狩人たちからの聞き書きをもとに、かつては神として崇められた熊と人間との精神史的な関係をさぐり、熊を通して人間の生存可能性にもおよぶユニークな動物文化史。 四六判３８４頁 '08

145 **秋の七草** 有岡利幸

『万葉集』で山上憶良がうたいあげて以来、千数百年にわたり秋を代表する植物として日本人にめでられてきた七種の草花の知られざる伝承を掘り起こす植物文化誌。 四六判３０６頁 '08

146 **春の七草** 有岡利幸

厳しい冬の季節に芽吹く若菜に大地の生命力を感じ、春の到来を祝い新年の息災を願う「七草粥」などとして食生活の中に巧みに取り入れてきた古人たちの知恵を探る。 四六判２７２頁 '08

147 **木綿再生** 福井貞子

自らの人生遍歴と木綿を愛する人々との出会いを織り重ねて綴り、優れた文化遺産としての木綿衣料を紹介しつつ、リサイクル文化としての木綿再生のみちを模索する。 四六判２６６頁 '09

148 **紫**（むらさき） 竹内淳子

今や絶滅危惧種となった紫草（ムラサキ）を育てる人びと、伝統の紫根染を今に伝える人びとを全国にたずね、貝紫染の始原を求めて吉野ヶ里におよぶ「むらさき紀行」。 四六判３２４頁 '09

149-Ⅰ **杉Ⅰ** 有岡利幸

その生態、天然分布の状況から各地における栽培・育種、利用にいたる歩みを弥生時代から今日までの人間の営みの中で捉えなおし、わが国林業史を展望しつつ描き出す。 四六判２８２頁 '10

149-Ⅱ **杉Ⅱ** 有岡利幸

古来神の降臨する木として崇められるとともに生活のさまざまな場面で活用され、絵画や詩歌に描かれてきた杉の文化をたどり、さらに「スギ花粉症」の原因を追究する。 四六判２７８頁 '10

150 **井戸** 秋田裕毅（大橋信弥編）

弥生中期になぜ井戸は突然出現するのか。飲料水など生活用水ではなく、祭祀用の聖なる水を得るためだったのではないか。目的や構造の変遷、宗教との関わりをたどる。 四六判２６０頁 '10

151 **楠**（くすのき） 矢野憲一／矢野高陽

語源と字源、分布と繁殖、文学や美術における楠から医薬品としての利用、キューピー人形や樟脳の船まで、楠と人間の関わりの歴史を辿りつつ自然保護の問題に及ぶ。 四六判３３４頁 '10

152 **温室** 平野恵

温室は明治時代に欧米から輸入された印象があるが、じつは江戸時代半ばから「むろ」という名の保温設備があった。絵巻や小説、遺跡などより浮かび上がる歴史。 四六判３１０頁 '10

153 檜（ひのき） 有岡利幸

建築・木彫・木材工芸に最良の材としてわが国の〈木の文化〉に重要な役割を果たしてきた檜。その生態から保護・育成・生産・流通・加工までの変遷をたどる。 四六判320頁 '11

154 落花生 前田和美

南米原産の落花生が大航海時代にアフリカ経由で世界各地に伝播していく歴史をたどるとともに、日本で栽培を始めた先覚者や食文化との関わりを紹介する。 四六判312頁 '11

155 イルカ（海豚） 田辺悟

神話・伝説の中のイルカ、イルカをめぐる信仰から、漁撈伝承、食文化の伝統と保護運動の対立までを幅広くとりあげ、ヒトと動物との関係はいかにあるべきかを問う。 四六判330頁 '11

156 輿（こし） 櫻井芳昭

古代から明治初期まで、千二百年以上にわたって用いられてきた輿の種類と変遷を探り、天皇の行幸や斎王群行、姫君たちの輿入れにおける使用の実態を明らかにする。 四六判252頁 '11

157 桃 有岡利幸

魔除けや若返りの呪力をもつ果実として神話や昔話に語り継がれ、近年古代遺跡から大量出土して祭祀との関連が注目される桃。日本人との多彩な関わりを考察する。 四六判328頁 '12

158 鮪（まぐろ） 田辺悟

古文献に描かれ記されたマグロを紹介し、漁法・漁具から運搬と流通・消費、漁民たちの暮らしと民俗・信仰までを探りつつ、マグロをめぐる食文化の未来にもおよぶ。 四六判350頁 '12

159 香料植物 吉武利文

クロモジ、ハッカ、ユズ、セキショウ、ショウノウなど、日本の風土で育った植物から香料をつくりだす人びとの営みを現地に訪ね、伝統技術の継承・発展を考える。 四六判290頁 '12

160 牛車（ぎっしゃ） 櫻井芳昭

牛車の盛衰を交通史や技術史との関連で探り、絵巻や日記・物語等に描かれた牛車の種類と構造、利用の実態を明らかにして、読者を平安の「雅」の世界へといざなう。 四六判224頁 '12

161 白鳥 赤羽正春

世界各地の白鳥処女説話を博捜し、古代以来の人々が抱いた〈鳥への想い〉を明らかにするとともに、その源流を、白鳥をトーテムとする中央シベリアの白鳥族に探る。 四六判360頁 '12

162 柳 有岡利幸

日本人との関わりを詩歌や文献をもとに探りつつ、容器や調度品に、治山治水対策に、火薬や薬品の原料に、さらには風景の演出用に活用されてきた歴史をたどる。 四六判328頁 '13

163 柱 森郁夫

竪穴住居の時代から建物を支えてきただけでなく、大黒柱や鼻っ柱などさまざまな言葉に使われている柱。遺跡の発掘でわかった事実や、日本文化との関わりを紹介。 四六判252頁 '13

164 磯 田辺悟

人間はもとより、動物たちにも多くの恵みをもたらしてきた磯――その豊かな文化をさぐり、東日本大震災以前の三陸沿岸を軸に磯漁の民俗を聞書きによって再現する。 四六判450頁 '14